- 中山大学人文社会科学出版基金资助

- 教育部人文社会科学研究项目“当代文化视野中的大学生心理心理健康教育”（08JA710036）资助

文化视域 大学生心理健康教育

王仕民　等著

中山大学出版社
SUN YAT-SEN UNIVERSITY PRESS
·广州·

图书在版编目（CIP）数据

文化视域：大学生心理健康教育/王仕民等著 . —广州：中山大学出版社，2013. 10
ISBN 978 - 7 - 306 - 04714 - 4

Ⅰ. ①文…　Ⅱ. ①王…　Ⅲ. ①大学生—心理健康—健康教育
Ⅳ. ①B844. 2

中国版本图书馆 CIP 数据核字（2013）第 228328 号

出 版 人：徐　劲
策划编辑：李海东
责任编辑：李海东
封面设计：曾　斌
责任校对：李海东
责任技编：何雅涛
出版发行：中山大学出版社
电　　话：编辑部 020 - 84111996，84113349，84111997，84110779
　　　　　发行部 020 - 84111998，84111981，84111160
地　　址：广州市新港西路 135 号
邮　　编：510275　　　　传　真：020 - 84036565
网　　址：http://www. zsup. com. cn　　E-mail:zdcbs@ mail. sysu. edu. cn
印 刷 者：广州中大印刷有限公司
规　　格：787mm × 1092mm　1/16　16. 25 印张　300 千字
版次印次：2013 年 10 月第 1 版　　2013 年 10 月第 1 次印刷
定　　价：38. 00 元

作者简介

王仕民，男，祖籍湖北省云梦县。现为中山大学社会科学教育学院教授、博士、博士生导师，兼任广东省高等学校思想政治教育研究会副秘书长，《思想教育探索》杂志副主编。曾就读于同济医科大学，后进入武汉大学政治学系思想政治教育专业学习，获法学学士学位；后又在武汉大学政治与行政学院攻读思想政治教育专业硕士研究生，获法学硕士学位；在中山大学教育学院攻读思想政治教育专业博士研究生，获法学博士学位。在武汉测绘科技大学团委工作多年，后调入中山大学工作至今。目前主要研究领域是思想政治教育理论与方法、德育理论与方法、文化与心理治疗方法等。

承担国家社会科学基金项目“社会主义核心价值体系认同的文化回归研究”、教育部人文社会科学研究项目“当代文化视野中的大学生心理健康教育”、教育科学规划（教育部重点）项目“德育功能发展研究”、广东省哲学社会科学“十五”规划项目“当代社会条件下民族精神的丰富和发展”；参加教育部马克思主义工程办公室项目“思想政治教育学原理”研究、国家社会科学基金项目“当代大学生中华民族文化认同研究”等。

主要著作有《德育文化论》、《德育功能论》、《心理治疗方法论》、《沟通与共鸣》；参编（著）有《现代思想政治教育学》、《思想政治教育方法论》、《大学生思想政治教育理论与实践》、《中国化马克思主义发展概论》、《中国化马克思主义——“三个代表”重要思想概论》、《中国化马克思主义理论》、《粤港澳台高校德育比较研究》、《大学就业创业理论与方法》等。在《中国社会科学》、《哲学研究》、《马克思主义研究》、《中国高等教育》、《青年研究》、《中山大学学报》等刊物发表有关思想政治教育、德育等研究论文60余篇。获省、厅等级科研成果、教学成果奖10项。

内容提要

文化是现代人的生存方式，也是现代人生活的重要内容。在现代科技的带动下，伴随经济全球化的进程，新的文化元素应运而生。在当代，网络文化、信息文化、竞争文化、传媒文化、休闲文化、大众文化等日益凸显，精彩纷呈，与人们的生活息息相关。

在当代文化视域中，大学生在获得知识的同时，又不可避免地承受着文化变迁所带来的文化震荡而产生心理压力。大学生由于文化问题所引起的心理健康问题已经引起广泛关注。

本书选取了全国10所大学近4000名大学生进行了总体调查研究，希望能够在全貌上把握当代文化对大学生心理健康的影响。同时，在专题研究中又结合研究需要进行了补充调查和研究，以期就网络文化、信息文化、竞争文化、传媒文化、休闲文化、大众文化等对大学生心理健康的影响做准确的分析和判断。

在此基础上，从文化的角度探讨了大学生心理健康调适问题。心理健康调适实质上是对产生心理障碍的文化体系的瓦解和新的文化体系的构建，它是从文化的角度进行心理的矫正，是对文化进行的再选择。

本书立足现实，从经济、政治、科技的角度系统研究了当代文化对大学生心理健康的影响，并探索了大学生心理健康调适的文化路径，这对于当前大学生心理健康咨询与治疗无疑具有理论和实践意义。

本书适合在校大学生和高校辅导员阅读，也可供从事心理学、教育学、德育和思想政治教育和研究的人员参考之用。

序

王仕民教授等近期将要出版的《文化视域：大学生心理健康教育》专著，是教育部人文社会科学研究项目“当代文化视野中的大学生心理健康教育”的最终研究成果。该专著既从总体上论述了当代文化对大学生心理健康的作用，也分别研究了网络文化、信息文化、竞争文化、传媒文化、休闲文化、大众文化形态对大学生心理的影响。

文化从不同层面与水平上，对人们产生着重要的影响，其表现是在不同文化影响下，人们的服饰、习俗、语言等各不相同，人们的行为方式各有特点，人们的知觉、思维方式、情感表达及价值观念也各有差异。随着文化交流的扩大和文化影响的加大，自 20 世纪后半期开始，有关文化与个人心理及行为关系的研究，逐步发展出跨文化心理学、本土心理学和文化心理学三种研究模式。王仕民教授等选择了对文化反映敏感、受文化影响较大的大学生作为研究对象，在实证调查的基础上，综合运用研究范式，探索文化视域下大学生心理健康调适问题，取得了富有成效与创新的研究成果。概括这一研究成果，有以下显著特点：

第一，从文化层面切入大学生心理健康研究，视角新颖。对大学生心理健康问题，从生理、人际关系、现实压力等层面研究的较多，从文化层面研究的较少。随着文化在社会发展进程中作用的彰显，特别是一些新的文化样态的涌现和多元文化格局的形成，文化对大学生的影响越来越大。文化之于人心，如空气之于人身，平时不觉其存在，其实时刻离不开。由于大学生的世界观、人生观、价值观正在形成之中，对新的文化样态和多元文化格局，面临着认识、辨别与选择的现实问题，不同的个体，受文化的影响往往表现出差异。如何正确引导大学生面对各种文化影响，能够进行正确辨别与选择，坚持中国特色社会主义文化主导，这是作者选择这一研究选题的意图所在。

第二，对新的文化样态进行了概括性研究。人类社会发展到今天，文化与经济、政治相互融合的趋势日益显著，文化在社会领域是一个无孔不入、无处不在、无时不有的复杂体系。作者研究文化对大学生心理健康的影响，既没有重点研究一般文化对大学生心理健康的影响，也没有着力研究传统文化对大学生心理健康的影响，而是选择了改革开放以来形成、发展起来的新文化样态——网络文化、信息文化、竞争文化、传媒文化、休闲文化、大众文化对大学生心理的影响。这些文化是对外开放、现代科技、信息社会、市场经济体制、民主发展的产物，是富有时代特征的新文化。而大学生的重要特点，就是对新生事物敏感，勇于探索，敢于创新。因而，广大学生热衷于这些文化，受这些文化影响大。由于这些文化在我国形成时间不长，正处在丰富、发展之中，对它们的正确认识、把握和运用有一个深化的过程。所以，大学生面对这些文化的影响，尤其需要研究、引导，这是作者选择这一研究选题的责任所在。

第三，探索新文化样态对大学生心理影响取得创新成果。作者为了保证研究材料的可靠性与准确性，没有局限于文字材料的收集，而是选取了全国10 所大学近 4000 名大学生进行实证调查，获得了富有信度与效度的调查资料，为研究这一新问题奠定了基础。在此基础上，作者既充分肯定了新的文化样态对大学生正面、积极的影响，即促进了大学生的健康成长与全面发展，也梳理、分析了一些大学生面对新的文化样态所产生的心理障碍及其原因，提出从文化的角度进行心理调适、矫正的方式，探索了大学生心理健康教育的文化路径。这些富有创新性的研究成果，对于当前的大学生心理健康教育具有重要的理论和实践意义。

文化随着社会经济、政治、科技的发展不断发展，新的文化样态还将涌现，各种文化对大学生的影响，包括对大学生的心理影响，是高校教育工作者面对的一个永恒研究课题。王仕民教授等人研究这一问题并取得了可喜成果，但这仅仅只是开始，还有更多、更新的问题需要研究。希望作者在此研究的基础上，进一步深化研究，力争取得更大、更新的成果。也希望有更多的教育者、研究者共同推进这一研究，促进大学生健康成长！

郑永廷

2013 年 8 月

目　　录

导论：问题的提出

当经济全球化的浪潮席卷神州大地的时候，当人们还沉浸在兴奋与憧憬中而心驰神往的时候，伴随经济冲击波一浪接一浪的政治、文化的冲击，使得人们应接不暇、头昏眼花！

传统撞见了现代，在传统还在思量“以德服人”的传统逻辑的应对策略中，现代却没有给传统以喘息的机会，以其张扬的个性，将传统撕得粉碎！

长期以传统方式生存的人们，在依靠计划经济生存发展成为惯性的情况下，主体性还没有得到足够发育，却一下子被推到了市场经济的大潮中，走到了舞台的中央，角色化地扮演着自己，茫茫然而不知所措，能否胜任的忐忑、欲求助而无助的恐惧相伴而生。

这就是传统文化被活生生解构的休克性样态。解构是全面的、酣畅淋漓的、没有余地的，过往依靠的、曾经固守的、为之努力的一切都随风而去！当人们还在对过去相依为命的、习以为常的、墨守成规的行为模式念念不忘而黯然神伤时，不得不思量的是出路又在何方？

很显然，绝大多数的人们，不可能立刻对现代春心萌动、投怀送抱，何况这个入侵者使他遍体鳞伤！其实，伤心总是难免的！前路茫茫，该依靠谁，是否可以依靠，就这样失去了主见！就像鸟儿失去了自己的雀巢，心没有了家的归属！

在现代科技高速发展助推和网络信息瞬息万变面前，新的文化元素应运而生！当代文化在活跃大学生的思维、充实大学生的生活、提高大学生的能力等方面发挥了积极作用；同时，大学生所承受的文化变迁、文化冲击、文化震荡、文化交融、文化适应等以及由此而产生的心理压力也是前所未有的，大学生心理健康问题已经相当突出。网络文化、信息文化、竞争文化、传媒文化、休闲文化和大众文化等走进了人们的视野，与人们的生活息息相关，成为人们生活的一部分。这些新的文化元素，在影响人们心理健康方面有积极作用，也有消极影响。这些消极影响如果不及时调适，可能会造成不可挽回的损失。这样的事例在当今实在太多了！

大学生是中国的希望！他们生在一个好时代，享受着父辈们创造的丰富的物质财富，有施展才华的广阔天地！他们又生在一个残酷的年代，还没有出生就感受到人世间竞争的残酷，而到上幼儿园、小学、初中、高中、大学，乃至毕业、工作，竞争无时无刻不相伴！新的文化元素流动易变，五颜六色，花枝招展，极具诱惑。而他们年轻气胜，求知欲强烈，对新的文化元素特别敏感，选择与被选择、消化与被消化、吸收与被吸收，所有这一切都会对其身心健康产生较大影响。

随着中国的改革开放深入进行，伴随中国经济的高速发展，人们的物质文化生活水平迅速得到提升。文化既是现代人的生存方式，也是现代人生活的重要内容。现代人的生存发展离不开文化的交流学习，人们的思想、心理日益受到文化的影响。当代文化多样分层，精彩呈现，人们生活在这浓浓的文化氛围中，生活、学习、工作等受到当代文化的影响，其心理、思想、思维等已发生或正在发生深刻的变化，其行为方式也无不打上当代文化的印记。

在这异彩纷呈的文化视域中，网络文化、信息文化、竞争文化、传媒文化、休闲文化、大众文化等更是各领风骚，千娇百媚，对人的影响最为深刻，也最为直接。大学生是文化的探索者，也是文化的传播者，他们总是站在文化大潮的风口浪尖，以年轻人特有的朝气，迎接这文化大潮的洗礼，求真、求善、求美。大学生在饱尝这文化大餐的过程中，获得能量，迅速发展，成长为栋梁之材。这其中，必然会有少量的大学生食之过多而没有消化，造成嗝食、阻食而必须及时化解，疏通渠道，防微杜渐，否则也会引起严重后果。

我们知道，大学是文化的最前沿，大学生最能感受到文化变迁给自己带来的影响。当然，这种影响是多方面的，我们不能简单地用积极或消极来概括。因为文化的影响是深层的，若明若暗，若显若隐，或长或短，有的影响立竿见影，有的影响悠久深远。

但无论如何，当代现实中的文化确实给大学生的学习、生活带来了压力，特别是心理压力，这是一个不争的事实。大学生在当代文化中所承受的文化不仅仅是一个选择问题，更多的是文化震荡而产生的心理压力，心理健康问题已经凸显。

现代社会中，毋庸置疑，文化已成为当代中西方学界炙手可热的一个词汇，它高频率地出现于国家文件、政策法规，各种大大小小的期刊、报纸，学者的论文、专著及各式各样的国内、国际研讨会。今天的人们对它的热情超越了任何时代，对它的热情言说一方面表明了文化的波及面相当之广泛，即它不仅涉及经济、政治、科技，包括文学在内的一切文化形态都一网打尽；另一方面也彰显了文化问题不仅仅是一个理论问题，还是一个极富现实意义的、需要我们刻不容缓地面对的文化问题，文化已经从经济发展的后台走到前台，对文化软实力、文化综合国力的意义和作用已达成共识。文化是什么？文化怎样理解？文化与经济、政治、科技关系如何？传统文化与现代文化的关系怎样？文化为什么是软实力？文化对我们生活是怎样影响的？这些问题都需要回答。问题是没有人回答这些问题！或者退一步说有人回答了，但是大多数人还是没有搞明白，懵懵懂懂，随波逐流，心里仍然没有主心骨。当一个人一只脚已经踏在现代这条船上，另一只脚却踏在传统这条船上，或者是他两只脚都踏在现代这条船上，但心仍然留在传统中，身心不一致，甚至灵魂出窍，就会产生心理问题，这是心理健康的大问题，是当下人们面临的紧迫问题。

当前，大学生心理健康问题日益突出，已成为高校德育工作的重要内容。目前我国高校在大学生心理健康教育工作方面进行了许多有益的尝试，但也暴露了许多问题。传统的方式就是进行简单的心理咨询，疏通疏通，缓解缓解，度过大学四年再说，而真正缺乏的是进行有效的心理治疗。这是可以理解的。现在大学扩招后，学生数量激剧增加，学生问题多多，能够及时进行心理咨询已属不易，治疗谈何容易。再说，心理问题不是学校一个方面的问题，而是一个社会问题，一个社会的文化问题，仅仅依靠学校进行心理咨询或治疗仍然是治标不治本。但是，我们又不能等待，一种使命感、责任感让我们无法停歇。从文化的角度研究心理健康问题及其教育对策，是大学生心理健康教育研究的一种尝试。

心理健康教育作为促进人的全面发展的极为重要的任务，有利于提高全民的思想政治素质和心理素质。这也是科学发展观的要求。科学发展观就是要坚持以人为本，树立全面、协调和可持续的发展观，促进经济和人的全面发展。以人为本，以生为本，加强大学生心理健康教育，是高校一切工作的出发点和落脚点。

心理健康教育实质是对产生心理障碍的文化体系的瓦解和新的文化体系的构建。它通过文化环境创设，指导大学生对文化的再选择，从而构建社会认同的文化体系，达到心理治疗的目的。从文化学的角度来看，教育是对文化的选择、传承和创造，心理障碍是对文化的错误认同，心理健康教育是从文化的角度进行矫正，是对文化进行的再选择。文化与心理健康教育有着天然的关系：一方面，文化是心理健康教育过程中不可缺少的养料；另一方面，文化现象又构成了心理健康教育所处的文化生态环境，影响心理健康教育。心理健康教育要立足现实，特别是从经济、政治、科技、文化的高度研究对大学生心理健康的影响；通过当今文化发展的线索寻找大学生心理健康教育的路径，分析我国大学生心理健康教育的客观需要与发展的主要条件，揭示我国大学生心理健康教育的基本理论以及大学生心理健康教育的规律性研究，其意义应该是深远的。

当下的中国已走上历史发展的快车道，每个人的价值正在不断释放。无论你身处何处，也不论你地位高低，每一个人都有属于自己的梦想，都有自己的抱负。民族梦、国家梦、个人梦获得统一。梦想有多远，追逐就有多久。中国，千千万万个追梦的普通人，构成了这个时代最美的画卷，塑造了这个时代的群像。正是这股力量，推动着中国奔涌向前、势不可挡！每个人在逐梦的过程中获得了出彩的机会！

迎接着时代的朝霞，追赶着时代的浪潮，每一个中国人都步履匆匆！只是，这一路走得太快，奔得太急，少了停驻，没了回望。渐渐地，人们忘却了目的，少了精神，没有支撑；慢慢地，传统逐渐消解，家园渐渐荒芜。曾经追寻的、努力想获得的一切仿佛变成了羁绊，似乎幸福得迷失了方向……

传统的、民族的、优秀的文化不该被遗忘，传统的、民族的、优秀的品质应该继承，心获得了安慰，灵魂才能获得净化；心灵因美好而平静，心灵因分享而变得敞亮。或许，艰难穿行于现代的个体，面对生存的焦虑、发展的迷茫，需要的不仅仅是一场集体的大餐，或对逝去时光的缅怀，而是接地气的春暖花开，这就是文化！一个民族赖以生存和发展的传统文化，优秀的传统文化！这是我们民族的根！它是我们民族的灵魂！它是凝心聚力的兴国之魂、强国之魄！任时光匆匆流逝，只要我们的文化存在，只要我们的根系发达，我们的国家、民族就必然会富强！中华民族就一定会腾飞！人民就一定能够过上美好生活，青年人就一定能够健康成长！

尽管我们的研究对象是大学生，但研究的文化却是当代文化，这些文化对社会其他群体的影响也是不可忽视的，因为人们都生活在同样的文化环境中。大学生受到当代文化的影响，心理健康需要关注；其他群体的心理健康问题也应引起我们的高度重视，特别是同样处在文化包围中的芸芸众生更需要心理关怀，而社会恰恰对他们的关怀不够，甚或是忽视了。对大学生研究的成果，可以供其他群体学习或研究者参考，这也是我们的初衷。

第一章　课题综述与研究方法

人是社会的人，生活在现代社会的人，其心理必然会受到社会环境的影响，而特别是文化环境的影响。人又是文化的人，文化是现代人的生存方式，文化对生存其中的人的心理必然发生影响。文化的这种影响一方面通过教育传承，即通过教育把传统文化、现代文化、先进文化等有计划地介绍给学生，从而影响学生的心理及其发展；另一方面，置身现实生活中的大学生自己能够亲身感受和体会现实文化的影响。现实社会文化正发生着翻天覆地的变化，当代大学生置身当代文化环境之中，必然会受到当代文化环境的影响，其心理必然会发生这样或那样的变化。研究当代文化对大学生心理健康的影响，探索其影响特点及规律，帮助大学生调整心态并及时消除不良文化的负面影响，对于大学生的心理健康具有重要意义。

一、文化对大学生心理健康影响研究综述

研究当代文化对大学生心理健康的影响，首先必须对前人研究该问题的成果进行系统学习和总结归纳，所有这些研究成果对于今天的研究都具有基础性和启发性作用。今人的研究只有站在前人的肩膀上，才能看得更高、更远、更深刻、更全面。所以，研究综述前人的研究成果，并从中获得可以借鉴的或可以弥补的某些方面，就足为本研究创造了条件或开了好头，其后的研究才能如鱼得水，水到渠成。

对“当代文化视野中的大学生心理健康教育”这个主题进行研究综述，当然应该围绕文化对大学生心理健康的影响这条主线进行综述；但是这方面的研究成果其实并不多，特别是当代文化对心理健康影响的研究成果更少。因此在把握研究主题，即文化与心理健康的前提下，研究综述可以从如下几个方面反映研究的状况：一是大学生心理健康问题，特别是健康与心理健康、心理健康的标准等；二是文化对心理健康的影响问题；三是心理健康教育问题。为了使研究综述更加具有针对性，对网络文化、信息文化、竞争文化、传媒文化、休闲文化、大众文化等对心理健康影响的研究综述将放在具体的研究章节中。这里仅就相关问题进行概括性的研究综述，不求面面俱

到，但求重点突出。

（一）大学生心理健康问题研究

大学生心理健康问题，学界看法不一，有人认为很严重，有人认为情况还好。这中间有一个参照系的问题，也有一个文化背景的问题。今天的大学生可能相对以往的大学生而言问题是多一些，难管一些，就有人武断地认为他们的心理问题严重，这是不科学的，也是不负责任的。同时，我们现在应用的心理健康测量量表基本上都是从国外引进或借鉴、修订而来的，既没有本土化，也没有与时俱进，这样测量的结果真的不能说明什么问题。当然，当代大学生心理健康的确存在一些问题，需要我们科学、冷静地分析。大学生是祖国的未来，是人力资源中最具活力与创造性的群体。心理健康是保证大学生全面发展的前提，对于大学生的成长具有重要意义。有人曾经用鲁迅的四部小说名称概括大学生心理状况的一般历程：大一新生在“呐喊”：不知道自己不知道；大二学生在“伤逝”：知道自己不知道；大三老生在“彷徨”：不知道自己知道；大四毕业生在“朝花夕拾”：知道自己知道。要了解大学生心理健康的状况，必须先搞清楚什么是心理健康。

早期的健康被认为是指生理机能的正常和疾病的减少。古希腊哲学家赫拉克利特曾经说过：“如果没有健康，智慧就难以表现，文化无从施展，力量不能战斗，财富变成废物，知识也无法利用。”[①] 1948 年，联合国世界卫生组织（the World Health Organization，WHO）所下的定义是：“健康不仅仅是没有疾病，而且是身体上、心理上和社会上的完好状态或完全安宁。”[②] 1989 年，WHO 又提出健康应包括躯体健康、心理健康、社会适应良好和道德健康，把健康的概念外延扩大。WHO 总干事马勒博士也曾指出：必须让人们认识到，健康并不代表一切，但失去健康便失去一切。伴随着现代化的发展，这种健康概念的说法已被越来越多的人接受。无论哪种表达，我们都能看出，心理健康是完整健康概念的重要组成部分。只有达到心身二者的共同健康以及二者关系的和谐，才是真正被这个时代所认同的健康。

对于心理健康，国内外很多学者从不同角度阐述过心理健康的定义与内涵，并提出了各种各样的观点。在心理学界，对心理健康的概念尚未形成统一的标准。1946 年，第三届国际心理卫生大会对心理健康是这样定义的：“所谓心理健康，是指在身体、智能以及情感上与他人的心理健康不相矛盾

---

① 倪亚红、杨雪花主编：《大学生心理健康教程》，东南大学出版社 2006 年版，第 12 页。

② 胡剑峰、钟志宏等主编：《大学生心理健康教程》，武汉大学出版社 2008 年版，第 28 页。

的范围内，将个人心境发展成最佳的状态。”[①] 世界心理卫生联合会还明确提出了心理健康的标准：身体、智力、情绪十分调和；适应环境，人际关系中彼此能谦让；有幸福感；在工作和职业中，能充分发挥自己的能力，过高效率的生活。著名的心理学家英格里斯给心理健康下的定义是：“心理健康是一种持续的心理状态，当事者在那种情况下，能进行良好的适应，具有生命的活力，并能充分发展其身心的潜能，这才是一种积极的丰富的情况，而不仅仅是免于心理疾病。”[②] 精神病学家门宁格认为：“心理健康是指人们对客观环境具有高效、快乐的适应状况。心理健康的人应保持稳定的情绪、敏锐的智能、适应社会环境的行为。”[③] 有的人从环境适应的角度出发，认为心理健康是在某种环境之下逐渐调整与适应的结果。如麦灵格（K. Menninger）说：“心理健康是人们与环境相互之间具有最高效率及快乐的适应情况。不只是要有效率，也不只是要能有满意之感，或是能愉快地接受生活的规范，而是需要三者具备。心理健康的人应能保持平静的情绪、敏锐的智能、适应于社会环境的行为和愉快的气质。”[④] 美国学者坎布斯认为心理健康的人应具有四种特质：积极的自我观念；恰当地认同他人；面对和接受现实；主观经验丰富，可供取用。也有的国外学者从具体标准来界定心理健康的内涵，如马斯洛提出心理健康的十条标准：是否有充分的安全感；是否对自己有较充分的了解，并能恰当地评价自己的能力；自己的生活和理想是否切合实际；能否与周围环境保持良好的接触；能否保持自身人格的完整与和谐；是否具备从经验中学习的能力；能否保持适当和良好的人际关系；能否适度地表达与控制自己的情绪；能否在集体允许的前提下，有限度地发挥自己的个性；能否在社会规范的范围内，适度地满足个人的基本需求。美国人格心理学家奥尔波特认为心理健康包括七个方面：自我意识广延、良好的人际关系、情绪上的安全性、知觉客观、具有各种技能、专注于工作、现实的自我形象和内在统一的人生观。《简明不列颠百科全书》将心理健康界定为：心理健康是指个体心理在本身及环境条件许可的范围内，所能达到的最佳功能状态，不是指绝对的十全十美的状态。这个定义基本归纳出心理健康的本质：它是一种状态，而且是一种相对的、变化的状态。因为心理健康的判断并不像生理健康那样精确、具体、绝对，心理健康与否不是直观可以衡

---

① 胡剑峰、钟志宏等主编：《大学生心理健康教程》，武汉大学出版社2008年版，第29页。
② 胡剑峰、钟志宏等主编：《大学生心理健康教程》，武汉大学出版社2008年版，第32页。
③ 胡剑峰、钟志宏等主编：《大学生心理健康教程》，武汉大学出版社2008年版，第34页。
④ 杜文东、陈立著：《医学心理学》，重庆大学出版社1995年版，第171页。

量的，它的衡量很难有一个清晰而明确的界限。

我国心理学界关于心理健康也没有统一的定义。王登峰、张伯源在《大学生心理卫生与咨询》一书中把心理健康概括五个方面：了解自我，悦纳自我；能协调与控制情绪，心境良好；人格完整和谐；智力正常，智商80以上；心理行为符合年龄特征。西南大学心理学教授黄希庭根据WHO对健康的定义，认为："心理健康是指不仅没有疾病或变态，而且个人在身体上、心理上以及社会行为上均能保持最高、最佳的状态。心理健康包含有生理、心理和社会行为三个方面的意义。"① 我国儿童心理研究专家王书荃认为："心理健康指人的一种较稳定持久的心理机能状态。它是个体在与社会环境相互作用时，主要表现在人际交往中能否使自己的心态保持正常平衡，使情绪、需要、认知保持一种稳定状态，并表现出一个真实自我的相对稳定的人格特征。如果用简单的一个词定义心理健康，就是'和谐'。"② 中国心理卫生协会会员胡永萍教授认为："健康的心理应具备：健全的智力、情感和意志；连续、统一的人格以及对己、对人、对社会的正常认知和良好的适应。"③

根据心理健康的内涵、大学生的生理和心理特点，目前公认的大学生心理健康的标准包括如下几个方面的内容：①认知能力正常。认知能力表现在大学生的观察力、注意力、反应力、理解力、记忆力、想象力、思维力、创造力及实践活动能力等的综合。②情绪稳定。情绪较稳定，善于控制与调节自己的情绪，既能克制又能合理宣泄自己的情绪，情绪的表达既符合社会的要求又符合自身的需要，在不同的时间和场合有恰如其分的情绪表达；情绪反应与环境相适应，反应的强度与引起这种情境相符合。③意志健全。意志健全的大学生在各种活动中都有自觉的目的性，能适时地做出决定并运用切实有准备的方式解决所遇到的问题，在困难和挫折面前能采取合理的反应方式，能在行动中控制情绪和言而有信，而不是行动盲目、畏惧困难、顽固执拗。④人格完整。人格是个体比较稳定的心理特征的总和。人格完整就是指有健全统一的人格，个人的所想、所说、所做都是协调一致的。⑤自我意识完整。大学生在进行自我观察、自我认定、自我判断和自我评价时，能做到自知，恰如其分地认识自己，摆正自己的位置；面对挫折与困境，能够自我悦纳，喜欢自己，接受自己；自尊、自强、自制、自爱适度，正视现实，积

① 黄希庭、郑涌主编：《大学生心理健康与咨询》，高等教育出版社2000年版，第1页。

② 王书荃主编：《学校心理健康教育概论》，华夏出版社2005年版，第3页。

③ 胡永萍主编：《学校心理健康教育》，中山大学出版社2005年版，第4页。

极进取。⑥人际关系和谐。表现为大学生乐于与人交往，既有广泛而深厚的人际关系，又有知心朋友；在交往中保持独立而完整的人格，有自知自明，不卑不亢；能客观评价别人和自己，善取人之长补己之短，宽以待人，乐于助人；积极的交往态度多于消极态度，交往动机端正。⑦社会适应能力良好。大学生与客观现实环境保持良好秩序，既要进行客观观察以取得正确认识，以有效的办法应付环境中的各种困难，不退缩；又要根据环境的特点和自我意识的情况努力进行协调，或改变环境适应个体需要，改造自我适应环境。⑧行动与心理相协调一致。大学生的行为动机和行为模式符合自身的心理特点，同时心理年龄符合生理年龄，使心理年龄与行为相协调一致。

以上定义虽然各有不同的出发角度、描述方式和侧重点，但还是有相通的方面，如稳定和谐的心理状态、良好的适应力及健全的智力、情感和意志等。心理健康就是指一个人的生理、心理与社会行为处于相互协调的和谐状态。心理健康是指一种持续的、积极的心理状态，能够在社会环境的发展变化中及时调整自己的心理机能，使自己能够保持人格完整、情绪稳定、认知健全、需要得到必要的满足、人际环境融洽、适应能力较强的积极状态。心理健康的人能够辩证地看待发生在自己身上或周围的事情，并能够客观地给予判断，能够与环境有良好的适应，做出最有利于自身发展的决断，使生命具有活力，充分发挥其身心潜能。个体在这种状态下，对自我的态度是积极和肯定的，能有意识地发展自我；在现实中能积极调试，对社会环境有良好的适应能力，其社会行为符合生活环境中文化的常规模式，角色扮演符合生活要求，在发展自身的同时对社会的发展也有所贡献。

大学时期，是一个人的青年时期，处于心理发展迅速走向成熟的阶段。大学生心理的特点有积极层面的也有消极层面的，总结起来有如下几个方面：①精力非常充沛，朝气蓬勃，做事有激情、有气魄，但容易滥用精力和蛮干。②步入成人的过程中各种类似成人的需要增多，对生活拥有美好的愿望；但由于急于满足需要，往往导致失败，抗挫折心理较差。③情绪日益激烈和丰富，容易出现情绪的波动，但比青年初期稍善于控制；当对情绪、情感缺乏控制力时，容易成为情感的奴隶。④抽象思维、逻辑思维和发散思维高度发展，看待事物的辩证性提高，善于独立思考问题，思维敏捷活跃，求知欲强并好争辩；但不善于将集中思维和发散思维结合，容易脱离现实，得出片面的结论，以致怀疑自我或现实。⑤自我意识不断发展，对自身的认识大大加深，主动性增强，自尊心增强；但情绪体验较深，容易受外界不良影响。⑥人际关系进一步发展，更善于同他人交往，渴望并重视爱情和友谊；但也容易在开放、自由的交往中，受到不良影响而走入歧途。⑦向往真理，希望树立崇高的理想，有强烈的求知欲；在探索的过程中若缺乏正确思想指导，容易导致迷信错误的“真理”。①

一个人是否心理健康与一个人是否有不健康的心理和行为并不完全是一回事。心理健康的状态不是静止不变的，而是一个动态发展的过程。一个人如果不注意心理健康，就会经常出现不良的心理状态，心理健康水平就会下降，久而久之，甚至会出现心理变态和心理疾病；反之，一个人如果有了心理困扰或出现心理失衡，学会及时自我调整、释放，必要时寻求心理咨询的帮助，这样很快就会解除心理烦恼，恢复健康的心理。人的心理健康是一种持续的、积极的心理状态。人的心理健康水平可分为不同的等级，“心理健康”与“心理不健康”不是泾渭分明的对立面，而是一种连续或交叉的状态。良好的心理健康状态到严重的心理疾病之间是渐进的、连续的，异常心理与正常心理、变态心理与常态心理之间没有绝对的界限，只是程度的差异而已。

（二）文化与心理及其相关问题研究

在我国，对文化心理学的研究相对较为薄弱，但也取得了不少的研究成果。李霞、扈玉雪、孟维杰的《20 年中国跨文化心理学研究梳理与反思》（《心理研究》2011 年第 4 期），以文献分析法对《心理学报》、《心理科学》两大权威期刊 1988—2010 年所刊发的有关跨文化心理学研究论文进行统计分析和比较，指标涉及文献分类与研究内容两大部分。通过比较分析，他们总结 20 余年来我国学术界关于跨文化心理学研究的一般特点和发展趋势，并就我国跨文化心理学研究的未来走向提出思考和建议。钟年、张继涛的《对先进文化内涵的思考——结合文化人类学和文化心理学展开的讨论》（《中南民族大学学报》（人文社会科学版）2005 年第 1 期），试图结合文化人类学和文化心理学对文化概念的理解，从一个侧面对先进文化展开较为深入的讨论；同时，联系我国社会生活的实践，在理论与实践的互动上进行一些初步的探索。叶浩生的《多元文化论与跨文化心理学的发展》（《心理科学进展》2004 年第 12 期），系统研究了多元文化论强调文化因素对心理学研究的重要性。它主张文化的多元性和平等性，反对跨文化心理学研究中的“文化帝国主义”倾向。在多元文化论的影响下，跨文化心理学开始摆脱“欧美中心主义”偏见，出现了普遍性研究策略和特殊性研究策略相结合、跨文化心理学与文化心理学、本土心理学相结合的趋向。汪凤炎、郑红的《关于中国文化心理学的三个问题》（《山东师范大学学报》（人文社会科学

① 黄希庭、郑涌等：《当代中国大学生心理特点与教育》，上海教育出版社 1999 年版，第 29 页。

版）2006 年第 6 期），认为中国文化心理学指以中国文化为背景、为底蕴，兼顾中国文化与心理学等两个角度来研究中国人心理与行为规律的一门学科；他们主张用“基本问题论证法”而不是“内容相似论证法”来证明中国文化里确有心理学。为更好地开展中国文化心理学的研究，主张坚持“一导多元”的方法系统，并对此方法系统中的语义分析法、深度比较法和实证检验法做了操作性颇强的探讨。田浩的《文化心理学的方法论困境与出路》（《心理学探新》2005 年第 4 期），对于文化心理学存在着多种层面的理解，可以视其为心理学研究领域的拓展、心理学理论思维的转化，也可以视其为心理学方法论上的一种变革。从历史的角度看，文化心理学具有文化补偿的性质；从现实的角度看，文化心理学又面临着文化并置的局面。文化心理学方法论的建立，关键是如何处理与主流心理学方法论的关系。这是文化心理学发展的前提，也是其方法论困境的根源，同时也是摆脱这种困境的依据。李炳全、叶浩生的《文化心理学的基本内涵辨析》（《心理科学》2004 年第 27 期），对文化心理学的概念进行了探讨。由于文化心理学刚刚兴起，概念尚未十分清晰，不同的学者对之有不同的看法。不过，不同学者的看法中也有一些共同之处。他们基本上都认为：文化心理学研究的是意义；心理与文化相互构建；文化心理学的研究方法与主流心理学不同，主要采用客位研究策略。综合各家之言和文化心理学的基本特点，可以把文化心理学界定为研究文化心理或文化行为的具有边缘或交叉性质的独立学科。程亚华、马海的《论心理咨询本土化：基于文化的视角》（《医学与哲学》（人文社会医学版）2008 年第 11 期），就心理学文化转向热潮的兴起，心理咨询越来越重视文化的因素，一般从两个途径去探讨文化因素是如何影响心理咨询的。基于对本土研究成果的理解，以及我国心理咨询本土化已取得的成就和不足，本土心理咨询模式的架构应从中国本身的思维特性及对自我的认识入手，发展出本土的心理咨询的理论和模式。闫杰的《文化心理学视野下的心理咨询与治疗的本土化》（《教育理论与实践》2008 年第 9 期），从文化心理学注重社会文化对个体心理与行为的影响。从文化心理学的视角看，在咨询动机、咨询效果、咨询关系上，西方的心理咨询与治疗理论都不适合东方人的性格与心理问题。文化心理学启示我们，推进心理咨询与治疗的本土化应从对西方心理咨询和治疗理论进行改造与吸收，加强对中国古代、近现代心理学和哲学思想的研究等五个方面进行。孔宪福、何文广、宋广文的《文化心理学视域下的心理治疗》（《医学与哲学》（人文社会医学版）2010 年第 4 期），指出近年来心理治疗的文化取向日益为心理学界所关注，在概要分析文化心理学理论取向和传统心理治疗特点的基础上，重点对文化心理学取向下的心理病因观、医患关系、心理治疗方法、心理治疗效果评价观做了相应分析，并对未来文化取向下的心理治疗理论进行了展望，希望对我国心理治疗理论和实践有所帮助。

徐冰主编的《中国社会心理学评论》（第五辑）（社会科学文献出版社 2010 年版），是一本论文集类型的成果，其中收集了有关文化心理学研究的成果。中国社会科学院社会学研究所徐冰在《文化心理学：跨学科的探索》一文中认为，社会生活中的理解不可能完全排除先前理解的影响。[①] 台湾“中央研究院”民族学研究所余安邦在《文化心理学的历史发展与研究进路——兼论其与心态史学的关系》一文中，就文化心理学的研究历史与研究课题进行了总结和归纳。将近 30 年前，DeVos 与 Hippler（1969）即提出文化心理学（cultural psychology）这个名词。当时他们将文化心理学等同于心理人类学及“文化与人格”学派，其研究范畴主要是由文化与人格所决定或影响的人类心理（mind）与行为（behavior），其具体研究课题则包括：文化对生理及动作行为的影响；文化对人格系统中信息处理机制，如知觉、认知及逻辑思考的影响；符号表达行为，如梦、性禁忌、神话及俗谚的分析；社会化过程中，文化对儿童教养、社会角色期待、智力及情绪发展的影响；社会及文化变革对人格的影响，如成就动机及涵化的研究；文化与心理健康及社会偏差之关系的研究。[②] 在知识层次方面，此时期之文化心理学所采取的是实证论（positivism）的立场，认为文化与人格有其客观存在的实体，等待研究者去发掘与探究；强调文化与人格分属两种不同而可区别的类别（category）；文化被视为重要的自变项，而对人类的心理与行为有着决定性的、显著的影响；人的心理与行为乃为文化所支配与制约；人格结构有赖于人在社会文化环境的学习结果；人格理论的有效性与可解释性不能独立于人所处之社会文化情境。[③] 虽然文化认同与影响的多样性几乎不是一个新现象，但是它引起了越来越热烈的讨论。在当代流行话语中，越来越少听到在“文化的”（culture）这个词的前面不加一个前缀“多元的”（multi-）了。[④] James A. Banks 著的《文化多样性与教育——基本原理、课程与教学》（第五版）（荀渊等译，华东师范大学出版社 2010 年版），就多元文化教育进行了研究，即提出对于大部分多元文化教育者和研究者来说，一个普遍的共识

---

① 徐冰主编：《中国社会心理学评论》（第五辑），社会科学文献出版社 2010 年版，第 4 页。

② 徐冰主编：《中国社会心理学评论》（第五辑），社会科学文献出版社 2010 年版，第 44 ～ 45 页。

③ 徐冰主编：《中国社会心理学评论》（第五辑），社会科学文献出版社 2010 年版，第 45 页。

④ 徐冰主编：《中国社会心理学评论》（第五辑），社会科学文献出版社 2010 年版，第 195 页。

是：要成功地实现多元文化教育，必须推进教育机构的变革，包括课程，教与学的风格，教师与行政人员的态度、观念与行为，以及学校的目标、准则和文化等方面的变革。多元文化教育的维度及其重要性，主要包括在内容整合、知识的构建过程、消除歧视、平等的教学法、强化的学校文化与社会结构等方面。① 研究明确提出了多元文化教育（multicultural education）是时下描述教育的多样性特征最常用的概念之一。欧洲大陆国家常用的术语是"跨文化教育"（intercultural education），而非"多元文化教育"。② 范树成等著的《多元化视阈中的德育改革与创新》（中国社会科学出版社 2010 年版），就多元化背景中的德育问题进行了系统研究。多元化是一个使用频率非常高的词，在各种媒体和人们日常的谈话中非常多地被运用。我们当前的社会是一个多元化的社会，我们当前的时代是一个多元化的时代。多元化成为人们必须面对、无法回避、无法否认的客观事实。无论人们是否承认、是否愿意，多元化都无可争辩地呈现在人们面前，成为人们生活、生存、发展的一个必不可少的社会条件，对人们的日常生活、思想观念、行为方式发挥着不以人的意志为转移的深刻、广泛而长久的影响。著作就多元化社会中德育的困境与出路，特别是生活方式多元化视域下学校德育的路向、信息多元化对学校德育的影响及其对策、价值观多元化对学校德育的影响及其对策、价值观多元化背景下学校价值观教育模式的构建、道德多元化背景下学校德育的缺失与超越、经济利益多元化视域下思想政治教育的反思与重构等进行了全面而深刻的研究。石书臣等著的《主导论：多元文化背景下高校德育主导性研究》（人民出版社 2011 年版），主要就多元文化背景下高校德育主导性问题，高校德育与文化环境的联系，多元文化背景的成因及发展趋势，多元文化背景对坚持高校德育主导性的深刻影响，多元文化背景高校德育主导性发展的理论依据、基本原则、实现等问题进行了研究，最后就中美高校德育主导性进行了比较研究。

贝姆·P. 艾伦著的《人格理论：发展、成长与多样性》（陈英敏等译，上海教育出版社 2011 年版），由于作者长期从事实验心理学、人格/社会心理学等分支学科的教学与研究工作，所以人本主义观点及其关于发展的定位是本书的中心内容。人格的基本定义包括个体差异、行为维度和特质这几个

---

① James A. Banks 著：《文化多样性与教育——基本原理、课程与教学》（第五版），荀渊等译，华东师范大学出版社 2010 年版，第 3～4 页。

② James A. Banks 著：《文化多样性与教育——基本原理、课程与教学》（第五版），荀渊等译，华东师范大学出版社 2010 年版，第 65 页。

方面。个体差异（individual differences）指的是对人们多个不同方面的观测。在人格研究中，重要的个体差异包含人格特质（personality traits），人格特质的内部基础通常是与如“害羞的”（shy）、“仁慈的”（kind）、“自私的”（mean）、“外向的”（outgoing）、“支配性的”（dominant）等形容词相对应的心理特征。每种特质对应一个行为维度（behavioral dimension）的一极。① 研究提出了家庭环境中的很多因素都会导致人们基本的不安全感的产生，即父母的控制、轻视态度、漠不关心、失信、过度保护、充满敌意的家庭氛围、唆使孩子在夫妻争吵中支持自己、使儿童远离其他的孩子、不尊重儿童的个人需要。② 最后，对人格理论将走向何方，特别是21世纪的人格理论将是什么样子，作者提出了自己独特的见解。霍华德 S. 弗里德曼（Howard S. Friedman）、米利亚姆 W. 舒斯塔克（Miriam W. Schustack）著的《人格心理学经典理论和当代研究》（许燕等译，机械工业出版社2011年版），提出了人格研究的八大取向，即人格的精神分析取向、新精神分析和自我的人格理论——认同、人格的生物学取向、人格的行为主义学习取向、人格的认知和社会认知取向、人格的特质和技能方面、人格的人本主义和存在主义取向、人格的人—情境交互作用取向。罗伯特·L. 索尔所、M. 金伯利·麦克林、奥托·H. 麦克林著的《认知心理学》（第7版）（邵志芳等译，上海人民出版社2008年版），特别强调了认知心理学是关于思考者的心智的科学，其研究对象为：我们怎样注意到并获取世界的信息，信息在头脑中是怎样储存和加工的，我们是怎样解决问题、进行思考，以及产生语言的。该书就认知心理学、认知神经科学、知觉与注意、模式识别、意识状态、记忆过程、记忆模型、记忆术和专家、知识的表征等进行研究。B. R. 赫根汉、马修·H. 奥尔森著的《学习理论导论》（第七版）（郭本禹等译，上海教育出版社2011年版），就学习理论问题进行了系统研究。学习是由于强化练习而产生的行为潜能的相对持久的变化。学习是行为或行为潜能相对持久的改变，它是经验的结果，而且不能归因于由疾病、疲劳、药物等引发的暂时性机体状态。③ 同时，就学习理论的不同观点进行了分类研究，特别是研究了学习理论的代表人物的相关研究成果，如托马斯·霍布斯（Thomas

---

① 贝姆·P. 艾伦著：《人格理论：发展、成长与多样性》，陈英敏等译，上海教育出版社2011年版，第1页。

② 贝姆·P. 艾伦著：《人格理论：发展、成长与多样性》，陈英敏等译，上海教育出版社2011年版，第97页。

③ B. R. 赫根汉、马修·H. 奥尔森著：《学习理论导论》（第七版），郭本禹等译，上海教育出版社2011年版，第2～6页。

Hobbes，1588—1679）、约翰·洛克（John Locke，1632—1704）、伊曼纽尔·康德（Immanuel Kant，1724—1804）、查尔斯·达尔文（Charles Darwin，1809—1882）、赫尔曼·艾宾浩斯（Hermann Ebbinghaus，1850—1909）、爱德华·李·桑代克（Edward L. Thorndike，1874—1949）、伯勒斯·弗雷德里克·斯金纳（Burrhus Frederic Skinner，1904—1990）、伊凡·彼得洛维奇·巴甫洛夫（Ivab Petrovich Pavov，1849—1936）、让·皮亚杰（Jean piaget，1896—1980）、爱德华·蔡斯·托尔曼（Edward Chace Tolman，1886—1959）、阿尔伯特·班杜拉（Albert Bandura，1925—）等，对于我们有重要借鉴价值。克努兹·伊列雷斯著的《我们如何学习：全视角学习理论》（孙玫璐译，教育科学出版社2010年版），就理解学习的基础、学习的过程与维度、学习的不同类型、学习的内容维度、学习的动机维度等方面进行了研究，特别指出：人类的系统发展以及人之所以区别于动物，核心在于人类文化的发展，而且，人类基本的心理结构是在与文化发展的互动之中得到发展的。[①] 道格拉斯·肯里克、史蒂文·纽伯格、罗伯特·西奥迪尼著的《自我·群体·社会》（第5版）（谢晓非等译，中国人民大学出版社2011年版），围绕行为背后的目的到底是什么、目的背后的人和环境发挥了怎样的作用等进行研究。其中主要就社会心理学的主要理论视角、个人与情境、社会认知、社会影响、归属与友谊、爱情与浪漫关系等方面进行系统研究。

（三）心理咨询与心理治疗问题

励骅主编的《大学生心理学》（合肥工业大学出版社2011年版），就大学生的适应与发展、自我意识、情绪管理、学习、人际关系、危机应对、网络心理、健全人格的塑造等方面进行了探讨，明确提出了大学生心理发展的一般特点[②]：大学生的理论思维得到进一步发展，大学生出现多种新需要，包括渴望与人交往、特别重视知心友伴，有交往的需要、友谊的需要，产生友谊感；渴望了解人生奥秘，希望更深入地了解复杂的社会，有取得成就的需要；在与他人交往中，有希望得到尊重的需要；大学生的情感得到充分发展；大学生自我意识进一步增强，要求深入了解与关心自己的发展；有一定的自我评价、自我教育的能力，自尊心明显增强，自我控制能力相对较差。

---

① 克努兹·伊列雷斯著：《我们如何学习：全视角学习理论》，孙玫璐译，教育科学出版社2010年版，第59页。

② 李静：《试论大学生的身心发展与教育》，《高等理科教育》1995年第4期。

研究提出了大学生心理健康的维护与调适的途径：正确认识和评价自己，不过分追求完美，要善于保持心理平衡和合理的期望；建立合理的生活秩序，学习负担适量，生活节奏合理，注意保护大脑；保持健康的情绪，保持自我情绪的最佳状态，学会妥善处理心理冲突，锻炼自己对挫折的耐受力；建立良好的人际关系；树立符合实际的目标；培养良好的性格品质，不断提高心理发展的动力水平，培养良好的意志品质，培养良好的行为习惯；等等。张大均主编的《大学生心理健康教育》（科学出版社 2010 年版），遵循积极心理学思想，以培养大学生健康心理素质为目标，针对大学生成长中面临的主要问题，就身心和谐、珍惜生命、完善自我、学会学习、人际沟通、恋爱婚姻、涵养品德、网络使用、择业求职、应对挫折、享受闲暇、开拓创新等问题进行研究。围绕这些问题，从积极心理学和健康心理学的角度，给予科学分析、客观揭示、策略指导，为在校大学生了解自身心理问题、掌握有效应对心理困惑的策略、维护心理健康提供帮助。王晓刚主编的《大学生心理健康》（清华大学出版社 2008 年版），根据大学生心理发展的特点和需要，选择了大学生心理发展中有代表性的主题，通过分析大学生在这些方面存在的普遍性问题，阐述了大学生应该具备和掌握的心理卫生理念、态度和方法，以指导大学生适应大学生活，预防和干预大学生心理危机，帮助大学生解决各种心理问题、完善心理品质、提高心理素质、促进成才为目标。司继伟主编的《青少年心理学》（中国轻工业出版社 2010 年版），从发展心理学的角度介绍青少年心理发展的基本理论和特点，还注重将当前的主流观点与国内外的实证研究发展相结合，突出探讨了我国青少年心理发展的特点及主要问题，并在每个发展领域中，针对青少年所存在的问题提出了相应的引导和应对措施。江光荣著的《心理咨询与治疗》（安徽人民出版社 2001 年版），就心理咨询和治疗问题进行了系统的研究。著作就现代社会生活的变迁和特点进行了概括，指出当代是一个发生了广泛的社会和文化变迁的时代。回顾近百年的变迁，我们印象最突出的是物质文化的飞速发展，以及由物质文化发展而引发的制度文化和精神文化的调适性变化。物质文明的发明、积累和传播以令人目瞪口呆的速率发生。物质生活方式的变革又导致制度文化和精神文化的滞后，使这两者在调适压力下随之发生变化。我们所关心的当代人的精神生活的变化就是在这样一幅图境中发生的。其中，专业分工愈来愈细，造成人的心理机能的片面使用和发展；人口密度增加，人际冲突增加；家庭结构和功能发生变化；教育日益片面化，忽视个性的和谐发展；人际直接交往减少，情感联系淡化；价值观的变化。该书特别指出：在近几十年中，世界各大文化中都发生了巨大的价值危机和价值嬗变。中国社会近十多年里的价值转变更时时使人“觉今是而昨非”。在一个价值尺度变动不已，价值取向从单一走向多元的社会里，个人内部和人际间的价值冲突实在是不可避免的事情。我们知道，个体的价值观作为个性因素之一，对其认知、体验和行动有重大影响。价值冲突和混乱必然造成心理困难。急剧的社会文化变迁影响着当代人的精神生活。① 最后该书还就现代人的适应和发展问题进行了研究。李百珍主编的《学校心理咨询与心理治疗》（天津人民出版社2000年版），主要就学校心理咨询和心理治疗的问题，具体包括学校心理咨询的原则、实施步骤，模式、形式和范围，心理测验和心理诊断，以及心理治疗的方法等进行研究。钱铭怡编著的《心理咨询与心理治疗》（北京大学出版社1994年版），对心理咨询与心理治疗的基本原理与方法、心理治疗中有代表性的治疗学派的理论与技术进行了介绍。心理咨询与心理治疗的的基本原理与方法技术的内容涉及心理咨询与心理治疗的概念、治疗中治疗者与来访者关系的建立、会谈的基本技术、心理诊断、心理治疗的目标与阶段以及心理治疗中的阻力与问题。该书还介绍了心理分析、行为治疗、以人为中心的治疗以及合理情绪疗法等当今世界上最具影响的几种理论学派的治疗方法。傅安洲、李鸿义等著的《心理咨询方法论》（中国地质大学出版社2000年版），是一本探索心理咨询方法论的专著。作者从心理咨询的实质、心理咨询的过程、心理咨询的运行机制、心理咨询的判断、心理咨询中的监督等方面进行了研究探讨。王仕民主编的《心理治疗方法论》（中山大学出版社2005年版），从系统论的角度系统构建了心理治疗的方法论体系，重点研究了咨询心理治疗方法、精神分析治疗方法、行为治疗方法、音乐治疗方法等，对于高校心理咨询与治疗具有一定帮助。郑日昌主编的《大学生心理诊断》（山东教育出版社1996年版），详细论述了大学生心理诊断工作，就心理医生及心理咨询工作者如何运用心理学的理论、技术和方法，对大学生心理状况进行评价、描述、分类及确定其心理困扰与障碍的性质和程度做了细致的分析和讨论。郑日昌主编的《大学生心理咨询》（山东教育出版社1996年版），联系我国大学生心理咨询工作的实际情况，系统研究了大学生心理咨询的基本理论与实用技术，并对大学生心理咨询工作的内容进行了细致分析。

鉴于研究成果的丰富性和版面的局限性，我们只能选取具有一定代表性的成果进行综述，有关研究的其他成果我们会在具体的章节中进行综述。所有这些研究成果都为本研究提供了参考，意义重大。

---

① 江光荣著：《心理咨询与治疗》，安徽人民出版社2001年版，第1～4页。

二、研究的主要方法

本研究综合探索在经济全球化、市场体制、现代科技背景下，文化对大学生心理健康的影响及其心理健康教育的基本理论问题，系统研究在当代文化背景下，大学生心理健康教育的新途径与新方法。本研究主要采用了如下研究方法：

一是调查研究方法，这是本研究主要采用的研究方法。在具体的操作过程中，调查研究有面上调查和专题调查研究，即从面上调查当代文化对大学生心理健康的影响，选取了武汉、上海和广州的10所高校的近4000学生进行调查，其中包括本科生、硕士研究生和博士研究生；专题调查则针对具体的文化形态进行调查，即网络文化、信息文化、竞争文化等对大学生心理健康的影响。这样的调查研究既可以从整体上把握，又能进行专题分析，重点突出，分析深刻，点面结合，有利于说明研究的问题。同时，采取文献调查方式，查阅国内外关于文化与大学生心理健康及其教育的成果，获取课题研究的第一手资料。

二是系统研究方法，即从历史与现实、改革与发展的角度系统研究当代文化与大学生心理健康及其教育的关系结构、要素结构和功能结构等问题，研究当代文化影响大学生心理健康及其教育的方式。大学生心理健康及其教育问题不是一个单纯的问题。这个时代发生了和正在发生着翻天覆地的变化，置身其中的大学生必然受到这个时代的影响，人是环境的产物，“不是意识决定生活，而是生活决定意识”①，网络文化、信息文化、竞争文化等与人们生活密切相关的文化要素必然会影响人们的生活，特别是大学生的学习生活。只有系统地、全方位地研究文化的变化及其对大学生的影响，才能从中窥视端倪，把握全局。

三是比较研究方法，即比较大学本科生、硕士研究生和博士研究生受当代文化影响的情况，特别是当代文化对心理健康状况影响的情况，这样就可以全面把握在校学生的整体面貌，使研究更加全面、合理。当然，在具体的研究中，也会适当涉及不同群体受文化影响而产生的不同的心理变化，但是这种研究没有展开大面积的调查，只能是对调查研究的一种补充。比较研究方法较能说明研究问题的变化，以期找寻研究问题的相关性，从而增加本研究的动态性、发展性特色，突出本研究的时代性和现实性。

---

① 《马克思恩格斯选集》第1卷，人民出版社1995年版，第73页。

第二章　总论：影响大学生心理健康的文化因素

研究问题、解决问题，必须对这个问题有相当了解。毛泽东同志早就说过："没有调查，没有发言权。"[①] 对于生活在当代文化环境中的大学生，其心理的变化必然受到当代文化的影响，特别是面对当代文化变迁、文化发展、文化融合、文化冲突、文化转型的时期，其心理的波动、颤变、调整与适应必将伴随左右。为了真实反映和研究大学生在当代文化环境中心理变化的情况，课题组随机抽取了中山大学、华南理工大学、广东财经大学、广州大学、广州美术学院、海军广州舰艇学院、广东顺德职业技术学院、上海师范大学、武汉大学和湖北大学等 10 所大学的在校大学生进行了相关调查。当代文化对大学生心理健康的影响，涉及面非常之广，既有网络文化、信息文化，又有传媒文化、竞争文化，还有休闲文化、大众文化等，这里只是做一个总体层面的概略性描述，其具体研究将放在后面的专题研究章节，这里不再赘述。

一、调查研究的分布与基本状况

本次调查共发放问卷 4000 份，回收问卷 3908 份，回收率 97.7%。其中，有效问卷 3908 份，调查问卷有效率为 97.7%。调查对象涉及本（专）科学生、硕士研究生和博士研究生。其中本（专）科学生 3020 人，占 77.3%；硕士研究生 639 人，占 16.35%；博士研究生 249 人，占 6.37%。男生 1846 人，占 47.2%；女生 2062 人，占 52.8%。从年级分布比例来看，一年级本（专）科学生 1362 名，占调查总数的 34.9%；二年级本（专）科学生 835 名，占调查总数的 21.4%；三年级本（专）科学生 563 名，占调查总数的 14.4%；四年级本科学生 260 名，占调查总数的 6.7%；硕士研究生 639 人，占调查总数的 14.4%；博士研究生 249 人，占调查总数的 6.4%。

在 3908 名受调查的学生中，中共党员 876 名，占 22.4%；这也是在校学

---

① 《毛泽东选集》第 1 卷，人民出版社 1991 年版，第 109 页。

生党员的比例。其中，在校本（专）科学生中党员的比例占11.1%，硕士研究生中党员的比例占57.6%，博士研究生中党员的比例占69.5%。男生党员437名，占党员总数的49.9%；女生党员439名，占党员总数的50.1%。本（专）科学生党员335名，占党员总数的38.2%；硕士研究生党员368名，占党员总数的42.0%；博士研究生党员173名，占党员总数的19.8%。

从年级分布来看，一年级本（专）科学生中党员64名，占党员总数的7.3%；二年级本（专）科学生中党员70名，占党员总数的8.0%；三年级本（专）科学生中党员116名，占党员总数的13.2%；四年级本科学生中党员85名，占党员总数的9.7%；硕士研究生党员368名，占党员总数的42.0%；博士研究生党员173名，占党员总数的19.8%。

从年级党员比例来看，一年级本（专）科学生共有1362名，其中党员64名，党员比例为4.7%；二年级本（专）科学生共有835名，其中党员70名，党员比例为8.4%；三年级本（专）科学生共有563名，其中党员116名，党员比例为20.6%；四年级本科学生共有260名，其中党员85名，党员比例为32.7%；硕士研究生639人，党员368名，党员比例为57.6%；博士研究生249人，党员173名，党员比例为69.5%。

在调查的3908人中，中共党员876名，占22.4%；共青团员2824名，占72.3%；民主党派22名，占0.5%；其他人员186名，占4.8%。其专业分布为：人文科学占14.1%，社会科学占21.6%，理科占27.8%，工科占22.1%，农科占0.3%，医学占14.1%。

二、网络对大学生心理健康的影响

网络是现代人的一种生存方式，也是文化的一种存在方式，即网络信息文化伴随网络而存在，通过网络影响人的生活、学习和工作等。这些年网络获得了快速的发展，网络承载的文化深刻地影响着人们生活的方方面面，对人们的思维方式、行为方式及其心理健康有重大影响。网络是一把双刃剑，使用得好可以让人成就一番事业，使用得不好也可以毁灭一个人，在现实中这样的例子数不胜数。网络文化集多种现代文化于一体，既有信息文化，又有传媒文化，还有影视文化；既有高雅文化，又有庸俗文化；既有精英文化，又有大众文化；等等。网络就是一个“大杂烩”，又是一个“大染缸”，可以满足不同层次的人的不同需要。网络以其独特的方式吸引人们置身其中，特别受到年轻人青睐，而当代大学生更是离不开网络，因而受其影响成为必然。网络不仅影响大学生的学习、生活，也影响大学生的思想和心理。

当然，这种影响的程度因人而异，既有好的方面，又有不好的方面。在对大学生的调查中，大学生普遍认为网络对其心情、心理有一定影响。在进一步对大学生进行的访谈中，大学生普遍认为，通过网络获得新闻、观看影视作品、参与网络探讨等活动，对自己的影响较大；有些网络事件对其心理会形成负面影响，甚至产生严重的心理问题。对于问题“在你的生活、学习过程中，网络上的某个新闻或事件等对你的心情、心理是否会造成影响?”，回答“会”的占49.9%，“不会”的占20.2%，“说不清楚”的占26.9%，“其他”的占3.0%。在大学生各年级之间的比较中，我们发现网络对大学生心理健康的影响情况和程度没有大的差异；大学生党员的情况也是如此。其中，大学生认为心理会受到影响的比例分别为：一年级占48.8%，二年级占53.3%，三年级占47.8%，四年级占44.2%，硕士研究生占51.6%，博士研究生占51.4%，学生党员占53.4%。一年级大学生刚刚进入大学，在高中阶段使用网络又常受到限制，其心理受到影响的比例略小；二年级明显有反弹，比例有所升高；硕士研究生、博士研究生和学生党员则更多的是对网络影响的一种担忧，一种责任的烦扰与焦心。

三、竞争对大学生心理健康的影响

竞争是现代社会最普遍的现象，它是现代人的一种生存方式，也是文化存在的一种方式，即竞争文化。竞争文化对人们的学习、生活、工作等产生深刻而广泛的影响。竞争的成败得失，对人们的心理健康有一定影响，甚至是重大影响。特别是对于频繁参与竞争的大学生而言，这种影响将会更大。人从出生到死亡的整个过程中都存在着竞争。上学有竞争、工作有竞争、恋爱有竞争，现实生活中几乎找不到没有竞争的场域。父母为了不使小孩输在起跑线上，从准备开始怀孕到小孩出生，就是一个竞争的过程，也是为小孩竞争打下坚实基础。大学生经过从幼儿园、小学、初中、高中的竞争，进入大学，现在又开始了新的竞争。尽管大学生经历过无数次的竞争，但是竞争的结果仍然对他们的心理会造成一定的影响。对于问题“竞争的得失对你的心情有影响吗?”，回答“肯定有”的占73.2%，“一般不会”的占16.1%，“说不清楚”的占7.8%，“其他”的占2.8%。大学生认为竞争得失对自己的心情有影响的比例分别为：一年级占73.2%，二年级占76.9%，三年级占68.4%，四年级占66.2%，硕士研究生占75.9%，博士研究生占73.2%。调查显示：竞争对大学生心理的影响具有普遍性，尽管竞争对三年级、四年级的大学生的心理健康的影响面有所下降，似乎表明其在竞争中相对而言已经百炼成钢，但大学生年级之间的差异并没有质的变化，这种情况在硕士研究生和博士研究生中也是如此；同时，这种现象在大学生党员中也是如此（党员占76.4%）。竞争能够对大学生心理造成影响，是因为竞争的结果存在着利益的得失，而大学生对这种得失又比较看重，所以失败就不免失落、心情惧伤。在一个崇尚英雄、渴望成功的时代，竞争意味的不仅仅是光环，而是货真价实的硬通货。所以，竞争对大学生心理健康的影响是巨大的，特别是面对不公平不合理的竞争之时，心理健康问题就不可避免地呈现出来。因此，营造公平的竞争文化环境，打造良好的竞争文化氛围，意义深远。

四、影视对大学生心理健康的影响

电影、电视对大学生心理健康的影响不可小视。在网络化快速发展的今天，大学生依托网络可以观看各种影视大片，包括最新的好莱坞影片。但是，影视作品反映的影视文化却不可避免地影响人们的思想，特别是对大学生的心理产生影响。当然，这些影响视影视作品而异，视大学生而异，研究这些影响及其差异有其深远意义。

看电影是大学生主要的休闲娱乐方式，有条件的大学每周在学校电影院放一到两场电影，没有条件的大学的大学生主要在校外电影院看电影或是通过计算机下载电影观看。在大学里，大学生追电影是一种普遍现象，影视文化仍然受到大学生的喜爱。大学生一般关注奥斯卡影片或名导演的作品。一部好的电影作品，确实能感动一代人。今天，大学生的视野前所未有的开阔，其思想的深度、广度及其复杂程度亦是前所未有，一部作品要使大学生感动确实不易，但是真正好的作品仍然受到大学生欢迎。调查显示：电影对大学生心理健康有一定的影响，这其中电影的内容、电影画面、电影的故事情节以及电影明星等的影响混杂在一起，共同作用，使大学生产生心理的冲击与震荡。对于问题“在你的生活、学习过程中，你的心情是否会受到电影（内容、画面、故事情节或明星等）的影响?”，回答“会”的占54.7%，“不会”的占20.1%，“说不清楚”的占22.1%，“其他”的占3.1%。电影对大学生心理健康的影响，在大学生年级之间和大学生党员之间没有质的变化。其中，一年级受到影响的占51.2%，二年级受到影响的占62.2%，三年级受到影响的占51.9%，四年级受到影响的占47.7%，硕士研究生受到影响的占60.4%，博士研究生受到影响的占47.8%，大学生党员受到影响的占58.3%。相比较而言，四年级大学生和博士研究生受到电影的影响相对弱，这是符合实际情况的。四年级大学生忙于找工作、写毕业论文等事情，一方面看电影的时间较少，另一方面考虑的事情又太多，看电影本来就是消遣，没有过多思考电影本身的问题；博士研究生则由于个人的阅历，一般的事情较难引起其心灵的波动，何况只是看场电影。

电视是传统媒体，传媒文化对于大学生心理健康的影响不可忽视。尽管目前大学校园所能看到电视的地方只有学生食堂，但是网络电视十分普遍。在调查中，有时发现电视对于学生心理健康的影响似乎超过了网络，其实不然。学生看电视仍然是通过网络实现的，在大学校园里，网络仍然是影响大学生心理健康的主要媒体。对于问题“在你的生活、学习过程中，你的心情是否会受到电视上看到的某个新闻或事件等影响?”，回答“会”的占 51.0%，“不会”的占 19.1%，“说不清楚”的占 26.5%，“其他”的占 3.4%。同时，电视对大学生心理健康的影响在大学各年级之间和学生党员之间没有大的差异。其中，一年级受到影响的占 51.4%，二年级受到影响的占 53.2%，三年级受到影响的占 47.6%，四年级受到影响的占 40.4%，硕士研究生受到影响的占 54.9%，博士研究生受到影响的占 50.6%，学生党员受到影响的占 55.3%。其中，四年级大学生心理健康受到电视影响的面相对较小，而大学生党员受到电视影响的面又相对较大。一方面，四年级大学生更多地关注毕业和找工作，电视的影响相对于社会上的一系列问题而言可是小巫见大巫；另一方面，学生党员受到电视的影响更多的是一种敏感度、一种忧虑、一种责任，希望电视的负面影响少一些，希望电视有更多的正面影响和积极报道，为丰富人民群众的精神生活发挥更大的作用。

五、报纸对大学生心理健康的影响

大学生看报纸吗？回答是肯定的。通过对大学校园及其周边报亭的调查而得到证实。通过对在校大学生的访谈发现：大学生有时会顺手买一份报纸，但没有什么规律；更多的大学生主要还是通过网络浏览电子报纸。传统报纸受到挑战，是因为承载的信息量受到限制，虽然报纸大量扩版，但仍然比不了电子报纸。电子报纸不仅信息量大，而且通过链接可以看到相关信息和读者的评论，了解事情的来龙去脉，扩大了自己的知识面，又提高了自己看待问题、分析问题和解决问题的能力。现在，通过手机等移动通信工具可以 24 小时全天候上网，浏览报纸等，这也是大学生更多地选择电子报纸的原因。无论是传统报纸或电子报纸，都会对大学生的心理健康造成一定程度的影响，这种影响往往是由于报道的某个新闻或事件而深深地影响大学生的心理健康。对于问题：“在你的生活、学习过程中，你的心情（心理）是否会受到报纸上看到的某个新闻或事件等的影响?”，回答“会”的占52.4%，“不会”的占17.1%，“说不清楚”的占26.1%，“其他”的占4.4%。报纸对大学生心理健康的影响在大学各年级学生之间具有相同作用，没有大的差别，在学生党员中也是如此。其中，一年级受到影响的占53.7%，二年级受到影响的占55.2%，三年级受到影响的占46.4%，四年级受到影响的占48.8%，硕士研究生受到影响的占54.5%，博士研究生受到影响的占48.6%，而学生党员受到影响的占54.6%。因此，我们可以说，传统媒体包括报纸、杂志等对大学生心理健康仍然具有影响，在关注现代媒体对人产生革命性影响的同时，也不能忽视传统媒体潜移默化的影响。

六、父母和老师对大学生心理健康的影响

人的成长是一个过程，既是一个自然的生长过程，也是一个社会化的过程。在这个过程中，人由一张白纸，被父母、老师涂满色彩，在自己懵懵懂懂的时候也开始了涂鸦。在不同人的世界里，有的人涂满红色、绿色、黄色，也有的人涂满灰色甚至黑色；但绝大多数人涂上的是五颜六色。大学生的心理受到这五颜六色的影响。这其中人自己本身起决定作用，其他人则起着重要作用。在这些重要人物中，哪些人的影响相对大，哪些人的影响又相对弱，对这个问题的研究具有很强的现实意义。对于问题：“在你成长的过程中，下列哪些人物对你的思想（心理）形成发展产生过影响（可多选）?”，回答“父母”的占78.8%，排在第一位，其他依次是：“老师”占69.8%，“长辈”占52.5%，“领袖人物”占50%，“著名学者”占48%，“民族英雄”占37.6%，“体育明星”占20.7%，“影视明星”占18.6%，“歌星”占15.8%，“劳动模范”占14%，“航天英雄”占12.4%，“典型罪犯”占10.7%，“其他”占5.9%。这种情况在大学各年级之间没有多大差别。父母对子女的影响也没有年级差异，对硕士研究生（占84.0%）、博士研究生（占73.9%）、学生党员（占78.5%）也是如此。

在进一步对父母影响的深入调查中，31.2%的大学生认为母亲对自己的影响大，28.5%的大学生认为父亲对自己的影响较大，而认为父母亲对自己的影响差不多的占39.5%。在对学生党员的调查中，认为父亲对自己的影响大的占32.0%，认为母亲对自己影响大的占31.2%，而认为父母亲对自己影响差不多的占39.5%。这种情况与大学生整体情况相符合，没有什么特别的地方。可见在大学生成长的过程中父母亲对其都有影响，父母亲都不可忽视对孩子的教育。

老师对大学生的影响在年级之间也没有多大变化，博士研究生认为老师对自己有影响的占 70.7%，学生党员认为老师对自己有影响的占 71.7%。在进一步的调查中，大学生认为在学习的过程中高中老师对自己的影响最大（占 41.3%），其次是中学老师（占 25.1%）、大学老师（占 19.5%），最后是小学老师（占 15.3%）。在访谈中，大学本科生认为高中老师对自己思想（心理）影响较大，博士研究生则认为自己的博士生导师对自己的影响较大而且是全方位的。

七、学习对大学生心理健康的影响

学习是现代人的一种生存方式。人们常说，一天不学习就会落后，学习、学习、再学习已经和生活密不可分，终身教育成为人生追求。大学生的学习几乎就是大学生学校生活的全部，学习过程就是一个人陶冶心灵的过程，也是一个人思想、心理成熟的过程。通过学习，使人们获得足够的知识，在潜移默化中受到教育和影响，从而树立正确的世界观、人生观和价值观，并有效地调整或纠正原有知识的影响，保持健康的心理素质。在大学中，阅读专业书籍或课外书籍是大学生学习生活的主要方面，专业书籍或课外书籍的内容对于大学生的学业进步起到非常大的作用。一篇好文章，一本好书，读后使人心旷神怡、精神抖擞，对人生充满信心。这就是人们常常说的一篇文章、一本书可以改变一个人，成就一个人；当然它也可能会损害一个人，伤害一个人，甚至使一个人走上邪恶之路。因此，读书，读好书，非常重要。对于问题“在你的生活、学习过程中，你的心情是否会受到专业书籍或课外书籍等的影响?”，回答“会”的占 64.7%，“不会”的占 14.2%，“说不清楚”的占 17.8%，“其他”的占 3.3%。读书对大学生心理健康的影响具有普遍性，在大学生不同年级之间没有明显的区别，在大学生党员中也反映出相同的特点。其中，一年级受到影响的占 67.8%，二年级受到影响的占 67.2%，三年级受到影响的占 60.2%，四年级受到影响的占 49.6%，硕士研究生受到影响的占 67.3%，博士研究生受到影响的占 59.4%，学生党员受到影响的占 64.3%。在大学四年级学生和博士研究生中，学习对其心理健康的影响相对减弱。因为大学四年级学生更多地会关注毕业论文和找工作，即关注外在的东西较多而关注内心的东西较少；相比较而言，学习对博士研究生心理健康的影响减弱，表明博士研究生经过不同层次的学习，且不少在职博士研究生经过社会的锻炼熏陶，心理基本成熟，看待问题、分析问题较为深刻。

八、业余文化生活对大学生心理健康的影响

大学生在大学除了上课学习外，还有许多业余时间需要自己计划安排。探讨这些业余时间的安排分布，我们可以从一个侧面了解大学生心理健康影响的途径或方式，由此更全面、更深入地把握大学生心理健康问题。对于问题“你在业余时间主要干什么？（可多选）”，回答“上网”的占83.4%，“看电影”的占64.6%，“读课外籍书”的占64.3%，“读专业书籍”的占51.6%，“看电视”的占34.7%，“看报纸”的占27.8%，“其他”的占16.1%，“听广播”的占14.0%。调查显示：大学生在业余时间上网排在第一位。这是符合大学生实际情况的，网络对大学生的影响也是无法估计的。在专题研究的调查和访谈中，有时会出现电视、电影对大学生心理健康影响的情况超过网络，其实不然。现在的大学生看电视、电影还是依托网络，能够坐在电视机前看电视、走进电影院看电影的毕竟是少数。网络既能看电影，阅读课外资料，甚至下载专业书籍复习，也能看电视，读报纸，甚至听广播。所以，网络是集大成者，在网络时代人们的生存方式发生了翻天覆地的变化。网络会影响大学生的心理健康是明显的。在大学生业余时间的安排中，网络在大学各年级之间没有明显差异，在学生党员中也是如此。二年级学生、四年级学生和硕士研究生略为突出些，也符合实际情况，随着对大学学习规律的掌握、就业以及学习研究的需要，他们上网的时间会相对多一些。其中，大学生业余时间上网的比例分别为：一年级占77.9%，二年级占89.2%，三年级占81.0%，四年级占86.9%，硕士研究生占87.8%，博士研究生占81.1%，学生党员占85.8%。可见，上网是大学生业余生活的主要方面，对于大学生的生活、学习、心理等具有重大影响而不可忽视。

参考文献：

1 江光荣．心理咨询与治疗［M］．合肥：安徽人民出版社，2001.

2 秦维红．论竞争是人的本性［J］．北京大学学报：哲学社会科学版，2002（5）.

3 官子木．心理疾患的社会文化根源［J］．北京社会学，1994（2）.

4 李林，等．中国文化背景下的个体竞争性［J］．心理科学，2001（2）.

5 岑延远，聂衍刚．论个体竞争性的心理学研究［J］．心理发展与教育，2005（3）.

第三章　网络文化对大学生心理健康的影响

当托夫勒的《第三次浪潮》和奈斯比特的《大趋势》描绘了未来电子社会、信息社会和网络组织会给人们带来生产、生活、思维方式等崭新变化的时候，我们为之欢欣鼓舞，对未来充满期待。但是当我们真正身临其境去感受网络的时候，却发现对这种变化感到眼花缭乱，已经不能用传统的眼光和原有的理论框架加以总结、概括、阐述和说明。随着互联网的发展，20世纪90年代世界上许多国家相继开始实施“信息高速公路计划”，国际互联网的建立和发展成为科技领域中一次速度最快、影响面最广的一次变革，整个人类被一场前所未有的文化风暴所席卷，这就是网络文化。面对网络文化日新月异的发展，许多理论工作者和高校管理人员认识到网络文化给大学生的心理健康带来不良影响，因而也提出一些措施应对网络文化条件下的大学生心理健康问题，但这些措施只是针对大学生心理问题出现后的一些解决措施，对于如何预防和解决网络文化对大学生心理健康的影响还没有探索出有效对策。所以，研究网络文化对大学生心理健康影响问题，并尝试探索引导方法具有重大的理论价值和实践意义。

一、网络文化对大学生心理健康影响研究综述

近年来，网络文化逐渐成为了人们关注的热点，国内专家学者对网络文化的研究也越来越多。虽然，网络文化这个概念用起来得心应手，但是“网络文化”是什么？目前学界还没有对这种新的文化模式进行科学的界定，还需要从理论上来探究。这是因为，一方面，“文化”本身就是一个很复杂的概念，现在学者们还没有达成统一的共识；另一方面，互联网的快速发展和应用，使人们还来不及静下心来思考网络文化的概念。尽管如此，目前一些学者仍然根据自身对网络文化的理解，从不同的角度对网络文化做了一个初步的界定。

臧学英在《网络时代的文化冲突》一文中对网络文化做了一个界定，即网络文化是随着现代科学技术，特别是多媒体技术的发展而出现的一种现

代层面的文化。就其所依附的载体来说，它是一种彻底理性化的文化。任何文化若想加盟网络文化，就必须改变自己的既有形态，即变革传统的非数字化文化形态。[①] 毛为忠在《网络文化利弊谈》一文中认为网络文化是建立在因特网基础上的一种不分国界、不分地区的信息文化。它是以计算机技术和通信技术的融合为物质基础，以上网者为主体，以虚拟的赛博空间为主要传播领域，以数字化为基本技术手段，为人类创造出一种新的生存方式、活动方式和思维方式。从狭义的角度来看，网络文化将知识和信息以计算机可以识别的代码形式记录下来，并且通过计算机互联网进行传播和交流。从广义的角度来看，网络文化是网络时代的人类文化，它是人类传统文化、传统道德的延伸和多样化的展现。[②] 翁寒松在《我们需要什么样的网络文化》一文中，把网络文化的概念界定为：数字化生存已日益成为我们的主流生产方式和生活方式，文化作为折射生活基础的精神世界，其形式和内容自然会发生某些"变异"，自然要大量地体现知识经济、网络经济的特征，因而形成带有自身鲜明特征的网络文化。何谓网络文化，广义地说就是网络时代的人类文化。[③] 李贤民则认为：网络文化是指以计算机技术和通信技术融合为物质基础，以发送和接收信息为核心的一种崭新文化。[④] 以上几种界定都各有不同，有的从网络工具的角度来讲，有的从形式上来讲。可见不同学者对网络文化的理解也有不同。因此，网络文化的含义仍然是学界继续探讨的一个理论问题。

网络文化作为一种新的文化表现形式，相比于传统文化有何不同呢？学者们也从不同角度进行了分析和归纳。匡文波认为，作为计算机技术和通讯技术融合而生成的一种新型文化，网络文化与现实社会文化具有不同的特点，具体表现在：网络文化是以电子为介质的高科技文化，网络文化是高时效性文化，网络文化具有开放性，网络文化具有交互性，网络文化具有虚拟性。[⑤] 周成龙在《网络文化的时代特征及其伦理意蕴》一文中认为网络文化不同于传统文化的特点表现在：网络文化是一种消费文化，网络文化是一种娱乐消遣性文化，网络文化是一种媒介符号性文化，网络文化是一种价值解构文化。[⑥] 杜宇佳在《谈谈网络文化的特点》一文中，认为网络文化作为互

---

① 臧学英：《网络时代的文化冲突》，《光明日报》2001 年 6 月 6 日。

② 毛为忠：《网络文化利弊谈》，《浙江高校图书情报工作》2007 年第 3 期。

③ 翁寒松：《我们需要什么样的网络文化》，《科技日报》2001 年 9 月 21 日。

④ 李贤民：《民族文化不能在网络中消失》，《光明日报》2001 年 12 月 12 日。

⑤ 匡文波：《论网络文化》，《图书馆》1999 年第 2 期。

⑥ 周成龙：《网络文化的时代特征及其伦理意蕴》，《文化论坛》2009 年第 11 期。

联网的产物，与传统文化相比的不同特点表现在：参与人数众多，互动范围广；充分展现网民个性和创造才能；虚拟世界中的文化交往；开放的环境中快速传播信息；表达方式追求简单、直接。① 但网络文化作为一种新鲜事物，网络文化的数字化、虚拟性、开放性、多元化和草根性等特点为人们所广泛关注和认可，也正是因为这样，推动了网络文化的迅速发展。

当代大学生正处于社会变革时期，他们面临着日益增多的社会心理压力，在学习、生活和社会适应等方面遇到越来越多的困难和障碍，同时也导致越来越多的心理问题和困惑。因此，很多学者从大学生心理健康的现状、存在的问题、导致大学生心理健康出现问题的原因以及采取什么样的对策来解决大学生心理健康问题等角度进行研究。

大学生心理健康教育受到国家的高度重视。中共中央、国务院《关于深化教育改革全面推进素质教育的决定》强调，在全面推进素质教育工作中，必须更加重视德育工作，加强学生的心理健康教育。1995 年《中国普通高等学校德育大纲（试行）》明确提出，要把心理健康教育作为高等学校德育的重要组成部分，大学生应具备良好的个性心理品质和自尊、自爱、自信的优良品格，具有较强的心理调适能力。2001 年教育部又下发了《关于加强普通高等学校大学生心理健康教育工作的意见》，指出："加强大学生心理健康教育工作是新形势下全面贯彻党的教育方针、实施素质教育的重要举措，是促进大学生全面发展的重要途径和手段，是高等学校德育工作的重要组成部分。"因此，探讨大学生心理健康问题的成果相对较多，不一而论。

在我们查找的文献资料中，尽管研究网络文化和大学生心理健康的文章比较多，但是真正把网络文化与大学生心理健康结合起来研究的成果并不多见。目前在中国知网上查到与之相关的文章只有几篇，分别是杨金铭的《网络文化对大学生心理健康的影响及应对策略》、胡敏的《网络文化对大学生心理健康的负面影响及应对措施》、常金玲和常金艳的《网络文化对大学生心理健康的影响分析》、管敏的《网络文化对大学生心理健康的影响研究》、管永红和高玉敏的《网络文化与大学生心理健康问题研究》等。这些文章都是简单地从网络文化对大学生心理健康的影响来提出对策。因此，研究网络文化对大学生心理健康的影响，其路途仍然漫长。

---

① 杜宇佳：《谈谈网络文化的特点》，《文化论坛》2009 年第 1 期。

二、网络文化的含义与特点

20 世纪，科学与民主的范式，曾铭刻在工业新文化运动的里程碑上；21 世纪，知识与自由的新范式，将飘扬在信息文明的新旗帜上。也就是说，互联网不仅是新技术、新经济，还是新文化。① 网络信息技术的发展，给文化的发展创造了新的载体，那什么是网络文化？它具有什么特点呢？

网络不仅是一种技术，它更把全世界、全人类联系起来，是人类文化的一种存在形式。网络信息的传播以及由此衍生的网络文化活动开始蓬勃发展。这使全球文化相互激荡和相互融合，为网络文化的形成、发展和完善注入了强大的动力。德国技术哲学家拉普说过："技术是复杂的现象，它既是自然力的利用，同时又是一种社会文化过程。"② 可见，技术具备文化的属性和功能。因而网络信息技术的发展使社会经济、文化经历着一场深刻的变革，网络为人类创造了新的文化载体，网络促进了全球的跨文化传播，网络文化语言丰富了网络文化世界。

文化是人类所创造的一切物质和精神成果的总称。以网络技术为载体的网络文化是一种亚文化，又是一种时兴文化。它以独特的文化表达形态，以人类最新的科技成果互联网为载体，依托现代发达而又迅捷的信息传输系统，运用一定的工具和符号来传达思想、文化和风俗民情，并表达自己的看法、观点，宣泄自己的情绪，构建了一种崭新的思想与文化表达形式，成为现今时代一条独特而又美丽的文化风景线。网络文化是一种蕴涵特殊内容和表现手段的文化形式，是人们在社会活动中依赖于网络信息技术及网络资源为支点而创造的物质财富和精神财富的总和。③ 它是一种不分国界、不分地域的全球性信息资源的开发与共享的文化。因此，网络文化是一种由信息技术和网络技术而形成的全新的社会基础结构带来的人类生产方式、生活方式、工作方式等各方面的变革，进而引起思维方式和观念变革的文化方式。网络文化是由主体、客体、中介及其价值四个要素组成的，并通过该要素把人、自然、社会和历史组成一个有机整体的网络系统。④ 网络文化的主体是指掌握一定网络技术的网民；网络文化的客体是指网民在开展网上文化活动

---

① 鲍宗豪：《网络文化概论》，上海人民出版社 2003 年版，第 1 页。

② 王世民：《技术 · 网络文化 · 文化变迁》，《情报杂志》2004 年第 4 期。

③ 陈卫东、韩雪峰：《网络文化解读》，《现代远距离教育》2006 年第 6 期。

④ 黄文玲：《网络文化的价值特性及其发展路径》，《华中农业大学学报》（社会科学版）2005 年第 2 期。

的指向，包括自然界、人和社会等；网络文化的中介是指构成网络的硬件、软件以及通过网络而形成的人们新的价值观和生活方式及其对网络主体的物质、精神等方面需求的满足。

总之，网络文化是随着计算机互联网络的发展而产生的一种文化现象，其核心是在现代信息网络中注入了独特而丰富的文化精神和文化价值，并对其他文化形态产生重要影响。网络文化是技术和文化的联姻，并达到技术的自我超越。作为文化现象而存在的计算机互联网是现代网络文化的载体，从科学的视域看，计算机互联网是一种技术手段；从交往的视域看，计算机互联网是一种沟通方式；从人类文明进程的视域看，计算机互联网的深层意蕴是文化的传播、交流、碰撞和更新。

众所周知，网络文化是人类20世纪的创造物，是互联网与文化相结合的现象，是科技与文化创新的产物，它集中地体现着文化的内容、表现形式和传播手段等全方位的信息。作为一种特殊的文化形式，网络文化除具有文化的一般特征外，还具有自身的文化特征。

第一，网络文化的开放性与虚拟性。网络文化的开放性是由互联网本身的开放性所决定的。随着信息技术的发展日益完善，互联网的开放性特点被挖掘出来。个人、组织或者团体只要上网，就可以不分国家、民族、地区、城乡，以平等的身份、时空压缩的方式高速、快捷地获取与交流各国、各民族的文化信息。网络信息技术的发展，使全球的网络文化打破了地域和时空的限制，尤其是国际互联网的建立，各国纷纷建立“信息高速公路”，使人类居住的地方正在成为一个“小村庄”。BLOG、MSN、QQ、BBS 等成为人们交流和互动的重要渠道，任何人都可以在网上畅所欲言，发挥创意，使网络文化体现出惊人的传播力量，同时可以使人们借助网络交流、传播和分享人类有益的文化成果；然而由于网络的开放性，人们在利用网络时，也容易造成个人信息的外泄；同时又不可避免地受到网络信息的干扰，大量的垃圾邮件、色情内容等无不影响着我们的生活；尤其是网络文化发展非常迅速的西方国家企图借助经济、技术的优势，加强对我国文化的“西化”和“分化”，从而对我国群众尤其给处于正在成长中的大学生的价值观念、生活方式、工作方式等带来巨大的冲击。另外，网络文化的开放性衍生了网络文化的庸俗化，如有些黄色网站、算命占卜以及淫秽粗俗的网络语言都已经成为网络文化中不容忽视的现象。有些网站为了吸引“眼球经济”，竟然通过传播假消息、庸俗化的内容来获得点击率。

互联网作为文化的载体，网络空间是人们通过虚拟技术来“虚拟实在”，包括对实际存在事物的数字化虚拟，对现实超越性的虚拟，对现实背景的虚拟。这种虚拟实际上是对人们已获取知识和信息的再现，它不仅描摹出现实世界，而且创造出现实生活中所没有的虚拟世界。人们可以在虚拟的世界中超越时间和空间的有形障碍，尽情享受虚拟的生活。在比尔·盖茨的《未来之路》一书中有一幅漫画，一条狗对另一条正在上网的狗说："在因特网上，没人知道你是一条狗。"虚拟并不等于虚无，它还是以现实存在为基础的，只不过是另一种特殊形式的存在。在网上，任何人都可以不分民族、种族、国籍、性别、信仰等外在因素进行联系和交流，人们可以随便用不同的名字、性别、年龄与人交流，相互交往的人往往并不知道对方在现实社会的真实身份，虚拟性的文化氛围在网络文化中司空见惯。因此网络文化的虚拟性一方面为人类提供了崭新的生存与活动空间，为大众提供了宣泄的场所、进行自己所向往的角色扮演的机会；另一方面让人们可以对自己的行为负更少的责任，会诱使人们尤其是大学生走入文化的歧途。西奥多·罗斯扎克提出："人们在虚拟的世界里，把现实的可能性与非现实的可能性都融于互联网，热衷于在闪烁的屏幕前进行遐想的毁灭，让自己的闲暇充满好战尚武之举的电子游戏迷，早已将正义感和道德规范置之度外。"① 他的话告诉人们，如果过度沉溺于虚拟环境，混淆虚拟世界和现实世界，会使人产生思想错位、行为规范失范，丧失人类本应有的人性、亲情、友情和社会责任感，将会对社会的发展、国家的发展和民族的发展带来最大的威胁。

第二，网络文化的平等性与及时性。在网络文化中，人们之间的地位是平等的。每个人都是平等关系，现实社会中的等级、权威、身份、特权等因素都不复存在。尽管在某些领域也存在不平等，如 BBS 版主具有删改等权力，但这些与现实社会中的不平等关系不能相提并论，至少它并非先天存在，而是与个人后天努力有关。网络文化的平等性对于实现网络自由与民主起着基础性的关键作用。它意味着公平、理解，意味着对权威的消解，也意味着开放、创新机制的保障。当前我国的民众已经开始利用网络文化的这一平等性特征维护自己的权益。民众通过网络文化这一途径使一些贪官和不法分子的行径暴露，为国家、社会的稳定和发展提供了一条崭新的监督渠道。

计算机网络技术的进步与迅猛发展，使网络信息的发布和传播速度越来越快，传统的电视、广播、报纸等传统媒体都无法与之匹敌。网络信息以光速传播，瞬间到达世界各地，既没有国家的边界，也没有自然空间的地理限制，人们足不出户却可以超越地域的概念。中国古代诗文说的"秀才不出门，可知天下事"的格言如今成为事实。网络交流可以使用电子公告板、

---

① 项家祥、王正平：《网络文化的跨学科研究》，上海三联书店 2007 年版，第 58 页。

聊天站、电子邮件、博客、微博等，都十分方便。由于网络文化传播模式的特殊性，能与面对面几乎同步的速度传播各种类型的信息，这就增加了人们进入这种虚拟环境的机会。同时，网络文化信息量大，内容丰富，知识结构更新速度快，使人们更容易接受、学习和利用科学技术知识。特别是科技含量最高、拥有新知识技能的大学生群体，其步伐与网络文化最为协调，因而逐渐地导致成人的优势瓦解，为大学生的文化反哺创造了便利条件。“文化反哺”也即反向社会化，是一种发生在急速的文化变迁时代，年长一代向年轻一代进行广泛的文化吸收现象，其实只是年轻一代向年长一代进行积极主动地文化影响的过程。

第三，网络文化的交互性与垄断性。在以前的文化形态里，除了人与人之间面对面的原始状态的交流外，所有的传播交流方式在一定的时空上都是单向的。如报纸、电视等传播媒体，信息通常都是从一个发源地流向各个接受地，是一种“点到面”的单向交流。这种交流方式使传播者和受众者之间处于不平等的地位。因此，交互性是互联网区别于其他传播工具最本质的特征之一。互联网实现了传播者和受众者双方的双向互动传播。当传播者将信息在网络上传播后，接收者会及时对信息进行反馈，并按照自己的思想观点进行修改、补充，并及时传播给信息的原发送者。这就实现了信息交流的双向互动。这种交互性的信息交流方式突破了人类信息交流的单向模式，实现了一对一、一对多、多对多的互动关系，开辟了人类文化方式的新途径。交互性的核心在于参与，在网络上，每个参与的人都可以通过网络发布信息，宣传自己的思想；同时，又可以随时接收信息和发表评论。交互性的文化传播方式极大地增强了文化的渗透力。

在当前的国际互联网的信息中，80%的网上信息和95%以上的服务信息由美国提供；我国在整个互联网的信息输入和输出的流量，仅分别占到0.1%和0.5%。很明显，西方发达国家尤其是美国掌握着全球文化的节奏和方向。网络文化的垄断必然带来负面效应。其一，网络的垄断通过控制彼此之间交流的渠道以及塑造出在网络上传播的文化内容，由少数人控制全人类的文化交流。其二，文化的多样性是人类生存的文化生态，网络的垄断会影响文化多样性赖以生存的文化资源。在网络生活中，人和人结成的社会关系，人对人、人对社会的依赖不是削弱了、瓦解了，而是更加密切和加强，只是这种社会性以一种完全个体化的形式表现出来。网络垄断制造出几乎可以使整个世界千篇一律的社会文化环境，在这种环境的灌输和熏陶下，也只会产出千篇一律的文化产出。30年前，马尔库塞愤愤指责“发达工业社会”

“以其单向度的产品制造了单向度的人”①。因此，网络文化的垄断性也同样会制造出单向度的人。

三、网络文化对大学生心理健康的影响机制

近年来，作为时代“弄潮儿”的大学生由于好奇心强，接受新事物的速度快，因而大学生触网的程度也越来越深。据调查统计②，90%以上的大学生都接触了网络文化，给大学生提供了一种新的生活方式和学习方式。然而当大学生在享受网络文化带来的种种便利的同时，网络文化也对大学生的行为模式、价值取向、政治态度、心理健康、道德观念等方面产生了重要的影响。据华东某高校对237名退学试读和留级学生的调查，竟有80%的学生是因为迷恋网络而导致成绩下降。我们发现网络文化对有较高文化层次的一部分大学生的学习、生活、心理健康等各方面带来一定的负面影响，严重的不仅加剧了家庭矛盾，还威胁到大学生的身心健康和生命安全。随着网络文化在大学生现实生活中扮演着越来越重要的角色，不仅给大学生的生活带来重要的变化，也给其生活带来深刻的影响。这种影响表现在对大学生的认知、行为、情绪情感和自我意识等方面。

第一，网络文化对大学生认知过程的影响。网络文化信息量大，内容丰富，更新速度快，这使大学生面对众多信息时不知如何明辨是非，如何检索到自己所需要的内容。因而在检索信息时，大学生的思维要清晰，理想、信念、价值观要坚定；否则，大学生在面对鱼龙混杂的网络信息时，就会使自己的时间感、空间感、现实的知觉和自我感觉发生变化，从而形成新的世界观、人生观和价值观。特别是在当代，网络文化仍然是以美国为首的发达国家占据主导地位。由于社会制度的不同，以及历史、文化、经济发展程度的差异，不同的国家有不同的主流意识形态，也有不同的价值观。随着互联网的发展，网络已经触及世界的每一个角落，尤其是近几年我国网络的飞速发展，西方资本主义国家的意识形态、价值观念、个人主义和利己主义思想以及拜金主义、享乐主义、追求奢侈的生活风气乘虚而入。而大学生的世界观、人生观、价值观尚处在形成过程中，具有很大的变动性和可塑性。据数据调查分析发现，11.9%的大学生偶尔浏览宣传反动思想的内容，2.9%的

① 王世民：《技术·网络文化·文化变迁》，《情报杂志》2004年第4期。

② 本文所引用的调查数据都列有出处来源；没有标注的部分均为本研究调查数据，调查数据来源于项目整体面上调查数据和专题调查数据。

大学生偶尔在网上宣传封建迷信、邪教，3.9%的大学生偶尔恶搞英雄、颠覆历史和优秀传统文化；2.6%的大学生较常浏览反动思想的内容，0.9%的大学生较常网上宣传封建迷信、邪教，2.2%的大学生较常恶搞英雄、颠覆历史和优秀传统文化。这说明，在面对复杂而又量大的网络文化时，大学生的思维能力和感知觉能力会受到影响，从而使大学生的心理状态发生改变，导致大学生在时间感、空间感、现实的知觉和自我感觉上会随着上网时长而发生改变。例如，面对网络游戏，经常玩的人会觉得游戏很好玩、有趣，甚至潜意识里模仿游戏里角色的语言、行为等；但是，不玩网络游戏的人会觉得游戏一点都不好玩，更不用说模仿游戏中的角色了。数据调查显示，玩网络游戏的大学生占25.47%，这个比例相对来说比较高。如果长时间沉溺网络游戏，会使自己的认知功能出现障碍，从而影响自我的人生观、价值观。

第二，网络文化对大学生情绪、情感和自我意识的影响。网络文化不仅影响大学生的认知过程，同样也对大学生的情绪、情感和自我意识有影响作用。首先，网络使用可能给大学生的情绪与情感过程带来消极影响。通过数据调查分析得出，30.8%的大学生认为网络对自己的生活有消极影响，如因为花费太多的时间上网而感到内疚，因为上网过多导致与他人的当面交往或自然亲近减少了——当他们在学习、日常生活中遇到烦恼或不快时，有22.69%的大学生愿意向网友倾诉。在调查中还发现，有30.5%的大学生一天不上网就会觉得难受。可见，过多地使用网络，会导致大学生与社会脱节，严重的会导致心理疾病的产生。数据分析同时表明，网络使用不仅给大学生带来消极影响，也给大学生带来积极影响。数据显示，40.1%的大学生认为网络对自己的生活有积极影响。例如，62.29%的大学生可以在网上查询自己所需的资料，51.06%的大学生在网上下载各类资源，57.73%的大学生可以在网上聊天交友。可见网络文化的发展，可以让大学生在感受校园文化氛围的同时，还可以在网络上找到一定的归属感，增加大学生业余生活的趣味。其次，使用网络的一个重要特征就是：大学生在上网的时候是各自独立的个体，网络可能对大学生的自我意识发展和人格倾向有重要的影响。数据显示，25.47%的大学生在网上玩游戏，18.13%的大学生通过网络进行软件应用，这可能给具有较好计算机技巧的大学生赢得尊重和地位，这种精通虚拟技术的能力还能给人以成就感。这也是目前大学生比较喜欢网络的一个重要原因。因此，网络可能对一个人的自我评价产生重要影响。再次，网络使用时长对大学生的自我控制有重要影响。数据显示，45%的大学生一天不上网就觉得心情烦躁，心理不舒服，感觉不踏实，害怕失去与自己有关的信息。其中有3.9%的大学生每天上网20小时以上，对网络有强烈的依赖性，这种长时间的接触网络信息，使网络信息不断地在大脑里得到强化。最后，由于网络文化具有匿名性的特点，它可能会影响大学生的人格倾向性。因为匿名的网络文化环境给那些性格内向、比较腼腆的人一个安全讨论和聊天交友的平台，使他们的情感得到释放，从而增加他们在虚拟生活中的人际交往圈，相应地降低他们在情感上的孤独；然而，过分迷恋网络的这种情感寄托，可能会发生理想与现实的冲突，降低他们在现实生活中的人际交往能力，久而久之，可能会导致大学生心理疾病的产生。

第三，网络文化对大学生行为过程的影响。据调查显示，98.99%的大学生可能会受益于网络文化，因为他们可以通过网络看电影、听歌、查询资料、下载软件等满足自我的需要。然而，对一部分大学生来说，过多地使用网络，他们的生活就会出现一些不健康的行为。如网络成瘾、对网络产生依赖心理、网络犯罪等。据调查发现，网络文化对人的社会交往会产生影响。数据显示，57.73%的大学生在网上聊天交友，33.26%的大学生在网上收发电子邮件，34.71%的大学生在网上更新微博、博客、QQ空间，这些行为成为当代大学生认识新朋友的方式。此外，平均每天上网时间超过10小时以上的大学生的心理健康水平比平均每天上网时间在5小时以内的大学生要低。由此可推断出，上网时间超过10小时以上的大学生和别人进行面对面交流的时间更少，在一定程度上可能会影响大学生在现实生活中的人际交往能力。尤其是现在独生子女的家庭越来越多，独生子女成长的环境让他们难以与同龄人交往，缺乏情感交流的他们就很容易沉溺于网络以寻找可以归附的群体。而长期沉溺于网络可能会出现“因特网综合症”，其症状表现为每天不自觉地花大量时间上网，无法自控，产生类似于吸毒上瘾的症状，如头晕、目眩、恶心、无力等。[①] 据心理学家分析，过分迷恋网络，有损身心健康，严重的会导致心理变态，危害程度不亚于酗酒或吸毒。

四、网络文化对大学生心理健康影响的基本状况

网络文化如何影响大学生心理健康，需要通过实证分析来验证。通过建立理论模型和假设，以在校大学生为样本进行问卷调查，来分析网络文化对大学生心理健康影响所呈现的基本情况和特点。

① 付小平、张蕾：《互联网对大学生心理、行为的负面影响及对策研究》，《四川师范学院学报》（哲学社会科学版）2002年第1期。

（一）问卷的设计、发放和回收

问卷设计为两部分，都是选择题。第一部分是大学生网络使用行为的调查，内容涉及大学生平均上网的时间、主要在哪里上网、上网最常做的事情是什么、你觉得网络对你的生活有哪种影响、如果一天不上网的感觉如何等，共27道题；第二部分是自测健康评定量表（Self-rated Health Measurement Scale Version 1.0，SRHMS）调查，共48道题。SRHMS为自评量表，由自测生理健康、心理健康和社会健康三个评定子量表组成，用于14岁以上各类人群（尤其是普通人群）的健康测量；它从定量化的角度，较为直观、全面、准确地反映了个体的健康状况，且易于管理和操作。因此，使用SRHMS是自测健康的一个有效手段。

本次调研时间从2010年10月到2011年4月，调查对象是全日制的在校大学生。调查随机抽取了中山大学、暨南大学、广州中医药大学、广东外语外贸大学、广东省司法警官学院、广东船舶高等专科学校等6所高校，发放问卷1000份，回收932份。根据调查要求，实际有效问卷是899份，调查问卷有效率为89.9%。在填写有效问卷的大学生当中，本科生占84%，专科生占16%；来自农村的学生占48%，来自城镇的学生占52%；工科学生占26%，理科学生占24%，文科学生占50%；男生和女生各占一半；一年级学生占20%，二年级学生占16%，三年级学生占46%，四年级学生占18%。

整理问卷时，首先对每一个学校进行编号，然后在每一个学校的调查问卷上进行再编号，以免混淆，万一发生错误时可以有效查找，这样为数据处理打下了基础。然后，对每份问卷进行检查，只要问卷中有没根据要求回答的，就当作废卷处理，这样保证了问卷的真实性。

（二）统计分析和方法

先将数据录入到Excel统计软件，然后再把数据转入社会科学统计软件SPSS（Statistical Product and Service Solutions）13.0统计工具。在录入数据时，对A部分问卷选项中单选题的A、B、C、D分别用1、2、3、4来统计，对多项选择的A、B、C、D、E、F、G、H、I、J、K都用1来统计；对B部分问卷中的选项采用0到10的刻度方法来计算，如在问卷中选“1”，在数据表中也是选“1”，在问卷中选“2”，在数据表中也是选“2”，这样保证数据的统一性和精确性。

本研究采用了SPSS 13.0对所收集的数据样本进行统计分析。具体的分析过程如下：

首先采用探索性因子分析（exploratory factor analysis）、信度分析（reliability analysis）验证所使用问卷的信度和效度。

然后采用描述性分析对变量的各个基本情况进行统计分析。我们采用相关分析、ANOVA 分析和 Independent Samples T Test 等方法，对所有的因变量和自变量之间的相关性进行描述和分析，用结构方程分析法和对比分析法对变量之间的关系进行分析，用回归分析法分析因变量和自变量之间的关系和影响程度。

（三）大学生使用网络的基本情况

通过 SPSS 统计软件对调查数据的分析，发现大学生在使用网络中存在以下一些基本情况：

一是大学生平均每天上网的时间。通过数据分析，描述出大学生平均每天上网时间的人群分布（图 3. 1）：76. 87% 的大学生平均每天上网的时间是 1 ～ 5 小时；不上网和上网 20 小时以上的人都是极少的部分，合起来不到 2%；但是上网 5 ～ 20 小时的占 20. 58%，这个比例还是比较大的。

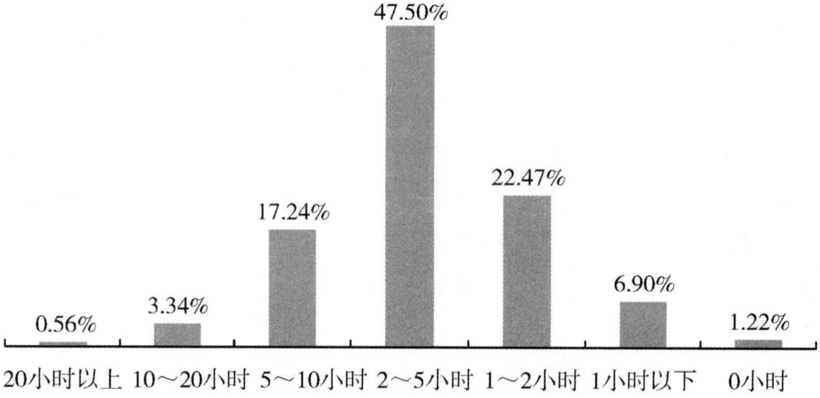

图 3. 1　大学生平均每天上网的时间

二是大学生上网的主要地点。在网络迅速发展的今天，大学生可以随时随地接触到网络。根据数据分析，大学生上网的主要地点（图 3. 2）为：98. 22% 的大学生首选校园网（寝室、图书馆）来接触网络；其次是在家上网，占 17. 35%；在网吧和其他地方上网的人只有 5. 45%。这就要求学校要重视校园网的建设，给大学生提供一个良好的上网环境。

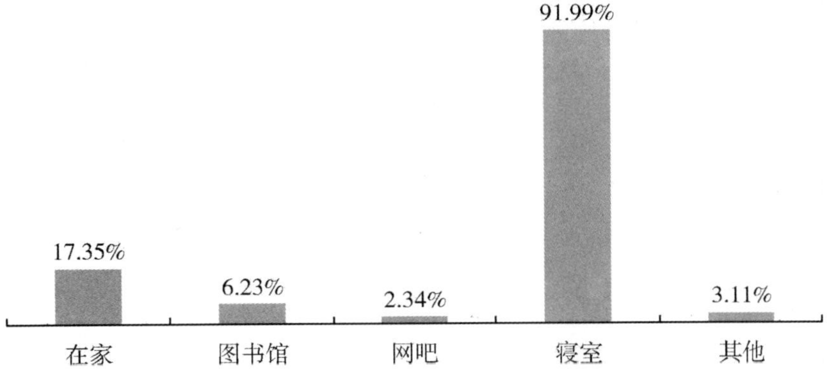

图 3.2　大学生上网的主要地点

三是大学生上网的目的。从图 3.3 中可以看出，大学生在网上做得最多的事情是看电影、听歌，其次是查询资料。从图中可以发现，大学生把网络生活作为一种休闲娱乐活动。

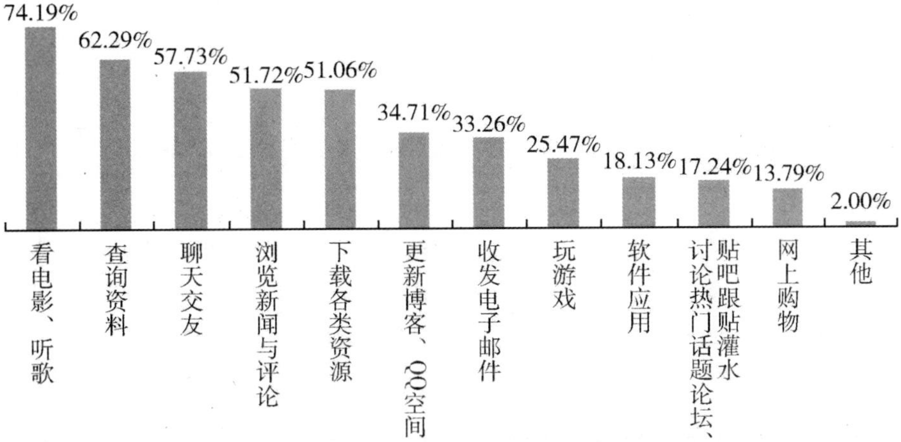

图 3.3　大学生上网的目的

四是大学生不良网络行为出现的频次。现在的大学生基本上都上网，但是大学生在网上所出现的不良网络行为是有差别的。经过数据分析发现（表 3.1），大学生偶尔出现的不良行为比较多的是沉溺于网络游戏、网络小说，浏览黄色网站，在网络上使用不文明语言，在网络上任意变换角色，随意转载、使用别人的照片、文章，沉溺于聊天交友、谈情说爱，浏览宣传反动思想的内容和通宵上网；大学生较常发生的不良网络行为主要是沉溺于网络游戏、网络小说，浏览黄色网站，在网络上使用不文明语言，在网络上任意变换角色，随意转载、使用别人的照片、文章，沉溺于聊天交友、谈情说爱，通宵上网；大学生经常发生的不良网络行为主要是沉溺于网络游戏、网络小说，在网络上任意变换角色和通宵上网；大学生不良网络行为发生得非常多的主要是沉溺于网络游戏、网络小说，浏览黄色网站，在网络上使用不文明语言。从这里我们可以发现，大学生受网络文化影响的程度还是比较高的。

表 3.1　大学生不良网络行为出现频率

单位：%

不良网络行为	从不	偶尔	较常	经常	非常多
沉溺于网络游戏、网络小说	73.2	18.0	4.6	1.4	2.8
浏览黄色网站	72.8	20.4	3.6	0.8	2.4
在网络上使用不文明语言	70.4	21.3	5.5	0.9	1.9
在网络上随意欺骗别人	86.2	9.5	1.8	0.9	1.6
在网络上任意变换角色	77.7	15.7	4.2	1.0	1.4
随意转载、使用别人的照片、文章	70.8	21.7	5.5	0.7	1.4
沉溺于聊天交友、谈情说爱	78.4	16.6	3.1	0.7	1.3
浏览宣传反动思想的内容	83.7	11.9	2.6	0.7	1.1
网上同居、结婚	94.0	3.2	1.5	0.2	1.1
网络传销、虚假交易	94.1	2.9	1.6	0.3	1.1
网上宣传封建迷信、邪教	94.9	2.5	0.9	0.6	1.1
通宵上网	64.5	29.5	3.3	1.6	1.0
在论坛散布谣言	92.1	4.3	1.9	0.6	1.0
恶搞英雄、颠覆历史和优秀传统文化	92.4	3.9	2.2	0.7	0.9
通过网络侵犯他人隐私	92.7	4.1	1.9	0.3	0.9
网上散布病毒	94.6	2.6	1.3	0.7	0.8
网上赌博	93.4	3.4	2.2	0.2	0.8
骗取别人虚拟财产（如网游账号）	94.0	3.4	1.4	0.6	0.7

五是大学生获得信息的主要渠道。随着传媒的发展，大学生获得信息的渠道更加多样化。通过数据分析，大学生获得信息的主要渠道如图 3.4 所示。其中，81.09% 的大学生主要从网络获得信息，59.73% 的大学生主要报

刊与图书获得信息。这说明，网络作为一种获得信息的渠道越来越受大学生的青睐，已成为大学生获取信息的主要途径。

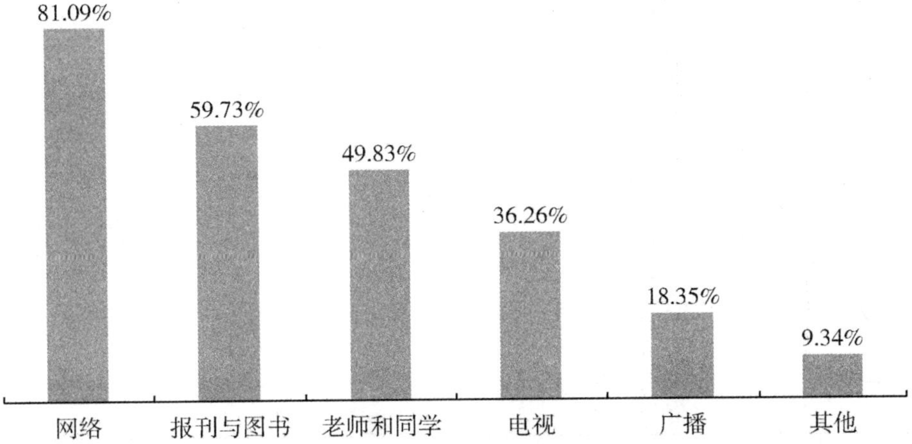

图 3.4　大学生获得信息的主要渠道

六是大学生对学校图书馆数据库的使用情况。现在各个高校都有图书馆或者数字图书馆，图书馆都有电子阅览室，大学生可以阅读和查找各方面的论文、专著等资料，对大学生的学习和学术能力有很大帮助。但是，经过调查发现，大学生对学校图书馆数据库的使用情况不容乐观，大学生偶尔使用图书馆数据库的只有 46.5%，不足一半；经常使用的也只有 10.23%（图 3.5）。

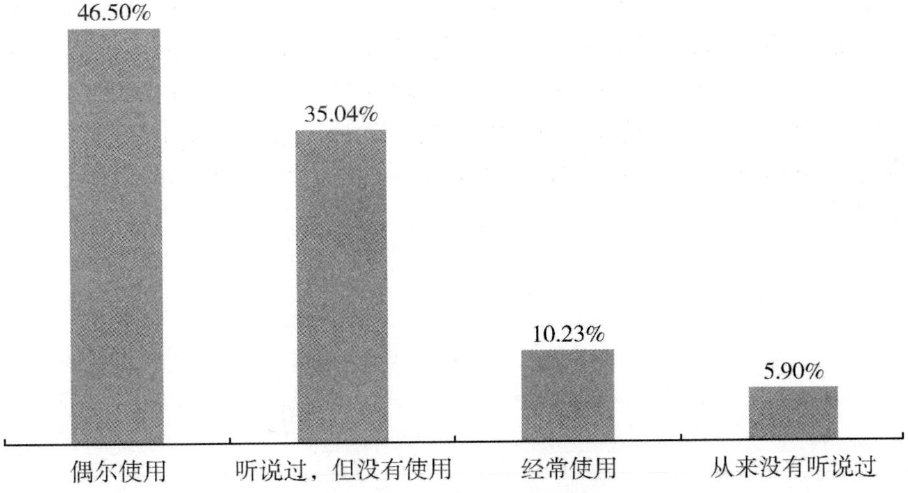

图 3.5　大学生对学校图书馆数据库的使用情况

七是大学生在学习、日常生活中遇到烦恼或不快时，愿意向谁诉说。大学生离开自己的家人，进入大学校园独立地学习和生活，刚开始多少有些不适应，会遇到各种各样的问题。数据分析发现，当他们在日常生活中遇到烦恼或不快时，80.20%的大学生向同学诉说，其次是家长（30.26%），而向老师和辅导员说的人很少，只有8.12%（图3.6）。

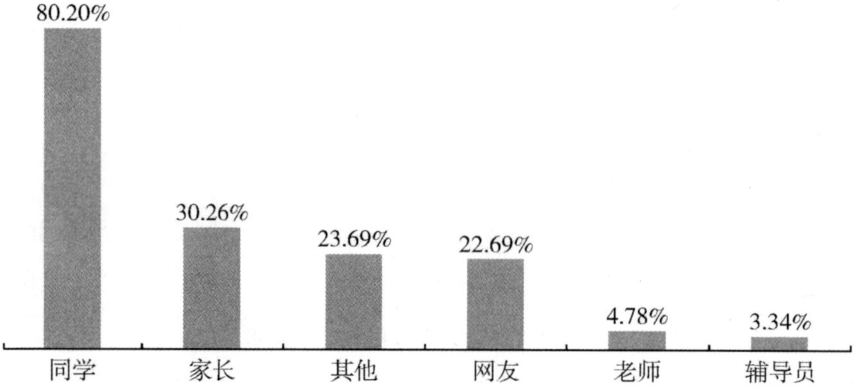

图3.6　大学生在学习、日常生活中遇到烦恼或不快时，愿意向谁诉说

八是大学生认为的网络生活和现实生活的关系。为什么越来越多的大学生喜欢网络，离不开网络，他们是如何看待网络生活和现实生活的关系呢？经过数据分析发现（图3.7），72.75%的大学生要求把现实生活和网络世界区分清楚，这说明大部分的大学生还是能够认识到网络生活和现实生活的不同。但认为网络为现实生活提供了一个避风港和网络世界比现实世界更精彩的大学生占了57.18%。由此可知，为什么现在越来越多的大学生在求学、就业、情感上遇到挫折时就选择逃避，沉溺于网络，或者在网络上虚构自我，把网络生活和现实生活混淆，从而影响到他们正常的学习和生活。

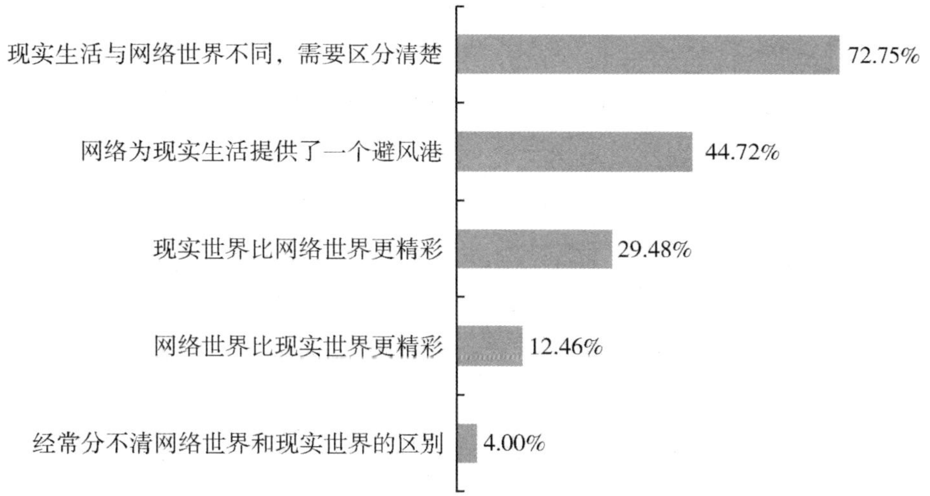

图 3.7　大学生认为的网络生活和现实生活的关系

（四）使用网络对大学生心理健康的影响

通过采用自测健康评定量表测量参与调查的大学生的心理健康水平。自测健康是个体对其健康状况的主观评价和期望，这一概念最早是由美国的萨奇曼（Richard Suchman）等人在 1958 年提出，此后，很多学者对这一概念进行了充实和完善。目前，自测健康已经成为国际上比较通用的健康测量方法之一。自测健康评定量表由自测生理健康、自测心理健康和自测社会健康三个评定子量表组成，用于 14 岁以上各类人群的健康测量。它从定量化的角度，较为直观、全面、准确地反映了个体的健康状况，且易于操作。因此，SRHMS 可以广泛应用于很多领域，是健康测量的一个有效手段。①

自测健康评定量表主要从 9 个方面测量人的心理健康水平：身体症状与器官功能、日常生活功能、身体活动功能、正向情绪、心理症状与负向情绪、认知功能、角色活动与社会适应、社会资源与社会接触、社会支持。

题项每个条目的得分理论最高值是 10，理论最低值为 0；自测生理健康、自测心理健康、自测社会健康三个评定子量表分和自测健康评定量表总分的理论最高值分别为 170、150、120、440，理论最低值均为 0。本研究为方便进行横向对比，把总量表分、分量表分、各维度分都进行了百分制转换。总体

---

① 汪向东、王希林、马弘主编：《心理卫生评定量表手册》（增订版），中国心理卫生杂志社 1999 年版。

上来看，心理健康子量表分是大学生健康水平的短板。分细项来看，大学生的心理症状与负向情绪、身体症状与器官功能、认知功能、社会支持是大学生健康水平的弱项，均低于健康量表总分平均分，即73分（图3.8）。

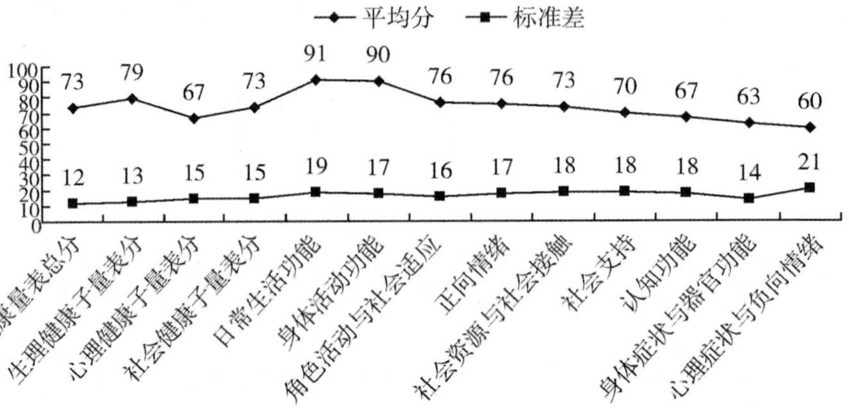

图3.8　大学生总体心理健康状况

我们采用相关对比分析法、结构方程分析法等方法来描述网络文化对大学生心理健康影响呈现什么样的特点。

第一，大学生不良网络行为对大学生心理健康的影响特点。本研究采用自编的不良网络行为量表（18题）测量大学生不良网络行为的程度（表3.2）。

表3.2　大学生不良网络行为自评

不良网络行为	从不———→非常多					无法评价
1. 通宵上网	1	2	3	4	5	99
2. 浏览黄色网站	1	2	3	4	5	99
3. 浏览宣传反动思想的内容	1	2	3	4	5	99
4. 在网络上使用不文明语言	1	2	3	4	5	99
5. 在论坛散布谣言	1	2	3	4	5	99
6. 在网络上随意欺骗别人	1	2	3	4	5	99
7. 在网络上任意变换角色	1	2	3	4	5	99
8. 沉溺聊天交友、谈情说爱	1	2	3	4	5	99
9. 骗取别人虚拟财产（如网游账号）	1	2	3	4	5	99
10. 随意转载、使用别人的照片、文章	1	2	3	4	5	99

续表 3.2

不良网络行为	从不——→非常多					无法评价
11. 恶搞英雄、颠覆历史和优秀传统文化	1	2	3	4	5	99
12. 网上同居、结婚	1	2	3	4	5	99
13. 网上散布病毒	1	2	3	4	5	99
14. 网上赌博	1	2	3	4	5	99
15. 网上宣传封建迷信、邪教	1	2	3	4	5	99
16. 通过网络侵犯他人隐私	1	2	3	4	5	99
17. 沉溺网络游戏、网络小说	1	2	3	4	5	99
18. 网络传销、虚假交易	1	2	3	4	5	99

该量表要求大学生在不良网络行为选项上从 1 到 5 分进行自我评价，1 分表示从不，5 分表示非常多，99 分表示无法评价自己。例如，一个大学生在“浏览黄色网站”这一不良行为上的打分为 5 分，表示他浏览黄色网站非常多。该量表的计分转换方法为：

$$\frac{\text{全部 18 道题项上的得分总和}}{90-18}\times 100$$

从 0 ～ 100 分，分数越高，表示该大学生的不良网络行为的程度越高。分析发现，所调查大学生的不良网络行为平均得分为 5.65，标准差为 11.40，整体分布情况为负偏态分布。各年级的不良网络行为得分没有显著差异。

采用不良网络行为得分为 3 分作为分界点把被调查人群分为两类，得分大于等于 3 分的有 343 人，得分小于 3 分的有 486 人，人数分类基本满足统计学要求。采用 SPSS 13.0 的 Independent Samples T Test 过程检验不良网络行为对大学生健康水平的影响，发现不良网络行为对大学生总体健康水平及多项心理健康指标有显著影响（$p<0.05$），不良网络行为越多，大学生的身心健康水平和心理健康水平越低；不良网络行为对身体症状与器官功能的影响未达显著（表 3.3）。

表 3.3　大学生不良网络行为对自测健康的影响分析

不良网络行为得分		*N*	*Mean*	*F* 值	*Sig.*（2-tailed）
身体症状与器官功能	≥3.00	343	62.2	0.130	0.184
	<3.00	486	63.6		
日常生活功能	≥3.00	342	88.7	54.253	0.000
	<3.00	487	94.3		
身体活动功能	≥3.00	345	88.1	39.692	0.000
	<3.00	489	92.7		
正向情绪	≥3.00	345	73.2	1.575	0.000
	<3.00	487	77.9		
心理症状与负向情绪	≥3.00	344	56.3	0.426	0.000
	<3.00	481	62.4		
认知功能	≥3.00	344	64.8	0.003	0.001
	<3.00	487	69.0		
角色活动与社会适应	≥3.00	343	73.9	3.288	0.000
	<3.00	488	78.1		
社会资源与社会接触	≥3.00	340	71.0	0.042	0.001
	<3.00	486	75.3		
社会支持	≥3.00	343	68.0	0.395	0.040
	<3.00	489	70.7		
生理健康子量表分	≥3.00	340	77.8	22.609	0.000
	<3.00	481	81.2		
心理健康子量表分	≥3.00	339	63.7	0.304	0.000
	<3.00	475	68.8		
社会健康子量表分	≥3.00	337	71.2	3.810	0.000
	<3.00	481	75.0		
健康量表总分	≥3.00	325	71.3	2.912	0.000
	<3.00	458	75.2		

第二，大学生平均每天上网的时长对大学生心理健康的影响。采用SPSS 13.0的ANOVA过程分析大学生平均每日上网时长与大学生健康水平的相关关系。分析发现大学生平均每日上网时长对大学生健康水平有显著的影响（$p<0.05$），如图3.9所示。平均每日上网时间在2～5小时以下时，大学生总体健康水平及三个分量表健康水平无显著差异；平均每日上网时间超过5小时之后，大学生总体健康水平及三个分量表健康水平都急剧下降；平均每天上网时间在10小时以上的大学生，其健康水平堪忧。为保障大学生的身心健康，建议大学合理地引导大学生把每日上网时间控制在5小时以内。

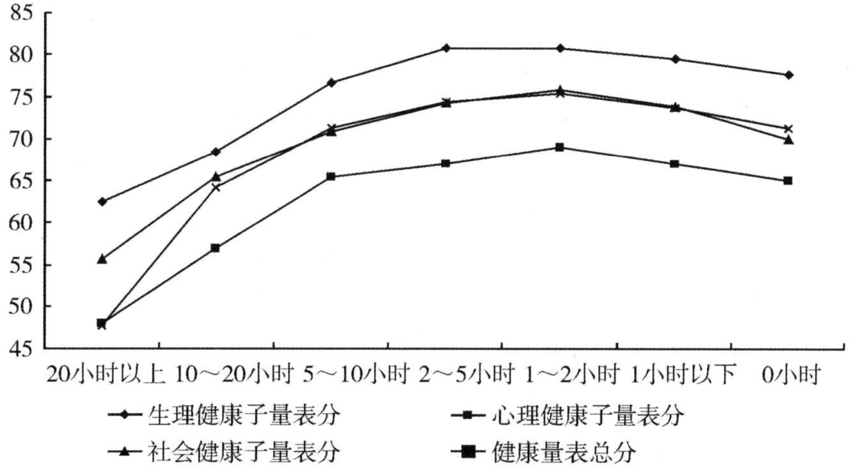

图3.9　上网时长对大学生心理健康的影响

第三，大学生性别对大学生心理健康的影响。采用SPSS 13.0的Independent Samples T Test过程分析大学生性别与大学生健康水平的相关关系。分析发现大学生性别与大学生健康总体水平无显著相关（$p<0.05$）。如图3.10所示，不同性别的大学生，主要是在日常生活功能和身体活动功能方面有显著的差异。这种差异主要表现为：女大学生在这两方面都要优于男大学生。这也特别提醒我们教育工作者在进行大学生的学习和生活辅导时，需要关注不同性别的学生的要求；对于男大学生，要加强对其日常生活自理能力的教育和引导。女大学生的身体活动功能显著高于男大学生，这是本研究一个比较让人意外的发现。这种情况可能与当前男大学生太多沉溺于电脑、网络游戏而忽视了户外活动与日常煅炼有关。如果事实确是如此，则是为男大学生敲响了警钟。为验证过长的上网时间是否影响了大学生的身体健康，

我们设想有这样一种相关关系存在（图3.11），经相关分析发现，三者之间都有显著的相关关系。由此我们可以证实，不同性别的大学生，其每天上网时长有显著差异，男生的上网时长显著高于女生，而这种不良的网络使用习惯已经使男生的身体活动能力受到严重影响。这是我们必须重视的问题。

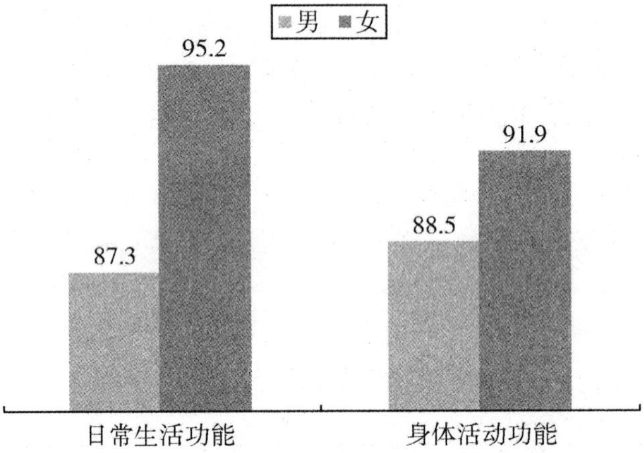

图3.10　不同性别对大学生心理健康的影响

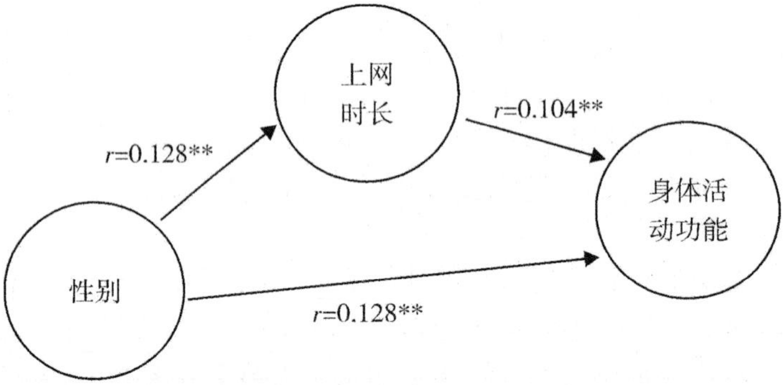

图3.11　大学生性别与上网时间、健康状况的相关

总之，通过对数据初步的分析，我们可以用一个模型来表示网络文化对大学生心理健康状况的影响。因为网络文化对大学生心理健康的影响主要表现为不恰当的上网时间及不良网络行为对健康状况造成影响，而不恰当的上网时间及不良网络行为又可能受到不良的网络态度影响。网络文化是形成对待网络态度的土壤，不同专业、性别、地区的学生接受网络文化的程度不一样，对网络的态度也会有所区别。态度决定行为。因此，网络文化可能是通

过整合各方面的因素来决定大学生的网络态度、网络行为，最终对大学生的健康状况造成影响（图 3.12）。

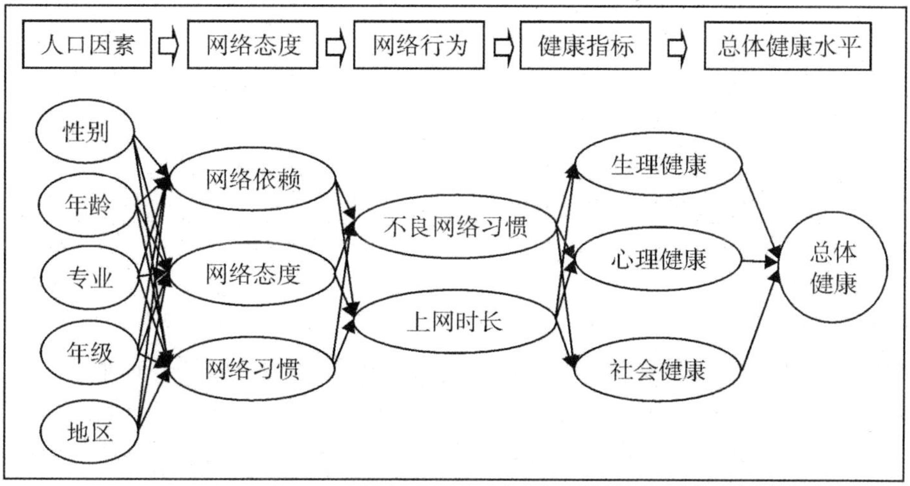

图 3.12　网络文化对大学生心理健康状况的影响

五、网络文化对大学生心理健康的积极影响

网络文化以独特的方式和丰富的内容为接触它的大学生提供了新的生活环境和生活方式，从而会潜移默化、耳濡目染地影响大学生的心理健康。网络文化对大学生心理健康的积极影响表现在如下四个方面：

第一，有利于促进大学生的个性发展，增强自信心。网络文化的开放性和平等性为大学生提供了充分表现自我的个性空间，促进了大学生对世界的了解，开阔了大学生的视野，提高了他们的学习效率。大学生进入网络世界后，他们可以虚拟自己的年龄、性别、外貌等，以多种方式毫无顾忌地扮演自己喜欢的角色，张扬自己在现实生活中比较隐蔽的个性，可以无拘无束地在网上聊天室、博客、论坛等场所畅所欲言，有的通过制作个性化的网页与所有来访者进行交流与沟通，促进了大学生的个性发展。由于网络文化的普及，大学生不需要购买和翻阅大量的书籍就能获得对世界和社会的新的认识，相比报刊、图书等媒体，网络文化为大学生节约了大量的时间和金钱。大学生为获取知识所付出的时间、精力、金钱被减到最小程度，这是其他教育媒体所无法比拟的。个性是个体的性格，是气质、兴趣、情感、意志、理想、信念、能力等的综合体现。大学生可以根据自己的兴趣、爱好和特长等，从网络上找到适合自己个性、才能发展的领域，可以在宽松、平等的社交环境中淋漓尽致地展现自我、发挥个性，让自己的思想和情感真正突破时空的限制。这种开放式的空间，更促进了其能力的发展，包括处理网络问题的能力、动手能力和探索性学习的能力。

由于传统观念和行为习惯的影响，很多人在遇到各种烦恼和心理问题时，往往没有勇气或不习惯找心理医生，也不愿意向身边熟悉的人倾诉。这种忌“心病”现象和“家丑不外扬”的普遍心态显然不利于个体心理问题的及时排解，也不利于个体身心健康。网络的虚拟性和匿名性的特点为大学生不良情绪的及时释放和网民之间的情感帮助、心理支持提供了新渠道。大学生可以通过聊天倾诉，尽情宣泄内心的不良情绪，缓解心理压力。同时，网络文化的平等性使大学生可以通过网络找回自信。一些相貌平平或者身体有些残缺的大学生通过互联网这个公平竞技场充分发挥他们的潜力，使他们拥有足够的自信心证明自己的资质，从而改变他们对待现实生活的态度，增强他们面对生活的信心和勇气。可见，大学生通过网络可以展示自己多方面的能力，增强自信心，促进其个性的发展和人格的完善。

第二，有利于开拓大学生的视野，培养其创新意识。网络文化的开放性、交互性和即时性，使得大学生在开阔视野、丰富知识方面增添了比课堂更为广阔的领域。大学生通过网络可以了解到书本上、课堂上所没有的一些新知识和思想观点。调查表明，网络已成为当代大学生学习和掌握知识的一个重要资料库和信息源。数据显示，62.29%的大学生在网上查询资料，51.06%的大学生在网上下载各类资源，33.26%的大学生在网上收发电子邮件，18.13%的大学生在网上学习软件应用。可见大学生在学习专业知识之余，会从网上寻找与专业相关的一些知识，来补充课堂上所学不到的东西，也会寻找书本上原本没有的知识来扩充自己的知识视野，让自己所掌握的知识紧跟时代的步伐，丰富自己的专业知识和理论素养。网络文化发展的开放性使得原本为教师所垄断的知识以及一些资源，大学生在网络上都可以随时随地地获取，从而拓展了学生的知识视野，丰富了学生的知识面，增添了获得知识的新途径。

网络提供了一个可以不限地域、不限距离的虚拟世界，形成了“地球村”这一新的概念。当代大学生可以利用网络文化的共享性这一特征使文化这种无形资产瞬间扩散到各地，达到“文化增值”，同时也显示了文化的自身价值，激发了大学生创新知识和探索未知的念头。如现在的网络歌曲、网络文学、一些科技革新技术等通过网络一夜之间传遍大江南北。大学生从网络这一途径中找到了新的创新途径，为他们新思想、新观点、新技术的出现提供了良好的技术条件，使大学生逐渐摆脱过去那种对知识权威的从众心理，有利于他们创造性的发挥。近几年来，全国举行的大学生科技竞赛中，大学生都展现了很好的战果，有的大学生在国际上都取得了优异的成绩，这些成绩的取得与网络文化的发展是分不开的。同时，网络文化的高科技特点使大学生进一步意识到脑力劳动和创造性劳动的重要性，意识到创造性劳动给国家、社会带来的成果是其他任何东西所无法比拟的。因此，这有利于增强大学生培养创新能力的自觉性和主动性。

第三，有利于拓展大学生的人际交流。随着网络的发展，人们彼此之间的交流越来越变得多样化和快捷化。由于网络突破了国家、地域、民族等因素的限制，因而使人际交往具有多样性。人们可以根据自己的价值观、知识观等一系列个人因素和社会因素来选择朋友、选择机会，通过网络和别人进行多方面、多层次的交流，满足自我发展和实现自我价值的需要，这就扩大了个人的交往范围。福山曾说过："互联网代表了一种具有潜能的技术，它将自愿的社会联系推向了新的从未梦想到的高度：人们可根据任何一种共同的兴趣在全球范围内选择与人的交往。"① 因此，网络文化的时空性、全球性给大学生提供了更宽更广的人际交流面，具有更多可选择的交往对象。

网络改变了传统的一对一的交流模式，它使交流方式更直接，实现双向互动或多向互动，由于没有任何限制，因此在交流中显得更加轻松。尤其是网络文化彻底改变了以往的基于血缘、地缘、业缘关系等狭隘的人际交往方式，突破了基于权力、职业、利益和地位的狭隘的人际交往圈。在网络世界里，大家都可以对自己感兴趣的话题平等地用符号来进行对话和交流，使人际交往更加快捷。无论你在哪里，你传输的信息都能迅速地到达对方，比较传统的书信交往方式，网络给人们交往带来了新的感受。正是因为网络给大学生交往提供了一个平等、便捷的交往空间，使大学生在这种人际交流中传递了社会、自我的信息，从而充实了大学生的世界观和人生观。

现在网络上交流的方式非常多，有 QQ、MSN、BBS、博客、微博、视频和邮件等方式。据数据显示，57.73%的大学生在网上聊天交友，34.71%的大学生在网上更新博客、QQ 空间，33.26%的大学生在网上收发电子邮件交流，17.24%的大学生在网上讨论热门话题、参加论坛、跟帖和灌水等。可见，大学生通过网络交往大胆地吐露自己的心声，从而表现真实的自我。因为在现实生活中，人们往往掩饰在人性深处的多元性和复杂性；在虚拟的世界里，人们可以释放人性中真实的自我。因此越来越多的大学生在网络空

① 福山：《大分裂：人类本性与社会秩序的重建》，中国社会科学出版社 2002 年版，第 53 页。

间里给别人提供一些问题的解答和指导性的建议，同时通过这种方式对在现实生活中无法齿及的话题进行咨询和交流，这样一方面为他人提供了帮助，另一方面丰富了自己的内心世界。同时，对于学习繁重的大学生，当不知道如何与人面对面进行情感交流时，就可以通过网络与别人进行人际交流沟通。这样的交流沟通方式体现了大学生的主体意识，有利于他们人际交流的扩大和开放性性格的形成，从而更好地适应社会。

第四，有利于增强大学生参与社会的能力。随着社会的发展，任何人与社会的联系越来越紧密，没有能够脱离社会发展的人。马克思说过："人的本质不是单个人所固有的抽象物，在其现实性上，它是一切社会关系的总和"，而"社会生活在本质上是实践的"。[①] 可见，无论身处社会中的人，还是身处校园里的大学生，都要在不断学习中进行实践，这样才能不断地提高自己的综合能力。从现实中我们发现，由于很多大学生没有有意识地培养自己的实践能力，让知识和实践脱节，结果在就业的过程中遇到很多挫折，很难在社会中找到自己的立足之地。因此，大学生虽然身处校园，但为了大学毕业后能够顺利地融入社会，就必须学会在生活中担负起一定的社会角色，培养自己参与社会的能力。在现实的大学校园生活中，大部分大学生的角色还是非常单一的；但毕业后，他们就需要迅速地转化为复杂的社会角色，这往往使很多大学生毕业后短时间内无法适从。因此，大学生就必须有意识地加强角色学习和角色整合，通过多种多样的角色实践，培养良好的社会适应能力，从而能在以后的生活中顺利地胜任自己的角色。

网络给当代大学生提供了角色实践的平台。互联网的出现给世界政治、经济、科技、文化等方面带来巨大的影响，也对人们的生活方式、生产方式、交往方式、认知方式等带来巨大的冲击。一方面网络文化拓展了大学生社会化领域。网络信息技术的发展，使世界逐渐缩小；由于网络无国界，它把大学生带进世界各地的大学、图书馆、博物馆等场所，使他们能够跨越时空阅读和浏览全世界人类优秀的文化知识、领先的科学技术成果和全新的知识和理念。这使大学生在一个更加宽广的环境中学习知识，培养生活技能，从而丰富了受教育的内容，有利于提高自身的综合素质，顺利地参与社会生活。由于网络文化的虚拟性，大学生在网络生活中隐藏了自己的身份和角色，因而可以通过网络游戏、电子公告牌、电子邮件等方式，扮演自己想扮演的角色，在角色扮演中去体会角色的需求和情感，熟悉社会和群体的规范，提高把握各种角色的尺度能力和社会适应能力，从而使自己更好地适应

---

① 《马克思恩格斯选集》第1卷，人民出版社1995年版，第60页。

社会和群体。同时，网络文化丰富了大学生的社会化方式。现在社会的信息都可以通过网络传播，因而大学生更容易获取自己所需的各种信息。大学生通过网络参加各种各样的比赛，参与社会事务，这些都体现了大学生参与社会生活的积极性。最后，网络文化有利于大学生社会角色的塑造。大学生是在人与社会的交互作用过程中实现社会化的。在这一过程中，大学生根据自己的需要、特点和兴趣有意识地学习社会规范与知识技能，并自觉加以内化，从而形成各具特色的社会角色。大学生在实现社会化的过程中如果遇到各种困难，他们可以利用网络宣泄感情，促进其个性发展和心理健康。此外，大学生还可以在网上寻找到专业的援助，有利于大学生自我角色的完善。总之，网络创造的这种互动环境，有利于大学生建立新型的社会关系，拓展社会化范围；有助于大学生掌握更多的现代科学文化知识，顺利参与社会生活；有利于大学生培养胜任多种社会角色的能力，在现实生活中成功实现角色扮演。

六、网络文化对大学生心理健康的消极影响

网络文化是把双刃剑，它不但给大学生心理健康带来积极影响，也会给大学生心理健康带来消极影响。其消极影响具体表现在以下四个方面：

第一，导致大学生价值取向紊乱。网络信息的全球化打破了原有国家、地域之间社会制度、意识形态的界限，异质文化在网络中相互激荡、相互交融、相互冲突，形成信息传播的“无政府状态”。西方发达国家尤其是美国凭借其信息技术优势在全世界、全时空输出自己的价值标准、意识形态、社会文化，加快加强思想渗透和文化侵蚀，“强权政治”在互联网上演变为一种“文化霸权”、“文化殖民”。网络文化的发展正如托夫勒在《权力的转移》中曾强调的：“世界已经离开了暴力与金钱控制的时代，而未来世界政治的魔方将控制在拥有信息强权人的手里，他们会使用手中掌握的网络控制权、信息发布权，利用英语这种强大的文化语言优势，达到暴力、金钱无法征服的目的。”① 而大学阶段是大学生世界观、人生观、价值观形成的关键时期；大学生由于好奇心重、可塑性强、求知欲旺、接受新事物快，对于这种图、文、声并茂，形象生动，具有很强隐蔽性和欺骗性的传播文化很容易接受；网络文化以其特有的开放性、平等性、互动性及无权威性迎合了青年学生崇尚民主、自由、平等的价值观。但是网络文化又是一种多元文化，对

---

① 阿尔温·托夫勒：《权力的转移》，刘江等译，中共中央党校出版社1991年版，第465页。

一个问题的回答不能仅用一种价值观念去回答，这就造成大学生思想上的迷茫、困惑，会造成大学生原有稳定的传统文化的分裂和趋异，破坏他们已经积淀到心理层次的思想、价值观和文化，加剧大学生进行正确的政治信仰、道德标准和价值观念选择的复杂性，导致他们的价值冲突更加直接、剧烈，价值取向更加多元，价值选择更加困难。随着互联网覆盖面越来越广，影响社会的程度不断加深，不同文化类型、意识形态领域之间的斗争越来越激烈。大学时期是大学生世界观、人生观和价值观确立的关键时期，那些腐朽的、落后的、消极的网络文化极易动摇和破坏大学生经过先前教育刚刚形成的价值观念，使得他们对传统文化观念和已有的价值观产生动摇，久而久之就会对大学生的“三观”产生潜移默化的影响。另外，我国社会正处于建立社会主义市场经济体制和社会转型时期，现实社会思想文化的多元性和价值的多元化取向必然反映到网络社会中来。大学生经常接触网络，很容易受到这种价值多元化的影响，极端个人主义、功利主义、利己主义直接或间接地影响着大学生的思想和行为。

第二，造成人文精神的淡化。在网络世界里，人与人之间靠数字来传递信息和交流，大家接触的都是数字化的环境，这样会使人丧失人的本性，背离人的本质。网络文化的迅速发展，使“机器”成为人的主宰。人们在改造自然界的同时有可能对自身力量产生怀疑，由此导致人文精神发生危机。现代社会到处都充斥着数字，连人都要数字化了，尤其是随着科学技术的发展，有可能带来大学生人文精神的淡化。网络文化是一种“快餐文化”，是以消遣、娱乐为主要特征的直接化、形象化的一种文化，因而受大学生的喜欢。然后这种“快餐文化”所营造的平面化、标准化将会影响传统文化的深度及厚度，一方面使大学生的审美能力发生变化，呈现出低俗化、感性化的趋向。例如，现在很多大学生由于经常使用计算机，写字的能力下降，传统书法越来越被人淡忘。另一方面，大学生接触平面化、直接化的形象越多，在一定程度上影响到大学生的思维能力和创新能力的提高。在大学生思维发展的关键时期，如果沉溺网络，就会对网络产生情感依赖的思想，在一定程度上会影响大学生的主动概括能力和抽象能力，从而弱化大学生的理性分析能力。美国学者丹尼尔·伯斯丁也认为：“网络正在削弱我们的思考力，汽车使人类体能弱化，网络使人的智能弱化，长此以往，人类可能会被网络变成弱智儿。”① 所有这些不得不引起我们的深思。

---

① 栗志、曾觉悟：《网络文化对大学生心理健康的负面影响及对策分析》，《沈阳工程学院学报》（社会科学版）2007 年第 3 期。

大学生的健康成长是包括身体、心理、精神等多方面和谐发展的过程，而网络世界摆脱了对自然规律的依赖，对现存世界实现了最大限度的扩充、取代。网络文化提供的大量信息使大学生缩短了获得有关知识、技能的过程，使大学生更加迷恋网络，在这种文化的长期影响下，大学生会变得越来越世俗化，价值观趋于平面化，精神逐步消解与淡化。

第三，造成大学生道德人格的缺失。高校教育不仅要教会学生知识，更重要地是要教会学生做人，形成良好的道德素质。大学生的年龄和成长特点说明大学生的自律意识相对较差，需要社会、学校、家庭的监督。在前网络社会，中国传统社会是“熟人社会”。在这个“熟人社会”里，由于受社会舆论和传统习俗的制约以及“熟人”的监督，大学生的道德意识较为强烈，道德行为也相对谨慎。然而在网络社会里，网络文化对大学生道德观念的冲击趋于个性化和多样化。网络文化的虚拟性、匿名性的特点导致由熟人的目光、舆论、情感等组成的道德防线很容易崩溃，它给大学生提供了极大的自由度，使他们的个性得到极大的张扬，同时也暴露了大学生的人格缺点。由于网络文化传播速度快，言论自由，隐蔽性较强，使得网络文化空间充斥着很多黄、赌、毒、拜金主义、享乐主义等腐朽、落后的文化和思想；而大学生正处世界观、人生观、价值观的形成时期，其是非辨别能力、信息选择能力和自我控制能力还不足以抵御这些不良信息的影响，这很容易导致大学生道德水平下降，造成道德人格缺失。同时，网络文化的开放性和虚拟性使大学生摆脱了现实社会诸多人伦关系的束缚，获得一种“特别自由”的感觉和为所欲为的冲动。他们游离于网络中，扮演多种角色，对自己在网络社会中的道德要求与在现实社会中截然不同，实行双重道德人格标准。有的大学生在现实生活中老实、正直、有责任心，是别人心目中的好人；然而一到网上就暴露出自己低级、贪婪的本性。有的为了得到在现实生活中得不到的东西而不择手段、尽情欢娱、肆意发泄，忘记了自己真正的社会角色、社会地位和社会责任，放松自我的道德约束，甚至冲破了道德底线。正是因为这些问题的存在，导致目前大学生面临一个重要的问题——诚信危机。这不仅影响大学生正常的学习和生活，而且对大学生的就业以及将来走上工作岗位都有很重要的影响。

第四，导致大学生“网络成瘾”。在虚拟的网络空间中，以计算机为中介的“人—机—人”的网上交流模式易使大学生获得满足感、认同感和归属感，从而沉浸于一种虚拟的情感中自我陶醉。这使一部分大学生容易坠入“网瘾”的深渊而不可自拔，最终影响学习，甚至留级、休学直到被开除。“寒窗苦读二十载，一朝却被网络害”是许多因沉溺于网络而葬送自己前途的大学生的真实写照。当然，大学生沉溺于网络的原因是多方面。一方面，中国传统的教育方式大多是采取“填鸭式”的教学，因而大学生在上大学前，他们没有自主的学习方式；进入大学后，由于有了学习的自主权，但是由于没有人监督以及早已养成的学习习惯，使他们在大学生活中失去了求知的方向感。有的大学生觉得上课无味，因而逃课、沉溺于网络。另一方面，大学生正处于长知识、长身体的时候，他们精力旺盛、好奇心强，接受新事物快，与人交往的意识强烈，这一特点决定了大学生敢于挑战、敢于冒险，希望了解社会和融入社会，在社会中获得成功，赢得别人的尊重。因此，开放、虚拟的网络给大学生提供了一个展示自我的舞台。其中一些大学生沉溺于网络游戏、网络小说等活动，从而让他们得到在现实生活中所得不到的满足和尊重，久而久之使他们对网络的依赖性加强，越来越离不开网络。同时，当代大学生中独生子女越来越多，他们崇尚独立、自主和个性，过分关注自我，在成长的过程中缺乏完整的沟通方式，因而有的沉溺于网络游戏、聊天交友、谈情说爱而不可自拔，这样不仅极大地影响学业，还必将加剧他们的“自我封闭”，逐渐使其产生淡化人际关系的非社会化倾向，从而导致交往能力下降，人际情感逐渐萎缩淡化。人际关系的淡漠，人际距离的疏远易使他们产生孤独、苦闷、焦虑、消沉等不良情绪。由于长期生活在虚拟的世界里，因而易使他们产生多疑、恐惧、防范等心理，最终加剧个体行为麻木、冷淡，产生较多的心理疾病。

因此，“网络成瘾”对学生的交往方式和人际关系产生了深刻影响，使大学生产生了一系列不良心理反应，从而影响其身心健康。中国科学院心理研究所2007年在全国13所高校的调查显示：80%中断学业（包括退学、休学）的大学生是因为上网成瘾。① 可见，网络文化对大学生心理健康的消极影响也是非常明显的。

七、网络文化对大学生心理健康不良影响的调适路径

网络文化的迅猛发展，要求我们必须站在世界科技、文化发展的最前沿，重新思考网络文化建设的思想观念、管理方式，发展中国特色的网络文化，这是关系到中国大学生因而关系到中国未来前途命运的战略选择。通过调查数据分析得出，网络文化对大学生心理健康有比较大的不良影响。消除

① 徐啸寒：《中科院调查显示退学八成因网》，http：//games. sina. com. cn/o/n/2007 - 09 - 04/1029212087. shtml。

网络文化对大学生心理健康的负面影响，是目前高校心理健康教育的一个重大课题。

（一）用先进文化占领网络文化阵地

为了减少网络文化给大学生心理健康带来的不良影响，我们就必须坚持以邓小平理论和“三个代表”重要思想为指导，全面贯彻科学发展观，以社会主义核心价值体系为指导，弘扬中华民族优秀的传统文化，建设有中国特色的社会主义网络文化，用先进文化占领网络文化阵地，给大学生提供一个良好的网络文化环境。

在科学技术快速发展的今天，我国网络文化面临竞争和挑战。在这种情况下，确立以社会主义核心价值体系来引领网络文化建设就显得非常重要。因为在信息高速发展的社会里，谁占领了网络文化发展的制高点，谁就能够在更加激烈的国际文化竞争中掌握主动权。因此，要想使中国特色的网络文化在竞争中不断增长实力、掌握主动权，就必须坚持以邓小平理论、“三个代表”重要思想和科学发展观为指导，按照社会主义核心价值体系的要求，从人民群众的需求出发，大力发展社会主义先进文化，努力抢占网络文化发展的制高点，牢牢把握网上社会主义文化阵地，切实掌握网络文化竞争的主动权，控制好网上舆论的主导权，提高网上引导水平。同时，网络文化要讲求引导艺术和策略，积极运用先进的新技术，做大做强正面宣传，使网上形成一股积极向上的社会主义先进文化的主流舆论。社会主义核心价值体系是社会主义制度的灵魂，是全民族奋发向上的精神力量和团结和睦的精神纽带。我们要大力推动马克思主义中国化最新理论成果的网上传播，增强理论宣传的吸引力、感染力和影响力，唱响中国特色社会主义网络文化的主旋律，把社会主义核心价值体系贯穿于网络文化建设与管理的始终，引导人们尤其是文化层次较高的大学生的世界观、人生观和价值观，培养大学生健康的价值取向、积极向上的精神状态和高尚的道德情操。

（二）培养大学生的网络自律能力

唯物辩证法告诉我们，事物的发展是内因和外因共同起作用的结果，内因是事物发展的根本原因，外因是事物发展的必要条件。网络文化对大学生的影响，关键在于大学生的内在原因。因此，培养大学生的网络自律能力，对于消除网络文化对大学生心理健康的负面影响具有决定作用。

第一，要营造良好的校园网络文化环境。校园文化环境对大学生具有巨大的感染力和熏陶作用，良好的校园文化环境能够给大学生潜移默化、耳濡目染的熏陶和感染。因此高校可以通过校园文化活动，创造一个有时代精神、优良传统、良好学风、爱国主义和崇高理想的校园文化氛围，使大学生在这种环境的影响和熏陶下，不断深化自身的思想境界、良好的修养和高雅的审美情趣，使其自主性、创造性、环境适应性等多方面的素质得以提高，从而有效地抵制网络文化中低级和庸俗的文化。同时，高校必须以校园网为载体，充分发挥校园网络文化的积极作用，广泛开展融思想性、知识性、趣味性于一体的校园科技文化活动，有效地引导广大大学生积极参加健康有益的校园文化活动。高校通过校园网络，弘扬中国优秀的传统文化，加强优秀传统文化的覆盖面，使大学生能够正确分析和处理传统文化与外来文化的关系，抵御西方文化的不良渗透，培养大学生正确的文化价值取向和高尚的道德情操。

第二，要加强网络文明教育，塑造大学生良好的人格。为了有效应对网络文化对大学生心理健康的消极影响，必须通过社会、学校、家庭三方联合起来加强对大学生网络文明的教育。只有不断加强大学生的思想道德教育和社会公德教育，提高大学生自身的道德水平和道德素质，使之形成良好的道德观念和道德行为，网络文化的消极影响才能有效地得到控制。团中央、教育部等单位曾联合发布了《全国青少年网络文明公约》，要求青少年："要善于网上学习不浏览不良信息；要诚实友好交流不侮辱欺诈他人；要增强自护意识不随意约会网友；要维护网络安全不破坏网络秩序；要有益身心健康不沉溺虚拟时空。"该公约的发布为大学生的网络文明指明了方向，有利于引导大学生树立正确的网络道德观念，树立正确的世界观、人生观和价值观。因此，针对我国目前网络中存在的社会问题，应该倡导网络自律，即要求大学生遵守网络的法律、法规，不做黑客；洁身自律，不传不看有害信息，包括黄色、反动、暴力等信息；积极维护网络的正常运行，不乱抛垃圾信息；尊重他人的名誉权、隐私权等各种人生权利，不做侵害他人正当权益的事；不做"网虫"，要合理安排上网时间，不要过度泡在网络中。这些自律行为有利于大学生形成良好的道德人格，保持健康的心理。

第三，倡导健康、文明、科学的生活方式。根据调查数据分析发现，大学生上网的地点90%以上是在寝室；同时，大学生上网时间过度使生活混乱，从而出现身心不健康的表现。针对这一问题，高校要善于营造良好的寝室文化氛围，使大学生养成健康、文明、科学的生活方式。高校要在制度上制定有利于形成良好寝室文化的相关规定，提倡竞争、开拓、进取、有为的思想观念，促进大学生良好行为的养成。

（三）积极探索网络文化心理治疗的新路径

任何事物都有两面性，网络文化给大学生心理健康带来积极影响的同时，也带来了不良的心理影响。既然网络文化给大学生心理健康带来问题，我们就要通过网络文化开展心理健康咨询和治疗，拓宽心理咨询和治疗的空间，把心理健康教育落到实处。

第一，通过网络普及心理学知识。大学生心理素质的提高离不开对心理学知识的掌握，系统学习心理学知识，了解自身心理发展变化的规律与特点，学会心理保健的方法，自觉调节控制情绪，是促进大学生心理素质优化的重要措施。高校可以充分利用互联网、校园网建立心理健康教育网站，在校园网上针对不同时期学生的心理问题的类型，分阶段、分层次、有针对性地开设心理健康教育课程和心理健康教育专题讲座，从而加强对大学生心理健康与心理卫生知识的传授；并通过形式生动活泼、内容丰富、贴近学生实际的心理健康教育网站，给大学生提供自我表现、合理宣泄情绪的场所；营造宽松、舒适的心理氛围，引导大学生学会心理调节，学会自我完善，解决网络文化给大学生心理带来的困扰，从而帮助大学生形成健康向上的网络文化心理。

第二，建立校园网络24小时心理咨询室。调查发现：有些大学生有心理问题，但往往不敢和别人交流。尤其是那些长时间泡在网上的大学生，一般都会有心理问题，如人际关系淡薄、不知道怎样与同学交往等。大学生刚感觉到自己有心理问题时通常会感到很恐惧、迷茫，这个时候特别需要有人提供帮助，为他们解决心理上的困惑，从而摆脱网络文化的负面影响。因此，高校通过校园网络设立心理健康咨询室，学校心理咨询专职人员可以通过网络及时解决这些学生的心理问题。所以，学校通过校园网络提供24小时心理健康咨询将是一种必然趋势。在国外，心理治疗已经成为人们生活中一件很正常的事情。但我国心理学发展比较晚，大部分理论和方法还是鉴借国外的，而且由于人们受传统习俗和观念的影响，大部分人还不能正确地理解心理治疗，以为心理有问题就是精神病。在这样的环境下，我国的心理诊断和心理治疗的发展非常缓慢。近几年来，随着网络文化的发展，给我国心理学发展带来了新的发展空间。高校可以把心理诊断和心理治疗通过网络联结起来，开发网络心理诊断和心理治疗。大学生只要登陆学校的心理健康咨询中心网站，就可以根据自己的心理状态主动在网上进行心理测评，可以即时寻求网络心理咨询，或预约心理咨询师进行心理治疗，来解决自己的心理问题。这样做一方面可以避免传统心理诊断和心理咨询的尴尬，同时减少了人力、物力和财力；另一方面又可以为大学生排忧解难，做好心理调适工作，使大学生保持积极、健康的心理。

第三，建立一支适应网络时代的大学生心理健康教育工作者队伍。网络文化条件下，大学生心理健康教育的开展离不开一支既有过硬的思想水平、思想觉悟以及良好的专业素养和技能，又具备较高的网络管理才能和信息时代思维方式的心理健康咨询和治疗的队伍。有一些高校开设了心理健康教育专业，但培养的人才数量还是有限，特别是面对越来越多的大学生，高校心理健康教育的专业人才显得很缺乏。因此，目前很多高校的辅导员都还兼任心理健康教育任务，定期解答学生提出的心理困惑，和学生通过多种方式进行交流和沟通，尤其是网上沟通。针对这一现象，高校必须培养一批有一定的专业知识和心理学知识的教育工作者，他们既能与大学生进行专业交流，又能与大学生进行心理沟通，使大学生的心理困惑能够得到及时的解决，确保大学生的身心健康。

参考文献：

1 鲍宗豪. 网络文化概论［M］. 上海：上海人民出版社，2003.

2 杨鹏. 网络文化与青年［M］. 北京：清华大学出版社，2006.

3 项家祥，王正平. 网络文化的跨学科研究［M］. 上海：上海三联书店，2007.

4 汪盛科，等. 网络文化的冲击与改革高校德育工作［J］. 高校理论战线，2000（11）.

5 李宏利，等. 互联网对人的心理影响［J］. 心理学动态，2001（4）.

6 付荣. 大学生心理健康问题诱因及对策［J］. 教育研究，2009（15）.

7 赵惜群. 论网络文化对人的发展要素的促动［J］. 马克思主义与现实，2008（4）.

8 付卓苹. 网络文化对大学生心理健康发展的影响与对策［J］. 高等教育研究，2009（2）.

9 李小豹，徐建军. 网络文化与青年道德社会化［J］. 中国青年研究，2009（2）.

第四章　信息文化对大学生心理健康的影响

信息是一种文化，这就是信息文化。信息文化与网络文化是既有区别，又有联系的一种文化形态。信息文化应该说比网络文化更加宽泛、涉及面更加广的一种文化。信息文化产生于信息时代，以信息技术为依托和支柱，能同时表达语言、文字、图像，从而影响人们生活方式的文化。信息文化，它借助信息网络、信息技术、信息流通、信息产品等，影响人们的生产方式、生活方式、交往方式、思维方式，以信息和知识为核心并作用于社会的特定文化。信息文化是以网络为载体，通过信息的传播和交往而形成的文化形态。信息对人们的影响，从来没有今天这样广泛而深刻。信息正是透过信息文化来深层次影响人们的内心世界，特别是影响大学生的心理健康。信息文化对大学生心理健康的影响问题，既是一个理论问题，更是一个现实问题。

今天，汹涌澎湃的信息化浪潮正以无可匹敌的威势冲击、改造和重塑着人们所熟悉的社会生产方式、政治上层建筑以及思想文化领域，并作为一种革命性力量深刻介入当代人的精神家园和生活方式之中。文化代表一种生活方式，包括工作方式、学习方式、生活方式、交往方式、思维方式等。信息文化对社会发展的影响是无法想象的，并正以惊人的速度改变着人们的交往方式、学习方式、工作方式、生活方式。信息文化对大学生心理健康的影响研究，具有重要意义。

一、信息文化对大学生心理健康影响研究综述

20 世纪 70—80 年代，国外最早提出“Information Culture”概念，当时是基于未来学家对信息社会的文化（culture of information society）的研究，如丹尼尔·贝尔的“后工业社会”文化研究、阿尔温·托夫勒的“第三次浪潮”文化研究等。最早使用“信息文化”一词的文献是 1987 年 Judy Labovitz 的论文“Building an Information Culture：A Case Study”，其内涵与现今用以描述信息社会文化形态的“信息文化”内涵相去甚远。1991 年，美国宾夕法尼亚大学 Heather E. Bellows 在其博士学位论文《信息文化与共

产主义社会的转型：以苏联为案例》中，首次使用“信息文化”这一概念指称信息社会的文化形态。之后，信息文化开始被学界普遍采用，并逐渐成为信息社会研究中的一个重要问题，产生了俄罗斯信息学家斯克沃尔佐夫的《信息文化与国家安全》、尼葛罗庞帝的《数字化生存》等一批著作。[①] 到了90年代，信息文化的内涵和外延都得到扩展，信息文化主要用来分析信息化社会中信息对于政治、经济、文化等方面的影响。在我国最早提出信息文化概念的是卢泰宏。此后，严康敏、赖茂生、柴庆云、董焱和党跃武等先后撰文，对信息文化做了大胆而富有成效的探索和研究。

卢泰宏所著的《信息文化学导论：IT会带来什么》（吉林教育出版社1990年版）一书，是国内第一本全面论述信息文化的专著，也是我国信息文化研究的起步之作，奠定了信息文化研究的基础并初步确立信息文化的研究方向。随后我国的信息文化研究进入了新的发展阶段，论著和研究论文逐渐增多，并且越来越受到人们的关注。例如，党跃武的《信息文化简论》（《情报资料工作》1995年第5期），严康敏、赖茂生著的《信息高速公路：面向未来的震荡》（山东教育出版社1996年版），龚德友著的《原始信息文化：少数民族记事表意方式》（云南人民出版社1996年版），董焱的《开展信息文化学研究》（《未来与发展》1998年第3期），魏琦、倪波的《论21世纪的电子信息文化》（《情报杂志》1998年第1期），刘吉、金吾伦著的《千年警醒：信息化与知识经济》（社会科学文献出版社1998年版），王吉庆著的《信息素养论》（上海教育出版社1999年版），沈阳的《论信息技术文化》（《云南师范大学学报》1999年第3期），郭洁敏的《信息文化——人类文化发展的新走势》（《毛泽东邓小平理论研究》2000年第3期），王保兴的《论信息文化的社会功用性》（《科技文献信息管理》2001年第4期），伍诚达的《信息文化与大众文化探析》（《图书馆学研究》2002年第4期），柴庆云等著的《信息文化：人类文明的新形态》（军事科学出版社2003年版），董焱著的《信息文化论——数字化生存状态冷思考》（北京图书馆出版社2003年版），柯平的《信息文化论》（《晋图学刊》2003年第1期），张国红的《信息文化对传统文化的冲击及相互融合》（《中共浙江省委党校学报》2003年第2期），靖继鹏、吴正荆著的《信息社会学》（科学出版社2004年版），吉宇宽、王会丽的《简论有中国特色的信息文化构建》（《开封教育学院学报》2004年第1期），张宏山的《谈信息文化的特征及带给人们的变化》（《经济师》2004年第3期），陆秀红的《新信息文化主

① 刘光育、徐长安：《信息文化研究述评》，《南京政治学院学报》2011年第6期。

体的理性解读》(《学术论坛》2004 年第 5 期)，郑金帆的《信息文化探析》(《情报探索》2004 年第 6 期)，陈延寿的《概论信息文化的利与弊》(《现代情报》2004 年第 12 期)，林秀的《信息文化与网络文化的概念比较分析》(《情报科学》2005 年第 1 期)，周紫玲的《信息文化对高校思想政治教育的影响及对策》(《安顺学院学报》2009 年第 8 期)，等等，对信息文化的相关问题进行了研究。

英国诗人和文学批评家马休·阿诺德在《文化和无政府状态》一书中说：要将他们时代最好的知识、最好的思想从社会的一端传播、搬运到社会的另一端，使之流行不衰。在这段论述中，很清楚地表现出文化的传播性与大众化倾向，而信息文化本身就是以传播为特性的，必然会导致文化的广泛性倾向。在信息技术的推动下，信息文化得到了广泛而深入的发展。从 2003 年起大部分的城市电台陆续设立了短信平台，发送手机短信的听众主要以短信竞猜、短信投票和短信交流等方式参与广播节目。2004 年 7 月，北京好易时空公司和《中国妇女报》推出了全国第一家手机报——《中国妇女报（彩信版）》，实现了手机用户和报人之间的互动；2004 年 8 月千夫长创作的国内首部手机短信连载小说《城外》问世，立即引起广泛关注；2005 年彩信业务快速增长，集彩色图像、声音、文字于一体的彩信文化初露端倪。与此同时，各家电视台举办的娱乐性节目也纷纷设置短信互动环节，其中颇具影响力的如 2005 年“超级女声”决赛，观众短信量达 2400 万条；2006 年 CCTV 第十二届青年歌手电视大奖赛团体赛，在 20 天的比赛中节目组每天收到的短信数量以几十万条计……所有这一切，除了源自“市场”这只“看不见的手”的推动，也离不开信息文化的发展，以及信息文化娱乐性的特点，其结果是在取得了巨大的商业利益的同时，也为信息文化搭建了更宽广的舞台。

这一时期还翻译出版了国外相关研究论著，彼得·德鲁克的《后资本主义社会》、保罗·利文森的《软边缘：信息革命的历史与未来》、马歇尔·麦克卢汉的《理解媒介：论人的延伸》等一批信息文化名著陆续被引进翻译。国内信息文化研究开始出现新的视角，许多文章开始对信息文化理论的一些前沿问题进行了较为深入的探讨。《网络“超国家主义”的理论渊源及现实本质》、《贝尔的后工业社会理论解析》、《技术的反叛者——读托夫勒〈第三次浪潮〉》、《媒介技术与文化变迁：尼尔·波兹曼论技术》等，都是这一时期批判吸收国外信息文化研究成果的产物。很多人开始进行国外信息文化学、信息文化学理论的专题研究以及不同学者及理论之间的比较研究，拓展了国内信息文化研究的空间。①

学者们对信息文化的概念及其内涵问题进行了研究。最早提出信息文化概念的卢泰宏认为，“信息文化的支撑点或生长点不是文字，不是宗教，不是建筑或艺术，也不是理念或道德，而主要是技术，是信息技术带来了革命，产生了信息文化，因此，从某种意义上说，信息文化是一种技术文化。”② 严康敏、赖茂生则认为，“信息文化的内容并非完全确定，大致上用来表示两方面的含义：一是指原有的各种文化内容以及活动方式因被纳入到‘信息高速公路’系统进行制作、加工、传递和交流而发生变化，即所谓原有文化的‘电脑化’和‘信息化’；二是指随着人们越来越经常和更大规模地运用‘信息高速公路’系统从事各行各业，以及社会生活中的各种活动，这种运用方式本身势必越来越丰富多样化，进而形成一种崭新而独特的文化形态。”③ 党跃武却认为：“信息文化作为一种具有特殊内容和表现手段的文化形态，是人们在社会活动中依赖于以信息、信息资源、信息技术为支点的信息活动而创造的物质和精神财富。因此广义的信息文化可以从四个方面来把握：作为物质形态的信息文化，作为社会规范的信息文化，作为行为方式的信息文化和行为精神观念的信息文化。”④ 董焱在1998年发表的论文中就提出：“信息文化指信息社会的物质文化、精神文化和制度文化”⑤，这是他最初的定义。随后他在总结已有信息文化概念的基础上明确提出：“信息文化是人们借助于信息、信息资源、信息技术从事信息活动（广义的）所形成的文化形态，它是信息社会特有的文化形态，是信息社会中人们的生活样式。”⑥ 柯平认为：“信息文化就是一种以信息和知识为核心并作用于社会的特定的文化。”⑦ 郭洁敏则提出广义与狭义之说，且认为：“从广义上说，信息文化是以电为标志的信息技术、信息流通、信息产品以及人类对这一第三代生存环境（信息环境）的适应所产生的，包括生产方式、生活方式、交往方式、思维方式等在内的种种人化现实。从狭义上说，则指数字化的传播、生存方式及其过程和结果。”⑧ 吉宇宽、王会丽认为：“广义的信息文化

---

① 刘光育、徐长安：《信息文化研究述评》，《南京政治学院学报》2011年第6期。

② 卢泰宏：《信息文化学导论：IT会带来什么》，吉林教育出版社1990年版，第3页。

③ 严康敏、赖茂生：《信息高速公路：面向未来的震荡》，山东教育出版社1996年版，第5页。

④ 党跃武：《信息文化简论》，《情报资料工作》1995年第5期。

⑤ 董焱：《开展信息文化学研究》，《未来与发展》1998年第3期。

⑥ 董焱：《信息文化论——数字化生存状态冷思考》，北京图书馆出版社2003年版，第5页。

⑦ 柯平：《信息文化论》，《晋图学刊》2003年第1期。

⑧ 郭洁敏：《信息文化——人类文化发展的新走势》，《毛泽东邓小平理论研究》2000年第3期。

定义从客观角度对信息社会的文化加以界定；狭义的信息文化概念是指企业、社会团体等内部单位在信息技术影响下所形成的新的单位文化。”①

随后人们对信息文化的界定丰富多彩，同时对信息文化的特征、结构、价值、积极和消极作用等方面进行了深入研究。柯平从信息与知识的角度研究信息文化的价值颇有参考作用，他认为：“一，信息文化有利于人与自然的和谐统一共存发展；二，信息文化作用于个人、组织乃至整个社会……信息文化是崇尚信息与知识的文化，突出地表现在信息与知识的生产、传播、应用在整个社会的核心地位，信息与知识价值观的作用，人的智慧的最大化与机器的智能化紧密结合等等。”② 从目前的研究看，对信息文化的积极作用和负面影响进行研究的成果还是很少的。董焱在其著作中分别从信息社会的社会结构及其运行、社会精神文化、社会经济管理、人类生活方式和信息行为方式等方面分析了信息文化的积极作用。王保兴从社会学的角度对信息文化的作用进行了研究，并认为：“信息的文化性决定了信息文化具有指导社会活动的功用性，具有优化市场的社会功用性，具有传播科学文化知识的社会功用性。”③ 张宏山认为，信息文化给人类生活带来的变化主要有以下方面：交流快捷化、道德多元化、交往平等化、组织分散化、生活个性化、结构复杂化、知识财富两极分化。④ 陈延寿认为信息文化的积极作用在于，“数字化已不仅是一个技术概念，而且已经泛化为一个社会概念”；虚拟现实“拓展了文化的外延，丰富了文化的内涵；社会信息化给人类社会带来了极大的物质文明，给人类生活带来了一系列变化”⑤。对于信息文化的消极作用。董焱在其著作中进行了研究，也提出了颇有见深度的观点。陈延寿将信息文化的负面影响概括为如下几个方面：信息超载、信息化带来失业问题、信息系统风险、信息非人性化问题、信息犯罪、信息侵权。⑥ 在所有研究中，涉及信息文化对心理健康影响的研究成果还没有，有待学者们研究的深入。

国外学者对信息文化的研究，主要体现在关于信息经济理论、信息社会理论、企业信息文化理论等相关学说里，但普遍没有对信息文化做出直接的定义。

---

① 吉宇宽、王会丽：《简论有中国特色的信息文化构建》，《开封教育学院学报》2004 年第 1 期。
② 柯平：《信息文化论》，《晋图学刊》2003 年第 1 期。
③ 王保兴：《论信息文化的社会功用性》，《科技文献信息管理》2001 年第 4 期。
④ 张宏山：《谈信息文化的特征及带给人们的变化》，《经济师》2004 年第 3 期。
⑤ 陈延寿：《概论信息文化的利与弊》，《现代情报》2004 年第 12 期。
⑥ 陈延寿：《概论信息文化的利与弊》，《现代情报》2004 年第 12 期。

二、信息文化的特征与研究意义

信息不仅是一种技术存在，也是一种文化存在。信息文化是人们借助于信息、信息资源、信息技术，从事信息活动所形成的文化形态，它是信息社会特有的文化形态，是信息社会中人们的生活样态。[①] 信息文化是一种新型的文化，它除了具有一般文化的特征之外，还具有自身文化的特征。信息文化是在信息社会的物质环境中形成的一种文化形态，具有鲜明的时代特点。研究信息文化对大学生心理健康的影响，首先必须对信息文化有一个全面而深入的了解。

（一）信息文化的特征

信息文化是伴随信息技术而产生的一种文化，是科技与文化创新的产物，它集中地体现着文化的内容、表现形式和传播手段。它是一种独特而丰富的文化价值和文化精神，并对其他文化形态产生着重要影响。信息文化是技术和文化的联姻，并达到了技术的自我超越。信息文化的蓬勃发展，使全球文化相互激荡和相互融合，促进着社会、经济、文化发生着深刻的变革。信息文化是一种蕴涵特殊内容和表现手段的文化形式，是人们在社会活动中依赖于网络技术和资源而创造的物质财富和精神财富的总和。信息文化改变了人类生产方式、生活方式、工作方式等，进而引起人们思维方式和观念的变革。尤其是思想活跃的大学生，受信息文化的影响比较大。

信息文化是一种开放性的文化。由于网络信息的开放性，使得信息文化成为一种开放性的文化。信息文化不像其他文化那样具有明显的地域性和民族性，它的形成和传播基本没有地域限制。随着网络技术的发展日益完善，信息文化的开放性和共享性被逐渐挖掘出来，信息文化由此表现出惊人的传播力量，已显示出迅速遍及全球的趋势，而不像其他文化那样受国家疆域或意识形态的限制。任何人都可以在网上畅所欲言，发挥创意，从而使信息文化呈现出多元化的特点。信息文化的多元化使个人价值得到了前所未有的体现；但在一定程度上也导致了人们价值观念的分化，引起人们伦理道德的纷争以及价值观多元化的问题。特别是伴随信息文化的开放性，各种文化共存，对大学生心理的影响和冲击不容忽视，甚至使大学生原有文化体系发生了变异或出现解构的现象。

---

① 董焱：《信息文化论——数字化生存状态冷思考》，北京图书馆出版社2003年版，第46页。

信息文化是一种虚拟文化。网络作为信息文化的载体，使得人们往往利用网络空间，通过虚拟技术来“虚拟实在”。它包括对现实物质的数字化虚拟、对现实超越性的虚拟和对现实背离的虚拟。人们可以在虚拟的世界中超越时间和空间的有形障碍，尽情享受虚拟的生活。虚拟并不等于虚无，它仍然是以现实存在为基础的，只不过是另一种特殊形式的存在。在网上，任何人都可以不分民族、种族、国籍、性别、信仰等外在因素进行联系和交流，人们可以随便用不同的名字、性别、年龄与人交流，相互交往的人往往并不知道对方在现实社会的真实身份，虚拟性的文化氛围在信息文化中司空见惯。网络的虚拟性，为大众提供了宣泄压力的途径，但也产生了一些网络欺骗、网络暴力、网络色情等，影响大学生的身心健康。

信息文化是一种快速文化。快速文化是指信息文化的传播速度史无前例。随着网络技术的进步与发展，信息文化的传播速度越来越快，电视、广播、报纸等传统媒体都无法与之匹敌。信息文化可以瞬间传输到世界各地，既没有国家的边界，也没有空间的限制，人们足不出户却可以享受文化的熏陶，受到文化的影响或左右。网络的存在和发展消除了文化传播和交流的地理与时空的障碍，推动了全球不同文化的碰撞与交流，同时也使世界不同文化的相互对抗更加持久，相互冲突更加激烈。信息文化传播速度的特殊性，以及网络环境中的个人平等性，使得人们更容易接受、学习和利用现代科学文化知识，由此网络受到大学生的青睐。但是，信息文化的这种快速变化性、更新性，使得不少大学生对信息文化产生消化不良的现象，或盲目接受，或无所适从，在纷繁复杂的文化选择面前束手无策，从而出现焦虑紧张的不良心理状态。

（二）研究信息文化对大学生心理健康影响的意义

心理健康教育担负着促进人的全面发展、提高全民的思想政治素质和心理素质的极为重要的任务，这也是科学发展观的要求。科学发展观就是要坚持以人为本，树立全面、协调和可持续的发展观，促进经济和人的全面发展。以人为本，加强大学生心理健康教育，是高校一切工作的出发点和落脚点。这也是构建和谐社会的要求。我们所要建设的社会主义和谐社会，应该是包括个体身心健康的和谐，这样才能构筑起一个相互尊重、相互关怀的和谐社会。

随着信息文化广泛而深入的发展，信息文化渗透到大学校园生活的每个方面，校园文化面临着有史以来最为深刻的变革。信息文化极大地拓展了教育的时空界限，空前地提高了大学生学习的兴趣、效率和能动性。但信息文化带来了一系列的问题，如常常发生在大学生身上的网络上瘾、信息焦虑症、色情信息、垃圾信息等。当代大学生正接受着信息文化的新考验。高校信息文化的建设对于形成健康的信息文化环境尤为重要。江泽民同志在十六大报告中强调："积极发展文化事业和文化产业。发展各类文化事业和文化产业都要贯彻发展先进文化的要求，始终把社会效益放在首位。"高校是社会主义精神文明建设的重要阵地，而高校信息文化建设是社会主义精神文明建设的极其重要的领域。高校作为文化思潮最活跃的前沿阵地，其校园信息文化对于大学生个人的成长与成才、良好品德的养成、民族的振兴、社会的进步都具有无法估量的作用。高校信息文化是否沿着先进文化的前进方向发展，将直接影响到大学生的心理健康。因此，心理健康教育加强对信息文化的研究，对于大学生心理健康有重要意义。

第一，从信息文化角度研究大学生心理健康问题，无疑是时代的要求。当前，随着经济的高速发展，文化日益成为现代人的生存方式。伴随文化交流的频繁，人们的思想、心态日益受到文化的影响，特别是信息文化的影响。信息技术和活动以前所未有的规模和深度渗透到人们生活的各个角落，引发了人们生活方式和行为方式的巨大变革。在信息文化环境下，人们的信息意识、信息素养、信息心理和信息生产、传播、选择、使用、复用的方式都受到信息文化的影响。信息文化改变了人们的工作方式、生产方式、交往方式、教育方式。① 大学生所承受的文化震荡而产生的心理压力较大，心理健康问题已经逐步凸显，解决这个问题有赖于心理健康教育。高校大学生心理健康教育已成为高校非常重要的工作内容。目前，我国高校大学生心理健康教育工作虽然进行了许多有益的尝试，但也暴露了许多问题。从信息文化的角度研究心理健康问题及其教育对策，无疑可以开拓大学生心理健康教育研究的新视野。

信息文化无论其表现为何种文化形态，在大学里必然与大学的校园文化，特别是校园文化精神相互渗透、相互促进、相互制约。先进的、发展的、新颖的、迅速的信息文化将对校园文化起积极作用。大学的根本任务就是培养德、智、体、美全面发展的合格的社会主义建设者和接班人，因此，一定要确保大学校园信息文化的先进性、科学性，要沿着先进文化的方向发展。信息文化的先进性要求高校信息文化的构建要紧紧围绕大学生价值观的树立这一基本问题，坚持马克思主义的指导地位，坚持爱国主义、社会主义和集体主义精神在大学校园信息文化中的主要地位，传播宣传马克思主义，

---

① 董焱：《信息文化论——数字化生存状态冷思考》，北京图书馆出版社 2003 年版，第 73 页。

弘扬中华民族优秀文化，弘扬大学精神的核心，帮助大学生树立正确的世界观、人生观、价值观，掌握科学的方法论，形成高尚的道德品质。这样才能保证大学教育的一致性，防止不同文化间的冲突，有利于大学生保持稳定的心理状态。

第二，研究信息文化有利于树立现代育人观念。陈旧的育人观念已不适应时代的要求，高校必须及时准确地转变育人观念，确立现代教育信息观念，把握人才培养方向。[①] 教师者，所谓“传道、授业、解惑”也。可见，在我国传统的教育观念中，教师的学问和人品都堪称一流，教师具有崇高的地位。但随着社会开放程度的日益加深、信息文化的出现，学生获取知识的来源不再局限于教师，家庭、校园、社会等实际上共同承担着教育者的角色，教育资源不再为教师单独掌握。信息文化的传播使得大学生社会交往圈子扩大了，他们不完全处于被教育的地位，在主动吸取知识的同时，他们与教师的关系是互动的。此时，教育者应当适当地调整自己的位置，树立民主化教育的观念，正视大学生从各种渠道获取信息的现象，并与他们进行平等的对话和讨论，疏通学生的心理问题。

信息文化对大学生的影响不仅仅在信息的多元化上，尤为明显的是大学生对事物的认识、理解和接受上，更趋向于相信自己的独立判断。如果教育者仍然停留在告诉学生对与错、是与非、真与伪、美与丑的事实，要求他们简单服从这一层面上，这样的教育就不会有什么生命力可言。因此，教育的重心应转向教育引导上，教会学生辨别事物的方法。在教育过程中，既要正面引进先进的社会思潮，不回避反面信息，又要用学生容易接受的方式来引导他们用科学的观点来分析现象，帮助他们确立正确的理想和信念，保持积极乐观的态度。信息文化要求教育者对教育信息有一定的敏感度，善于捕捉、分析和吸收新的信息。在信息文化快速发展的时代，迫切要求教育者要善于将各种信息和思想信息有机结合起来，不断以新的知识信息开阔受教育者的视野、启迪受教育者的思维。

第三，研究利用信息文化有利于创新心理疏导的方法。信息文化传播的跨地域性和内容的动态性有利于提高高校教育信息的传播率、利用率，使高校教育工作的开展能更契合实际，更有针对性和实效性。针对信息文化特征的特点，高校应善于利于网络交换和传输包括文字、数据、声音、图形、动画等形式的教育信息，通过信息文化的渗透功能对高校学生进行引导和调控，创新高校心理疏导的方法。高校利用信息文化快捷、生动、开放、交互

① 周紫玲：《信息文化对高校思想政治教育的影响及对策》，《安顺学院学报》2009 年第 8 期。

等特点，建立心理健康咨询和治疗的新载体。通过这些开放性的心理咨询方法，提高学生的心理素质，增强学生面对挫折的能力，使心理健康教育落到实处，起到事半功倍的效果。通过心理健康教育的信息发布、信息通报、信息反馈和信息沟通，使学生通过最快速度，最直接、最方便、全方位地获得相关信息，在教育者和受教育者之间搭建一种新型的沟通平台，使师生双向沟通交流具有不受时间、空间限制的优势，交流更及时有效，学生作为受教育者的主体地位更能得以凸显，“以生为本”的工作理念得到更具体、更扎实的贯彻落实。

传统教育中，教育者往往以管理者、教育者等居高临下的姿态出现，而以服务者、引导者等平等沟通的姿态出现的比较少。师生之间缺乏沟通、缺少凝聚，教育工作往往显得空洞、生硬、单调。信息文化的出现使得这一问题有了改善的良机，利用信息交流与沟通，使得教育工作犹如春风细雨，充满柔情，更加深入人心，更体现人文关怀，师生相互之间更信任、更贴近、更理解。

第四，消除信息文化对心理健康的负面影响。信息是一种文化现象，它是建立在文化基础之上的一种新文化，其本身存在着特定的内涵和外延。信息文化除了具有传播速度快、直观方便等特性外，它的内在特征是实用性和现实性。所谓现实性，就是指信息文化对当前或者说目前的社会活动起作用的一个方面；所谓实用性，就是指信息文化简明扼要、直观实用的一面。信息文化的现实性特征就是能简便直观地给大学生提供某一事物的基本要素和新动向，从时间、空间、规格、性能、用途等方面有一个明确的交待，大学生可以从中直接得知某一事物对他人或对自己有用与否，或者说使大学生接收信息后对某一事物的需求产生认识上的反映，帮助和指导大学生去从事当前的学习活动，并且能由此产生新的思想火花。从这一点上讲，信息文化的吸纳和利用已成了社会发展的基本要素，这就是信息文化的现实性。信息文化的实用性在于它是针对当前人们学习和生活所需而设置的一种快捷、简明、实用的文化现象，具有使大学生在接收后随即能判断其有用与否或者是否具有直接指导大学生学习的作用，它所反映的内容都是接近生活或者说都是大学生当前在生活、学习方面有实际价值的东西。既然是实用的东西就肯定有价值存在，这种价值的实现是通过信息得来的，是信息文化作用的结果。

但是，信息文化也带来一系列问题。为了减少信息文化的负效应，特别是信息文化对大学生心理健康的不良影响，就必须加强对信息文化的研究。通过制定一系列信息伦理规范、加强信息伦理教育来控制和影响大学生的信息行为，从而保证信息文化发展的健康有序，从而提高大学生的心理健康。加强对大学生的信息文化素养教育，提高大学生对信息的识别能力，增强法制观念和自我保护意识，培养大学生自身的伦理道德素质，增强大学生在信息文化活动中的主人翁地位和道德责任感。

同时，加强信息文化研究，运用信息技术手段控制信息文化的负效应。信息文化原本是以高科技为依托的，而现在消除其负面影响同样要借助于高科技。因此，应通过技术途径，加强信息文化的研究力度，控制、调整和改造那些具有负效应的信息文化。而国家必须运用政策手段来规范信息文化，打击信息犯罪，保护信息产权，加强对信息的合理利用与管理。国家通过制定一系列政策来对全社会的信息活动进行指导，推动信息文化健康有序地发展。国家要通过一系列立法来调整人们信息活动关系的行为准则，运用法律手段来规范信息行为，保护有利于社会进步和经济发展的信息文化活动，打击那些危害社会发展和人民生活安定的信息犯罪，保护信息产权，加强对信息的合理利用与管理。

三、信息文化影响大学生心理健康的机制

一个人自呱呱坠地起，便生活在特定的文化氛围中，在特定的文化背景下形成特定文化性质的心理状态。生活在信息急剧膨胀的信息社会中，大学生的心理健康必定被烙上信息文化的烙印。信息技术在现代社会中是最活跃、发展最迅速、影响最广泛的科学技术之一，它改变着人类的生存方式，即生产方式、交换方式、分配方式、消费方式、交往方式、组织方式、学习方式、思维方式等，也引发了文化领域的深刻变革，催生了与信息社会相适应的信息文化的形成和发展。大学生是信息社会的重要参与主体，是信息文化的重要消费者；也因为自身的心理特点，大学生的心理健康深受信息文化的影响。信息文化通过信息载体影响大学生的生存方式，进而影响大学生的心理健康。

（一）信息文化通过载体影响大学生心理健康

载体是事物借以表达、展现自己的对象。尽管大学生已置身于信息环境之中，但信息文化必须借助于一定的载体以影响大学生的心理健康。相比于传统文化对大学生心理产生影响的载体而言，信息文化对大学生心理产生影响的载体主要有三个方面，即网络载体、现代大众传媒载体和手机载体。在调查中，我们发现，从影响大学生心理健康的载体来说，电视对大学生心理

健康的影响排在第一位，占74.2%；网络的影响排在第二位，占74.1%；报纸的影响排在第三位，占47.3%；杂志的影响排在第四位，占44.4%；广播的影响排在第五位，占16.5%。这是符合大学生实际情况的。也许有人会问：电视对大学生的心理健康影响为什么会排在第一位？是不是大学生寝室都装有电视机？不是的，而是大学生的寝室都装有网络，大学生主要是通过网络来观看电视节目的。因此，可以说网络才是影响大学生心理健康的主要因素。报纸和杂志对大学生的心理健康的影响也比较大，说明大学生还是愿意购买报纸和杂志观看的，大学生主要喜欢看一些娱乐新闻、时事新闻。广播对学生的影响排在现代传媒之后，这是可以理解的，相比之下，听广播的学生的确是少多了。

网络载体，从信息文化的角度而言，网络载体形成的文化就是网络信息文化。网络信息文化不同于网络文化，也不同于信息文化，它是信息文化的一个方面。网络信息文化是影响大学生心理最主要的载体。网络技术和网络空间是信息文化形成和发展的主要物质基础，在信息文化对大学生的生存方式的影响中也发挥着最主要的作用。大学生是网络参与的主要主体之一，网络也是大学生生活学习的重要组成部分。网络社区、BBS、QQ是大学生交往和抒发心情的主要方式，网络新闻是大学生获取各种即时信息的重要途径，网络资料库期刊库是大学生学习的重要资源，网络电视电影是影响大学生价值观和人生观形成的重要方面。这些都是网络信息文化的重要组成部分，对大学生的心理健康产生了重大影响。

在现代社会中，传统的组织化、序列化的社会化模式已发生断裂，网络信息文化突破了社会各级组织对媒体的控制范围，使得社会化正确导向的控制更加困难。垂直的约束力锐减，社会支持结构扁平化，大学生的社会化受到深刻影响。由于网络环境中传统的信息提供与获取方式被彻底改变，分散在不同地理位置的信息资源可以用数字方式进行存储，通过网络信息相互连接，这样使任何地域的人们都可以借助于网络终端获取所需要的信息资源。现代网络提供了一系列的信息资源联结、组织和检索的机制，非凡地创造出大量的信息传递和服务模式，电子邮件、电子公告牌、远程检索、文件传输、电子出版、联机医疗等服务，已经实现图、文、声并茂。大学生基本上都拥有自己的电子邮箱，有些大学生还建立了个人主页。可见，大学生已经完全置身于网络信息文化之中。网络信息文化在某些人眼中常常被看成一种“快捷文化”，其首要表现就是交往快捷化，即依托于各种信息交流媒介而出现时空观念的变化：人类社会政治、经济、文化和人际交往具有速度加快、效果加强、联系紧密、成本降低的特点，借助于各种信息技术，时空计量单位越来越小。人们的社会联系渠道不仅更加多样化，而且更加快捷化。网络信息文化加快了社会发展的节奏、社会生活的节奏……世界正成为一个巨大的信息交流场。网络信息文化为我们提供的是快捷的手段和快捷手段之上的信息交流及社会运行，而绝非简单的内容。生存在网络信息文化环境中的大学生，其心理变化很大程度上受其影响。

现代大众传媒载体，即是传统大众传媒载体的现代方面。现代大众传媒载体也是信息文化的重要方面，也是影响大学生心理的重要载体。信息文化的传播和熏陶是全方位的，除了通过网络传播信息文化外，现代大众传媒也是非常重要的载体。现代大众传播为大学生知识结构和学习方式的变化提供了社会化的手段。而且许多娱乐节目都在有意无意中传递着关于新的生活方式、人际关系、社会问题，甚至是国际的一些信息，在一定程度上可以满足大学生追求新思想和新风尚、关注环境变化和文化变迁、敏锐感觉竞争压力等的心理。尽管传统的报刊等传播媒介在信息技术的冲击下，在传播内容、传播方式、传播途径和媒介构成机制等方面都发生了重大变革，但在一定程度上，现代大众传媒仍然发挥着不可替代的作用，为大学生提供了公平接受信息文化的机会，对大学生心理健康的影响不可忽视。现代大众传媒以流水线的方式生产了大量的报刊，为大学生提供了良莠参杂的文化信息。现代大众传媒也在利益的驱使下，为了吸引更多学生的眼球，将一些低级趣味、失真虚假的作品展现在大学生的面前，给大学生的心理健康产生了强烈影响。

手机载体，即通过手机传播文化的一种方式。其中特别重要的是手机短信，即短信文化，也是一种信息文化。在短信交流的表象之下，娱乐精神蕴涵其中。短信同时也蕴涵了太多的文化含义，具有多种文化功能和鲜明的时代特征，其中也契合了东方人的社会文化心理。手机短信是一把“双刃剑”，在给大学生带来许多便利和好处的同时，也对当代大学生产生着不可低估的负面影响，对大学生的心理健康影响较大。从零点调查公司对手机用户接受的短信服务内容的调查结果来看，短信聊天、游戏以 57.1% 的使用者比例位居首位，其次是笑话、幽默等娱乐信息（44.6%），再次是新闻、财经等信息（25.3%）和手机图片铃声下载（19.8%），还有 15.5% 的人使用过答题游戏、情景游戏等其他短信服务产品。[①] 现代手机是传播信息文化的重要渠道，也是信息文化影响大学生心理的重要载体。我国的手机发展较快，用户庞大，大学生人手一部。手机取代了传统的信件和电话成为人们通讯联系最主要的方式。由于现代手机的集成化，手机功能越来越强大，与电

① 刘畅：《“拇指经济”来临》，《青年报》2003 年 3 月 9 日。

脑无异，甚至其功能超过电脑，实现多功能的现代通信功能，极大地改变了人们的生存方式，成为大学生日常生活的重要内容，也对大学生的心理健康产生了不同程度的影响。在现代社会，手机不仅是一个通讯工具，也是一个传播工具。它实现了传播音乐、文字、语言、图片、影视等功能，是现代传播媒介非常重要的组成部分。由于它的普及率高，它比其他传播媒介具有更加强大的传播功能，其影响更大。据调查，短信使用者中77.5%是35岁以下的青年人。“15～19岁、20～25岁两个年龄段是使用短信的主要群体，使用比例分别达到83.3%、89.0%。”① 但是，通过我们的调查发现：手机对大学生心理健康的影响并没有我们想象中的严重。调查中，占15.3%的大学生认为手机对他们的心理健康有影响，占34.9%的大学生认为影响不大，占47.2%的大学生认为没有影响。我们知道，手机主要是同熟人联系的通讯工具。它主要地表现出一种熟人道德关系，这种道德关系充满温情，重视亲情、友情、乡情，相互之间讲究礼仪，相互尊敬，互谦互让。在熟人范围内，为人处事注重礼节，推崇“礼尚往来”。熟人道德关系具有较强的道德约束力，是一种有效的道德调控机制，有一系列自成体系的道德原则和准则，其道德规范要求和禁忌一般能较好地得到遵守。因此，在同熟人的通讯联系中，大学生能较好地自觉控制道德风险，注意自己的言行举止，给人一种安全感，使相互间的道德保持在一定的限度内，彼此收敛而不越雷池，故手机载体对大学生心理健康的影响实际上是不大的。

在信息时代，大学生通过不同载体接受不同途径传递的不同倾向的思想信息的频率越来越大，其信息摄取行为也愈益个体化、隐蔽化，接受信息的自主性也越来越强。现实生活中，大学生理解信息已经变得多角度化，大学生不再简单地按照传统的逻辑去理解信息，他们对信息的理解变得更加主动。他们会将各种信息、观点摆在一起，自行选择并将其转化为自己的思想，进而指导自己的行动，而不是被动地听从安排。而基于信息技术更新速度快和包罗万象、优劣共存的内容，对心理处在不稳定期和缺乏辨别能力与免疫能力的大学生产生不良影响是可想而知的，特别是对那些心理承受力低、应对能力和调整能力不强的大学生来说，更容易导致心理失调。

（二）信息文化对大学生学习方式的影响

信息文化在存在形式上具有虚拟性和交互性。信息和知识作为物质存在运动状态和发展规律的反映，有着不同于客观事物本身而具有虚拟的性质。

① 陈媛媛：《手机短信语言特色分析》，http：//www.cnhubei.com/200412/ca647174.htm。

同时，计算机技术、通信技术、网络技术等信息技术的运用，形成了具有虚拟实在性质的“场”。信息文化基于信息技术，特别是网络用户之间的联系而具有交互性的特点。同时，信息文化在影响范围上具有广泛性和深刻性。如果说早期资本主义国家用商品和资本将东方和西方联结在一起，使地球成为一个“圆”，那么各种通信技术将世界的各个角落联结成一张网，使世界成为“地球村”。各国、各民族之间的生产、消费与流通，信息、知识、情感、文化的交流在全球范围内组织起来，这就打破了时间的限制，拓展了人们交往活动的范围。这种交往范围的拓展打破了传统文化对一个地区、一个民族的影响，使信息文化的影响具有了全球性。信息文化在内容上的开放性和发展上的创新性，进一步使信息文化“无孔不入”地变革了人类的生产方式、交换方式、分配方式、消费方式、交往方式、组织方式、学习方式、思维方式等。相对于传统文化的稳定性和一定程度上的排他性而言，信息文化表现出了“海纳百川，有容乃大”的心胸和气魄，在更新速度和“繁殖能力”上表现出极强的创新性。严格意义上说，信息文化是以西方文化为中心的文化形态，所以信息文化“繁殖”、遗传了西方文化的价值理念，它必然会与本土文化产生交流、交融和冲突，引起人们心理的变化。

心理健康是一个相对的概念，不同的民族有不同的心理健康标准。心理健康与不健康都不是生而有之，而是在现实生活中，社会、家庭和学校教育的结果；从个体而言，他（她）是自己通过社会、家庭和学校学习的结果。今天，信息文化已经成为大学生生活中的重要组成部分，大学生获得信息文化的情况，即获得、学习、消化、吸收的情况，对大学生心理健康无疑具有重要影响。在信息化社会里，对信息的获得、处理和运用的能力是一个人在社会生活中必须具备的能力。今天，如果还抱着过去的“一心只读圣贤书，两耳不闻窗外事”的学习态度的话，必将被时代所抛弃。信息化的不断深入发展，信息的大量产生、传输，知识量猛增，使大学生获得知识的途径从过去只限于书本而变得丰富而多彩。信息社会的信息化发展，使得大学生通过不断获得信息，扩充自己的知识，改变自己的知识结构。只有这样，大学生才能跟上时代的发展。信息技术的快速发展，使信息和知识的更新的时间越来越短，谁掌握了最新的信息，谁就掌握了财富。因此，今天大学生的学习除了教师传授外，也可以通过多种方式获得自己需要的知识。今天的大学生学习方式是开放的。因此，高等教育也需要随着时代的变化而改变，不但要帮助大学生打下扎实的基础，更要面向未来，培养适应信息化社会发展的人才。

（三）信息文化对大学生人际交往的影响

心理是人脑对客观现实的反映，这种反映既可以是正常心理的源泉，又可以是异常心理的素材。大学生的人际关系是大学生活的重要部分，也是大学生心理健康的重要内容。大学生处在由师生关系、同学关系、同乡关系、朋友关系及个人与组织等关系所交织成的关系网络之中。人际情感、人际关系是需要通过人与人的社会交往来维持的，但信息文化改变了人际交往的方式，使人与人的交流变成了人与机器之间的交流，大学生通过 QQ、MSN、E-mail、手机等途径与在不同地域不同时区的亲人朋友保持联系。这种信息化的交流方式在为大学生打开方便之门的同时，也可能导致大学生与社会的交往被削弱及其人际关系疏远，从而使一些大学生产生紧张孤僻、冷漠及其他心理健康问题。

大学生的人际关系是大学生活的重要部分，人际交往是人与人之间通过一定的方式进行接触从而在心理和行为上发生相互影响的过程。随着网络的普及和网上虚拟世界的建立，消除了传统交往方式的时间和空间的限制，使交往活动实现高度的自由化。大学生可以在网上随时方便地和熟人或陌生人聊天，倾诉自己的苦恼；或是利用信息手段，展示自己的思想和才能，获得他人的了解和欣赏。因为面对的是虚拟的连接，互相看不到对方，大学生可以扮演任何角色，可以频繁地、快捷地、广泛地获得任何在现实生活中的情感体验，甚至一些在现实生活中不敢实现的情感体验，如和陌生人很快进行热烈的交谈，或对着陌生人毫无顾忌地倾泻自己的情感，等等。但是，虚拟世界的交往，逐渐剥夺了人与人之间的现实交往和接触，破坏了大学生在心理和情感上建立起来的平衡，使大学生容易陷入一种频繁交往掩盖下的孤独。网络的虚拟世界不可能代替现实生活的交往，就像不论信息化如何发展，都需要物质生产作为基础一样。网络只是提供了一种便于交往的手段，它是为现实社会的交往服务的。不论大学生在网络上有多少可以倾诉的好朋友，他（她）都不可能离开身边的亲朋好友。因此，大学生应该对网络交往采取正确的态度，分清主次，只有这样，才不至于迷失自己，建立良好的人际关系。总之，信息化使人类以更快更便捷的方式获得并传递人类创造的一切文明成果；它将提供给人类非常有效的交往手段，促进全球各国人们之间的密切交往和对话，增进相互理解，有利于人类的共同繁荣。可以说，信息社会化正在深刻地影响着大学生的个人生活，而网络信息文化又扩大了现实社会中大学生群体的分化，无中心散布式的网络结构使平等自由的思想交流成为可能，大学生往往由于兴趣表达和聚合的自由而容易分化为一个个新的小群体，现实社会小群体之间容易丧失沟通对话的兴致而“陌如路人”。

四、信息文化对大学生心理健康的积极影响

信息文化对大学生心理健康的影响是巨大的，它牵动着大学生的每一根神经。大学生容易受到信息文化的影响。尽管如此，信息文化对大学生的影响的主导面应该是积极的，对信息文化对大学生心理健康的影响应该有一个更加全面的分析。

信息文化促进了大学生生活个性化的趋势。在信息文化的背景下，大学生的交往显示着更多的个人色彩；社会发展在越来越依赖技术进步和信息交流的同时，大学生的各种愿望得到更多的满足，大学生的生活方式得到更多的尊重，大学生的精神情感得到更多的满足和宣泄。[①] 信息文化影响着大学生的学习和生活，影响着大学生的心理。信息文化是伴随着信息技术而产生的，它也引发了文化领域的深刻变革。大学生是信息社会的重要参与主体，是信息文化的重要“消费者”；也因为自身的心理特点，大学生的心理健康深受信息文化的影响。作为现代社会的流行文化，信息文化以独特的方式和丰富的内容为大学生提供了一种全新的认识和把握事物的文化环境。

信息文化对大学生心理健康有着积极的影响。信息文化有利于缓解大学生的心理压力，增强自信心。由于受到传统观念和行为习惯的影响，人们在遇到各种烦恼和心理问题时，一般不会或没有勇气或不习惯找心理医生，也不愿意向身边熟悉的人倾诉。这种普遍存在的心理显然是不利于个体心理问题的及时排解和疏导，不利于个体身心健康。然而网络载体、现代传媒载体、手机载体等借助网络平台而形成的信息文化却很好地解决了这个问题。网络的虚拟性和匿名性特点，为大学生在网络上寻求帮助创造了条件，也为大学生之间的情感帮助、心理支持提供了新渠道，使得大学生的不良情绪得以及时释放和排解。大学生通过网络聊天、阅读电子期刊、发送手机短信等方式，尽情地宣泄着自己内心的不良情绪，缓解心理压力。一些自然条件相对较差或者有残疾的大学生，通过网络平台充分展示自己的潜力，找回自信，从而改变了他们对待现实生活的态度，增强了生活的信心和勇气。

信息文化给大学生的生活带来了便利，也促进了大学生的健康发展。信息文化以其无可抵挡的魅力对人们特别是大学生的生活和学习产生着巨大的影响。信息文化让大学生接触到了多元的世界文化，使大学生对世界的认识

---

① 董焱：《信息文化论——数字化生存状态冷思考》，北京图书馆出版社 2003 年版，第 71 页。

大大超出他们所能直接体验的生存世界，接触到开放意识、竞争意识、平等意识和全球意识。信息文化给大学生带来的心理震撼是可想而知的。信息文化的交互性和共享性的特点，促进了大学生的网络交流和沟通，从而突破国界、年龄、性别、地域等各方面的限制，大学生的交友空间和范围得以扩展，人际交往的能力得到提升，则有利于他们更好地适应社会。信息文化的开放性和及时性，有利于及时发现大学生的思想和心理问题。我们知道，大学生乐于在网上发表自己的观点、意见，进行交流。在网上，学生既可以方便地漫游世界，又可以自由地发表见解，从中体会到传播者和受传者双重身份的乐趣。他们可以在网上看到当天出版的世界各国报刊，可以进入美国国会图书馆以及世界任何一所著名大学的图书馆查阅资料，还可以隐名或不隐名地在网上电子公告牌（BBS）与其他人交谈。任何一个社会热点或校内重大举措、突发新闻，都能在电子公告牌上激起强烈反响。这就为我们及时了解和掌握大学生的思想动态、把握大学生的心理走向提供了良好的途径。

大学生既可以自由地选择信息，也可以创造信息，这就改变了传统大众传媒体系中受众的被动地位，使之在自由选择中变得主动，成为信息的主人。信息为大学生提供了自由选择学习内容、学习进度和授课教师等的条件，使大学生掌握学习的主动权，由被动学习变为积极主动地学习，主体地位得到充分的体现，对大学生主体精神的培养有着积极的作用。在信息社会，知识经济是社会经济的主导，脑力劳动将成为人类的主要劳动，智力将成为最重要的资本。信息文化为普及高质量、高层次的文化教育，快速广泛地传播科学知识，提高学生的科学文化素质，培养科学的价值观提供了良好的条件。信息文化是现代人的生存方式，在现代科技的带动下，伴随经济全球化的进程，信息文化日益凸显，并逐步成为大学生的生存方式。信息文化在活跃大学生的思维、充实大学生的生活、提高大学生的能力等方面发挥了积极作用，信息文化激发了大学生的想象力、求知欲和创造力，使其心理健康得到发展。

中国传统心理健康的观念中，健康兼顾身心和谐发展，讲求心理本身和心理与外界关系的和谐统一。在价值取向上，更注重整体的、集体的价值，而个体的主体性淹没在整体的价值浪潮中。另外，心理健康与道德修养融为一体，心理健康是在道德完善的基础上实现的，忽视日常情绪的技术性调整和心理卫生的重要作用的问题长期没有得到很好解决。受宗教、迷信等观念的影响，在传统心理健康观念的语境中，心理异常往往被看作魔鬼附体的表现，因此在态度上，对心理异常者是轻蔑、歧视；在处理上，或放任不管，或采取暴力的残酷手段进行折磨。这种观念潜存于现实生活中，当有些大学生遇到心理问题或存在心理障碍时，往往是独自承担或极力掩饰和压抑自身心理，使心理问题得不到及时的疏导和解决；即使有些学生想找到相关心理咨询机构寻求帮助，以解决自身心理问题，也是在偷偷摸摸的情况下进行，生怕被同学、朋友看到而被贴上精神病的标签。信息文化具有深厚的文化底蕴，信息文化给社会道德观念和行为打上了深深的信息烙印。一方面，传统文化所追求的思维划一、价值同构、观念趋同的道德规范不再具有唯一性，信息文化使大学生与大学生之间的差异性、独立性、创新性、宽容性得到认同；另一方面，信息文化使不同文化完全冲破了地域限制和时间限制，不同文化之间有了更多的机会得以相互了解和沟通。在信息文化的熏陶下，人们的需求多元化、多样化、多层次，从而在相互交流、相互碰撞、相互冲突、相互适应之上，最终建立相互尊重、相互理解、相互学习、相互促进的道德体系。由此，大学生的心理在冲突中达到平衡。信息文化为大学生提供了广袤的知识信息，在提高大学生的认知能力的同时也提高了大学生的辨别能力。大学生通过信息文化汲取大量心理健康方面的信息，有效辨别心理健康问题，普遍形成了较为科学的心理健康观念。同时，当代大学生普遍具有广阔的知识涉猎、开阔的眼界和全球性的视角，形成了宽广的胸襟，能够以平常的心态看待各种心理现象。

五、信息文化对大学生心理健康的消极影响

信息文化也是一把双刃剑，在其以浪潮之势深刻地影响着社会，给人类带来福祉的同时，其负面作用也日渐展露。信息文化环境中所产生的信息疾病、数字化人、个性消失、人与人之间关系的疏离化等现象日趋严重。现代人每天被大量的、日新月异的信息所包围、淹没，过量的信息使人精神紧张、敏感、记忆力衰退、焦躁不安，不能忍受挫折，不能理性判断事物，更可能造成行为错乱，产生信息恐惧，并丧失吸收、处理信息的能力和意愿，产生各种与信息相关的心理疾病。①

通过调查发现，大学生认为信息文化对自己心理健康有影响的人占65.0%，自己感觉有信息依赖的占40.0%，自己感觉在心理方面受到信息影响而发生改变的占18.0%，等等。有44.5%的大学生把上网作为逃避问题或缓解不良情绪（如无助、嫉妒、内疚、焦虑和抑郁）的方法，虽然长时间上网会使人脑中的化学物质多巴胺（这种化学物质令上网者呈现短时

① 董焱：《信息文化论——数字化生存状态冷思考》，北京图书馆出版社2003年版，第79页。

间内过度兴奋）水平升高，沉溺于网络的虚拟世界中不能自拔，但之后的颓废感和沮丧却较之前更为严重①；有74.8%的大学生上网时心理愉悦，而又有32.5%的大学生现实中感到抑郁②。美国《时代》杂志报道，互联网络上电子公告储存的图像有83%含淫秽内容。这些黄色毒品严重损害了青少年的身心健康。

美国学者罗斯扎克（Theodore Roszak）1986年在其所著的《信息崇拜——计算机神话与真正的思维艺术》一书中指出："不论信息时代的前景多么诱人，我们付出的代价从未超出过所得到的东西。对隐私的侵犯使我们失去了自由，选择政治的堕落又想使我们失去民主，计算机化的战争机器更是对人类生存的直接威胁……"③ 当然，他的议论更多是针对信息化的负面影响的，但这些讨论的确提醒人们更仔细、更深刻地认识信息文化那些并不使人感到振奋，甚至让人感到忧虑的问题。

信息文化可能会导致大学生的思维模式或心理状态发生改变。信息文化不仅对大学生的认知与思维产生影响，而且过多接受信息文化还可能会给接收者带来消极的情绪体验。有的研究者发现，大学生过度使用网络会逐渐出现一些病理性的行为，如网络依赖（Internet dependence）、网络滥用（Internet misuse/abuse）等。随着网络使用逐渐深入，信息文化不仅给大学生的生活带来了巨大变化，对大学生自身也产生了深刻的影响。这引起了众多心理学家的关注，并逐渐成了心理学中新的研究课题。

信息文化中的垃圾信息容易对大学生的心理和行为产生误导。由于目前无法对信息进行彻底监控和过滤，因此，各种合法信息和非法信息、有益信息和有害信息、健康信息与垃圾信息、真实信息与虚假信息混杂在一起，给大学生的心理和行为造成了相当大的影响和冲击。信息文化是一个开放的文化，其文化信息量大且内容广泛而复杂，各种各样的文化信息同时对大学生产生影响，特别是眼花缭乱的色情信息很容易毒害大学生的心灵。一些未经消化的信息残留在大学生的潜意识中，干扰了他们深层次的思考。长此以往，造成大学生认识上的片面性，对某一事物的认识仅仅流于表象，使得他们的认识能力逐渐钝化。信息文化混杂的不良信息对大学生的心理健康造成许多消极影响，引发大学生的心理健康危机，造成其人生观、人文精神的失落和价值观的冲突，弱化其社会道德意识。信息文化对大学生的心理健康产

---

① 吴汉荣：《青少年网络成瘾的成因及干预对策研究》，《中国学校卫生》2006年第5期。
② 张金沙、周顺祥、马维平：《大学生上网健康负效应调查》，《中国全科医学》2008年第3A期。
③ 陈延寿：《概论信息文化的利与弊》，《现代情报》2004年第12期。

生了消极影响。大学生对信息价值的过分高估，对信息量的过度占有，对信息作用的过分发挥，都会导致对信息文化的异化，给大学生的心理、生活带来压力，影响大学生的心理健康。

我们知道，异化一般指主体在发展过程中，由于自己的活动而产生自己的对立面，然后这个对立面又作为一种外在的、异己的力量存在，并转过来反对或支配主体本身。科技领域存在异化现象，信息领域也存在异化现象。即尽管我们是信息的主体，是信息发布者，但是我们制造的信息反过来支配我们，使我们在信息面前丧失主体性，被信息压得喘不过气。一方面，信息容易带来信息污染、信息癖、信息病等，使人丧失了对自身的信任和自主性，成为崇拜、依赖信息的奴隶；另一方面，信息所带来的经济发展和物质丰富，也使人容易陷入物质主义、享乐主义，使人驾驭不了商品、金钱和物的冲击而成为它们的奴隶。大学生所承受的信息文化震荡而产生的心理压力也是前所未有的，大学生心理健康问题已经相当突出。信息文化还导致了一些心理问题，如信息迷恋和膜拜、信息滥造与污染、信息性心理障碍、信息欺诈与犯罪、数字化的人格障碍与人格缺陷、网络焦虑症等。同时，大学生又常常被围困于信息的汪洋大海之中，无暇全面顾及，从而形成了大面积的信息超载、信息过剩以及信息泛滥的局面。大学生长期沉溺在这种信息世界中，很容易产生心理错位或行动失调，导致孤独不安、冷漠、不合群、紧张焦虑等，从而改变大学生的生活方式，使之产生一定的心理障碍。当代大学生大多为独生子女，他们崇尚独立、自主和个性，过分关注自我，在成长的过程中缺乏有效的沟通方式。如果长期沉溺于信息世界，聊天交友、谈情说爱而不可自拔，不仅会极大地影响其学业，还必将加剧其“自我封闭”，逐渐产生淡化人际关系的非社会化倾向，从而导致交往能力下降，人际情感逐渐萎缩淡化。人际关系的淡漠、人际距离的疏远易使大学生产生孤独、苦闷、焦虑、消沉等不良情绪。而一旦回到现实，他们对现实的人际交往容易产生抗拒心理，甚至一回到现实就产生紧张、孤僻、多疑、恐惧、防范、冷漠并伴随情感缺乏等症状，造成人格障碍和人际交往障碍，从而影响身心健康。

六、信息文化对大学生心理健康不良影响的调适

一个时代的大学生心理健康是由与这个时代相适应的文化决定的，处于信息社会中的大学生的心理健康是由信息文化决定的。无论是在心理健康的观念取向、内容和表现方式上都体现了信息时代的特征。在我国各高校进行

大学生心理健康教育的过程中，一定要考虑到信息文化的大背景，从全球化的视角进行思索大学生心理教育的有效途径和构建高校心理咨询的完善机制。信息文化对大学生心理健康的积极影响，必须进行必要的巩固和发展；而信息文化对大学生心理健康的消极影响必须及时消除。通过采取各种有效的措施，将信息文化的负效应尽可能地避免，从而达到趋利避害、健康发展的目的。信息文化给大学生心理健康带来的新问题，需要充分利用信息文化的资源去应对。由信息文化的影响而形成的心理问题，从信息文化的角度进行矫治，这既是一种探索，也是一种尝试，对于构建大学生心理健康机制具有重要意义。

（一）信息文化必须坚持先进文化方向

大学的根本任务是培养德智体美全面发展的社会主义合格建设者和可靠接班人。信息文化建设必须坚持马克思主义的指导地位，要紧紧围绕解决价值观这一基本问题。信息文化的建设者应该牢牢掌握信息文化传播的主动权，传播马克思主义，传播社会主义，传播社会主义精神文明，使信息文化真正成为传播先进文化、主流文化的阵地。[①] 坚持以学生为本，尤其要尊重学生，依据社会需求、自己身心发育发展的规律，依据大学生对自己的愿望、兴趣和爱好，信息文化要始终代表和维护最广大学生的根本利益，而学生的根本利益就是学生全面素质的培养与提高，成为全面发展的、高素质的人才。

信息文化从客观上讲，为大学生充分展现其丰富多彩的内心世界提供了更多的可能，也为大学生提供了更广阔的发展空间；同时，信息文化对传统校园文化的影响或冲击已是不争的事实，也带来了一系列的问题，其中许多问题就是信息文化自身的问题，当代大学生正接受着来自信息世界的新的考验。因此，面对信息化的冲击潮一浪高过一浪，加强大学校园信息文化建设，形成健康的信息化环境势在必行。江泽民同志在十六大报告中强调："积极发展文化事业和文化产业。发展各类文化事业和文化产业都要贯彻发展先进文化的要求，始终把社会效益放在首位。"高校是社会主义精神文明建设的重要阵地，而大学校园信息文化建设是社会主义精神文明建设的极其重要的领域。高校是通过向社会提供人才和科技成果来推动现代化发展的。高校作为文化思潮最活跃的前沿阵地，其信息文化对于大学生的成长与成才、良好习惯的养成乃至民族的振兴、社会的进步都具有无法估量的作用。

---

① 衡均：《关于大学校园网络文化的定位与发展》，《电化教育研究》2001 年第 7 期。

因此，大学校园信息文化是否沿着先进文化的前进方向发展，将直接影响高级人才的培养和社会主义现代化建设的进程。

大学校园信息文化建设必须弘扬大学精神。大学精神是大学校园主流文化的灵魂和核心。科学的大学精神包括了自由精神、独立精神、人文精神、科学精神、批判精神和创新精神等相互联系的几个方面。它们既反映了大学教育的本质、办学规律和时代特征，也体现了先进的办学理念，体现着大学生的奋斗目标和价值追求。它既是大学的风格和魅力所在，又是大学的活力和生命力所在。在具体实践过程中，大学必须根据自身的特点给予信息文化建设以明确的定位。大学的具体情况不同，信息文化建设程度及其融入校园主流文化的程度都不一样。信息文化与大学的信息技术水平、大学生的认同水平等都密切关联。可以肯定的是，忽视大学信息文化的建设，或者使其边缘化，都将造成传统大学校园文化的故步自封与不合时宜。在当前及未来的大学校园中，信息文化价值的影响力正在并将继续增强，传统大学校园文化将会在与信息文化的冲突、对抗中，根据自身的需要吸收、融合信息文化的精华，从而形成信息时代的新的校园文化格局。此时的信息文化，已将其特殊性融入校园文化的普遍性之中，信息文化的特殊价值将会吸收校园文化的普遍价值并得到广大师生的认同，融入大学校园的主流文化中去。

（二）培养大学生对信息的识别、选择和利用能力

信息时代需要具有信息素养的人才。美国教育传播与技术协会在1998年提交的《关于信息素养的总结报告》中提出："有信息素养的人必须能够认识到何时需要信息，能够评价和使用所需要的信息，有效地利用所需要的信息；有信息素养的人懂得如何学习，即知道如何组织知识，如何找到相关知识信息，知道如何充分利用信息。"信息素养是现代社会大学生的基本素质，是信息时代大学生的基本生存能力，也是社会发展和国家繁荣的基础和动力。因此，大学要对大学生进行信息素养教育，特别是提高大学生的信息识别、选择和利用能力。西蒙早在20多年前就指出过：在信息时代，最稀缺的资源不再是信息本身，而是对信息的处理能力。这里的处理能力主要就是指选择和利用能力。正如国际21世纪教育委员会1996年向联合国教科文组织（UNIESCO）提交的报告《教育——财富蕴藏其中》提出："毫无疑问，个人获取信息和处理信息的能力，对于自己进入职业界和融入社会以及文化环境都是一个决定性因素。"所谓信息选择主要是指对大量的信息进行比较、鉴别和筛选，有效地排除不需要的信息，选取所需要的信息。正如OECD报告所指出的："选择相关信息，忽略不相关的信息，识别信息的形

式，理解和释读信息以及学习新的忘掉旧的技艺，所有这些能力都日益显得越加重要。”① 信息社会中，大学生面对着丰富、复杂且多样、多变的信息，而信息是不断增加的，加上大学生的时间、精力、能力是有限的，大学生对信息的识别就受到限制。大学生能够接受的信息也只是海量信息中的一部分，大学生对信息的选择也只是相对选择。但即使是一个相对的选择，也是在许多复杂信息中，根据自身的兴趣、爱好、需求等，在精品和次品、精华和糟粕中的艰苦选择，它是一个利益选择过程。另外，信息中不仅有精品和次品、精华和糟粕之分，而且也有价值大小的区别。不同的信息具有不同的价值，如工作、学习方面的信息和娱乐方面的信息就满足了大学生不同的需要，具有各自不同的价值；同样的信息对于不同的大学生也具有不同价值，如不同专业的大学生关注的信息是不一样的，同样的信息在不同年级的大学生看来承载不尽全相同的内容，同样的信息在同年级的大学生看来也具有不同的意义。因此，大学要在维护大学生根本利益的大前提下，优先选择对大学生最有价值的信息。

大学教师要成为信息素养教育和推广的先驱者或早期使用者，引导大学生成为信息创新学习的实践者，并逐步培养大学生系统提出和分析信息需求的能力，识别和评价信息源的能力，寻找信息源的能力，调查、选择和筛选信息源的能力，提取所需信息的能力，记录和储存信息的能力，解释、分析、综合、评价信息的能力，提供和交流研究成果的能力以及评价全部信息过程的能力，等等。② 大学生利用信息，就是把信息作为精神生产或者物质生产的要素，从而发挥信息的价值。信息具有功用特性，它只有在实践中被人利用，才能真正发挥其价值。信息利用是以信息选择为基础的，同时，信息利用能力和个人的知识、技能与素养等方面是紧密联系的。因此，要提高大学生的信息利用能力，就要从根本上提高大学生各方面的素质，要加强信息素养教育，就要加强素质教育。

（三）建设技术领先的信息化校园

信息化校园是一个非常广泛的概念，是以计算机网络为基础，从环境（包括设备、教室等）、资源（包括图书、讲义、电子课件等）到活动（包括教学、科研、管理、办公、服务、教学等）的全部信息化的系统。校园

---

① OECD：《以知识为基础的经济》，机械工业出版社 1997 年版，第 9 页。

② 于丰、杨振权：《论数字化时代高校信息文化的构建》，《沈阳建筑大学学报》（社会科学版）2008 年第 3 期。

信息化及其信息化应用系统构成了整个校园信息网络的神经系统，完成校园信息传递和服务。建设技术领先的信息化校园系统现在已经成为当前大学校园信息化建设的目标，它的建设为大学校园信息文化的发展奠定了物质基础。在加强校园信息化建设的过程中，不仅要建设一流的信息化硬件，更要丰富信息化的功能和优化信息内容，使大学校园信息文化在传播中争取占领制高点，把握主动权。① 高等学校是培养社会主义事业接班人和建设者的重要场所，信息文化要特别传播传统文化、民族精神、道德与法制等，使大学生在五光十色的信息面前保持清醒的头脑，不被垃圾信息所污染。

大学要建立开放的高技术的校园信息文化平台。通过信息文化平台，实现高校空间的互联互通、资源共享。这个开放的信息文化平台系统一旦建立，各地高校大学生都能随时在平台上获取丰富的信息，最大限度地学习国内外先进的信息文化，并能通过这个信息文化平台进行对外文化交流，使中华文化走向世界。这样，不仅不受时间、空间的限制，而且能够节约成本、缩短中间环节，促进国内外大学校园信息文化的融合，同时也为与国际接轨搭了一座便利之桥。② 这个“桥”就是文化之“桥”，它极大地丰富和发展了大学校园信息文化。大学校园信息文化建设和其他工作一样，必须不断创新，才有生机和活力。因此，加强大学校园信息文化创新意义重大，它是我们建设健康文明、乐观向上的大学校园信息文化的生命力。

大学校园营造良好的信息文化环境，对大学生具有巨大的感染力和熏陶作用。良好的信息文化氛围可以产生意想不到的效果，极大地促进大学生的心理健康水平。大学生在这种环境的影响和熏陶下，不断升华自身思想境界、良好的修养和高雅的审美情趣，使其自主性、创造性、环境适应性等多方面的素质得以提高，从而有效地抵制信息文化中的低级和庸俗的文化，从而保持心理健康。

（四）运用高科技手段控制不良信息传播

在信息社会里，信息是最为稀缺的资源，也是人们工作、生活、娱乐等各个方面都需要的资源。邓小平同志 1984 年著名的题词：“开发信息资源，服务四化建设”，正反映了政府与社会大多数人对信息资源的期望。因此，我们要营造良性的信息环境，以满足人们的需要，满足社会的期望。现代社

---

① 赵蜀蓉、陈烈：《我国高校信息文化的构建及其前景》，《西南民族学院学报》（哲学社会科学版）2003 年第 5 期。

② 张爱珍：《关于大学校园信息文化问题的研究》，《图书馆学刊》2005 年第 5 期。

会，信息内容丰富、复杂、多样，容易造成信息泛滥。即信息数量急剧上涨，流速不断加快，个人或系统所接受的信息超过其处理能力或有效应用的情况，又叫信息超载或信息过剩，往往使信息用户无所适从。① 因此，在倡导健康、积极、向上文化的大前提下，我们要及时根据人们的需要，及时整理信息，调整、更新、优化信息内容。尽管信息增长、更新的速度很快，但是信息中精品、精华的增长却是很有限的。因此，信息社会存在大量的信息垃圾，主要包括冗余信息、过时老化信息、虚假信息、污秽信息等。现在异常突出的大量的垃圾广告也属于信息垃圾。精品、精华的信息对人们的工作、学习、生活是很有用的，但是垃圾信息却对人们的心理健康起消极作用。

加强信息技术研究，运用信息技术手段控制不良信息文化，阻止不良信息文化的传播，从而达到消除信息文化负效应的目的。信息文化原本是以高科技为依托的，而现在消除其负面影响同样要借助于高科技。因此，通过技术途径，加强信息技术的研究力度，控制、删除、改造那些具有负作用的信息。目前，要大力发展信息存储、加工、处理、传输和检索技术；加强研究和开发信息安全技术，积极保护信息安全；要大力发展信息控污技术，进一步开发反病毒技术和信息监控技术。另外，在开发新技术时必须结合我国信息国情和实际需要，客观公正地评价新技术的潜力和影响，慎重决定技术的开发方向。② 同时，加强政策管理，规范信息行为。即国家运用政策手段来规范信息行为，打击信息犯罪，保护信息产权，加强对信息的合理利用与管理。国家通过制定一系列政策对全社会的信息活动进行指导，推动信息文化健康有序地发展。只有当学校管理者改变“信息技术至上”的观念并且开始关注信息本身和运用信息技术的主体——师生时，构建有效的高校信息文化才拥有了基础和保障。③ 因此，高校要保持学生的心理健康，必须用先进信息文化去占领高校信息阵地，并将这个阵地逐步扩大，引导大学生关注社会热点问题，通过信息文化进行平等和个性化的交流，帮助大学生解决具体问题，尤其在大学生的价值观选择和理想信念模糊的情况下提供建议和帮助，从而使学生树立正确的世界观、人生观和价值观，使他们在享受信息便利、快捷服务的同时，增强其心理素质。

总之，心病还须心药医。高校在密切关注信息文化对大学生心理健康影

---

① 林坚：《信息时代的信息选择》，《科技导报》2001 年第 1 期。

② 老颜武：《信息文化的负效应及其对策探析》，《科技创业月刊》2008 年第 6 期。

③ 肖阳：《高校信息文化探微》，《华北电力大学学报》（社会科学版）2006 年第 2 期。

响的同时，必须利用信息文化去重塑大学生新的文化体系，用先进的优秀的文化去占领学生的心灵，使大学生保持积极向上的乐观的健康心理。

参考文献：

1 卢泰宏. 信息文化导论：IT 会带来什么 [M]. 长春：吉林教育出版社，1990.

2 吕新奎. 中国信息化 [M]. 北京：电子工业出版社，2002.

3 柴庆云. 信息文化——人类文明的新形态 [M]. 北京：军事科学出版社，2003.

4 鲍宗豪. 数字化与人文精神 [M]. 上海：上海三联书屋，2003.

5 孟广均，等. 信息资源管理导论 [M]. 北京：科学出版社，2003.

6 董焱. 信息文化论——数字化生存状态冷思考 [M]. 北京：北京图书出版社，2003.

第五章　竞争文化对大学生心理健康的影响

在全球化、信息化背景下，在我国社会转型、经济增长方式转变的今天，竞争已成为社会发展不可缺少的因素。“物竞天择，适者生存”进化论理念在社会的各个领域都比以往任何时候都演绎得更普遍、更充分、更彻底。从微观方面而言，竞争是人们实现自我价值，展现其创造力的主要手段；从宏观方面来说，一个强大的民族，必然有全民族强烈的内部竞争意识和强烈的对外竞争意识。只有具有浓郁的竞争文化，这个民族才能兴旺发达，才能自立于世界民族之林。

竞争在经济社会中给个人发展带来巨大促进作用的同时，也给个人的心理健康带来极大的影响。在日益激烈的竞争中，为了不被淘汰，每个人都不得不竭尽全力地增强自己的实力。许多人为了在竞争中获胜，往往过多地关注自身的实力而忽略了正当的竞争价值取向，甚至采取相反的取向。如果个人受合理的竞争价值观指导，大家既竞争又相互合作，个人就能够健康向上，社会也将是充满生机和活力；如果个人被不正当的价值观取向所支配，为达竞争目的而不择手段，就很可能形成不健康的心理。

一、竞争文化对大学生心理健康影响研究综述

通过对近10年来研究文献的检索，关于竞争文化的研究成果比较少，而把竞争文化与心理健康结合起来进行研究的成果更是凤毛麟角。目前的研究主要集中在竞争和心理健康两个独立的方面。关于竞争研究，主要集中于经济管理方面，从经济学角度对竞争观念和竞争行为进行了细致而深入的研究，但是缺乏从文化学视角进行的研究；从教育学角度对竞争的研究，主要集中于如何通过教育的途径来帮助大学生形成竞争意识，树立竞争观；从哲学视角对竞争的研究，主要体现于价值层面的探讨；从心理学现有对竞争的研究来看，没能将竞争上升到文化的高度进行探究。但是，从检索的整体情况来分析，还是有所收获。

在中国知网搜索引擎中输入“竞争”后，得到相关论文38076篇，其

中“经济与管理类”论文有21470篇，“教育与社会科学综合类”论文仅有2162篇。“教育与社会科学综合类”文献对竞争的研究探索，主要是集中在竞争意识、竞争环境、就业竞争、竞争道德、体育竞争等方面。一是从竞争意识角度研究竞争问题。意识是行为的先导，竞争意识是竞争行为的主导力量。当今世界各种竞争日趋激烈，优胜劣汰已成为市场经济的标志，也刺激着人们不断地奋勇向前。但与欧美国家学生相比，我国学生竞争意识和能力相对较差，必须加强对学生竞争意识和能力的培养。二是研究竞争环境对人的心理影响。研究竞争环境是研究竞争文化的重要方面，遗憾的是虽然研究竞争环境具有重要的理论与指导意义，但10年间研究竞争环境的相关文献却寥寥无几，且研究得不够深入，针对性不强。公平公正的竞争环境是竞争文化所要追求的目标，也是每位竞争者孜孜以求的期望。高校能否采取一定的对策解决大学生竞争环境的不公平问题，把实现最大程度的公平竞争贯穿于高等教育大众化进程之中，乃是我国高等教育实现从规模走向质量的实质所在。[①] 三是对大学生竞争道德的研究。面对大学生因竞争带来的竞争道德问题，学者从不同的角度提出了培养大学生竞争道德的建议与对策。有从环境对人潜移默化作用的角度出发，要求营造公平公正的竞争环境（陈树生，2006）；何绍红则从大学生形成不良竞争道德的影响因素（社会因素、教育因素和心理障碍因素）出发，认为大学生要培养正确的竞争道德，必须有正确的道德观念、外在的健全良好的竞争机制，还必须有良好的竞争环境，以及竞争与合作的良性关系作保障。[②] 四是研究竞争与合作的关系问题。竞争与合作是一对矛盾，因此有人就认为两者水火不相容，要竞争就不可能有合作，要合作就不会有竞争。通过学者们对现实的考察与研究，竞争与合作并非势不两立、非此即彼。竞争与合作能力成为当代大学生适应社会、立足社会不可或缺的重要能力。另外，从大学生竞争与合作能力状况来看，大学生总体竞争意识比合作意识强，同时认为合作对个人和集体的成功很重要。大部分学生较为认同的是只有通过个人竞争才能体现自我的价值，即使是在合作中也要展现自己的能力，不甘落后。[③] 从竞争意识、竞争环境、竞争道德、竞争与合作等方面探究大学生与竞争的关系，从中也能发现关于竞争文化的研究，以及竞争文化对心理健康影响有关方面的研究，这些研究成果为

---

① 陈树生：《论大学公平竞争环境建设》，《教育发展研究》2006年第11期。

② 何绍红：《浅论当代大学生竞争道德的培养》，《广西师范大学学报》（哲学社会科学版）2007年第1期。

③ 王晶晶：《大学生竞争与合作能力状况的调查研究》，《天津市教科院学报》2007年第1期。

本研究提供了前提条件。

李海娟的《“软权力”竞争背景下中国传统文化的优势》（《商丘师范学院学报》2005 年第 6 期），认为“软权力”是价值观念、生活方式和社会制度的吸引力和感召力，是建立在此基础上的同化力与规制力。“软权力”竞争以文化、知识、制度的竞争等为主要形式，注重合作、说服和渗透，具有广泛、深刻、持久的影响力。中国传统文化讲求“和而不同”、博采众长、会通百家，主张以和为贵、平等相待、诚信合作、互利互惠，在“软权力”竞争中具有比较优势。朱忠敏的《大学生和谐竞争初探》（《铜陵职业技术学院学报》2011 年第 1 期），以大学生学习生活为切入点，通过对和谐竞争的诠释，认为和谐竞争是社会发展的必然趋势。大学生欲谋求长足之发展，必须逐步树立和谐竞争观：敢于竞争，克服自我放弃的缺点；善于合作，避免草木皆兵的现象；强化社会责任意识，力戒恶性竞争的趋势；构筑和谐竞争文化，杜绝恶性竞争的习惯。岳永德的《竞争与和谐之哲学省思》（《浙江社会科学》2007 年第 5 期），以梁漱溟先生的《东西文化及其哲学》为视角，着重从人生哲学和文化学的维度，对竞争与和谐的问题做了“动力学”的探讨。作者认为，竞争“以意欲向前要求为其根本精神”，和谐则“以意欲自为调和持中为其根本精神”，竞争与和谐乃是根本不同的两种价值取向，而不是同一价值取向下的简单选择。刘江、李晓静、饶丽雅的《与新生谈大学生竞争的心理——大学生竞争心理的调查与研究》（《内蒙古科技与经济》1999 年第 S2 期），就大学生竞争心理及其状况进行了系统调查研究。杨伟才的《大学生不良竞争心理及其调适》（《福建医科大学学报》（社会科学版）2006 年第 1 期），主要探讨大学生不良竞争心理及其成因，认为大学生要从树立强烈的竞争意识、保持积极的竞争心态、正确处理竞争与合作问题、加强竞争实力的培养等方面下工夫，培养健康的竞争心理，提高竞争能力。丁林的《大学生竞争心理探析》（《黑龙江高教研究》2004 年第 2 期），从面对日益激烈的竞争，部分大学生出现了恐惧、嫉妒、攻击和投机等不良心理。高校要从提升健康素质的高度，教育引导大学生树立强烈的竞争意识、采取正确的竞争方式和理性对待竞争的结果。余江舟的《浅析当代大学生的不良竞争心理》（《陇东学院学报》2008 年第 4 期），指出随着社会的发展，当代大学生面临着来自多方面的越来越激烈的竞争，许多大学生出现了不良的竞争心理问题。这些不良竞争心理的形成有其多方面的原因，只要学校、教师及大学生自己做好相关工作，大学生的竞争心理问题是能解决的。李岩的《浅议大学生健康竞争心理的养成教育》（《安康师专学报》2005 年第 4 期），从社会竞争环境入手，认为青年大学生的压力越来越大，往往会产生一些不健康的心理，必须从树立正确的人生观，客观地自我评价、关心集体、团结互助中去引导、帮助青年大学生走上心理健康之路。岑延远的《大学生竞争心理特点及影响因素》（《赣南师范学院学报》2009 年第 5 期），使用自编的大学生竞争心理量表对 1306 名大学生被试正式测量，比较他们在竞争心理各层面上的差异以及在年级、性别、家庭所处区域和家庭经济状况等方面表现出的竞争心理特点。结果表明：当代大学生总的竞争心理属于中等偏上水平，同时表现出一定的年级差异和性别差异；来自城市的学生在竞争策略上明显地高于来自村屯的学生，家庭经济状况良好的学生在竞争策略上明显地高于家庭经济状况中等的学生；性别、家庭所处区域与经济状况在竞争策略上的交互作用显著。岑延远、黄曼娜的《大学生竞争心理与人格特征的相关研究》（《中国临床心理学杂志》2007 年第 5 期），使用测量方法对 321 名大学生的竞争心理与人格特征之间的关系进行了研究。其结果：大学生五大人格中的严谨性、开放性和外向性与总体竞争的相关系数分别是 0.211、0.179、0.217，存在显著的正相关；神经质则与总体竞争存在显著的负相关（$r = -0.273$）。回归分析结果发现，神经质对总体竞争倾向存在着负向的预测作用，而外向性具有正向的预测作用；男生的竞争心理主要与神经质、开放性和外向性相关，而女生的竞争心理主要与严谨性和神经质相关。其结论：大学生竞争心理与人格特征的不同维度存在着一定的相关关系。卢水平的《地方高校大学生竞争心理分析》（《上饶师范学院学报》2011 年第 5 期），认为地方高校大学生竞争心理属于中等偏上水平；理工科专业在竞争心理的所有维度中全面高于文科专业；在竞争总分、竞争动机、竞争策略上男生远胜女生；竞争总分、竞争倾向、竞争策略表现为一年级较低，二年级较高，到毕业班又下降；竞争动机随年级升高反而降低；在竞争策略方面，独生子女得分明显高于非独生子女；非贫困生的竞争总分、竞争策略显著高于贫困生。所有这些研究成果为本研究创造了研究的前提条件，都具有借鉴意义。

二、竞争文化的界定

大学生是国家的栋梁，是社会的未来。他们通过寒窗苦读、频频竞争，最后脱颖而出；进入大学后，看到周围的同学都是学业上的佼佼者，逆水行舟，不进则退，必须参加学业竞争；为了更好地锻炼自己各方面的能力，必须参与校内各种团体活动竞争；背负父母的期望，十年寒窗苦读就是为了找到理想的工作，要在毕业后找到自己想从事的职业也必须竞争；等等。竞争文化深深地影响着大学生生活、心理的方方面面。

关于竞争，《现代汉语词典》的定义是“为了自己方面的利益而跟人争胜”。从这个定义我们可以得知，竞争存在的根本原因就是因为有价值的资源的稀缺性，资源的供给难以满足人们的需求。竞争的本质目的就是获得利益，以满足自己某方面的需求，而借以得到利益的手段就是竞夺。在市场经济体制下，竞争是一种普遍的经济机制，竞争的逐利本质得到彻底的体现，激发了人们对利益的欲望，也促进了市场经济的发展。在竞争作为一种普遍的经济机制发挥作用的过程中，最为关键的就是要调动人们的竞争心理。竞争心理就是关于如何看待竞争，怎样参与竞争等方面的心理状态。竞争的过程就是调动人的成就动机，激发人的情绪情感，克服人的安逸心理和恐惧心理等心理要素的过程。不同的学科领域探讨竞争问题时，都是从自身的原理与方法的角度出发的。

那么从文化角度又将如何看待竞争呢？竞争文化是指在竞争过程中，反映竞争方式和方法、竞争思想、竞争观念、竞争规则和竞争法律制度的文化形态。竞争文化是当代文化的一个重要方面，是一种生机勃勃的文化，一种充满活力和具有自我更新能力的文化。竞争文化与市场经济紧密联系在一起，在市场经济体制中得以确立、发展与完善的过程中逐渐积淀成形、羽翼丰满。

竞争文化的基本内涵是关于竞争的理念。理念是关于某种事物的看法与价值评判，是行为的先导，也是文化的影响力的体现。竞争理念是参与竞争者公平参与或积极创造并维护竞争活动秩序的内在自我要求与共性认识，即参与竞争者对竞争以及竞争规则的认同。竞争理念不仅直接影响参与竞争者的具体行为，而且还影响着有关竞争规则和相关法律制度的产生进程，及具体内容的设计与实施。因此，竞争理念是竞争文化的基本内涵，发挥着基础性作用。培育竞争文化在很大程度上归结于对人们的竞争理念的培育。竞争文化的外延是竞争理念影响下的竞争行为和制度设计。在同一种竞争文化环境中，有些人的竞争行为符合双赢的要求，希望所有的参与者都能够有所收获；有些人的竞争行为就有损竞争道德，或不择手段，或损人利己，以达到自己的目标。这些竞争行为均反映了在一定时期一定社会环境之下的竞争文化发挥作用的状况，体现着竞争文化的外延作用。竞争文化的内涵和外延是在竞争过程中，在竞争心理作用下所形成的系统。

文化本身就是人类实践活动的产物，是人类思想的历史集成，是人类历史的积淀。竞争由来已久，但竞争文化却是伴随市场经济而形成和发展的。

纵观中国文化发展史，在儒、佛、道三种思想交织的封建社会中，以及在百家争鸣的战国时期，诸子们对竞争虽然做出了独到的论述，但除了法家略微赞同竞争外，其他各家对竞争基本持反对意见，道家和佛教思想总体上是在努力泯灭人的竞争心理。从庄子的虚无主义到老子的“无为而治”，从儒教的“重义轻利”到佛教的“四大皆空”，无不要求人们放弃追求与进取的雄心。古人修身养性，清心寡欲，使人放弃追求和进取，让人守旧和无所作为，这对树立竞争意识有一定的弱化作用。

法家代表人物从“性恶论”出发，认为贪图私利、彼此竞争是人类的本性，它产生于人的固有的生存需要。这种需要是不可能消除的，只能用礼仪加以节制，用法制和官吏加以限制，以免引起社会的动乱和贫穷。作为主流思想的儒家思想虽鲜明主张“天行健，君子以自强不息”，但儒家思想中另一个核心的东西是“和为贵”，这就对人们形成良好的竞争心理产生了一定的阻碍作用。儒家从“性善论”出发，反对竞争，主张取消竞争，极力提倡中庸之道，想通过平均主义的方式消除竞争。以墨子为代表的墨家，主张兼爱和非攻，就其实质而言，带有明显的妥协性和退让性，与竞争也是相左的。道家更是反对竞争，比儒家有过之而无不及，主张无为而无所不为，“夫唯不争，故天下莫能与之争”①。

从汉武帝“罢黜百家，独尊儒术”到1840年中国被迫打开国门的过程中，竞争一直处于被误解、被贬斥的地位。在传统的中国民间观念中，多有贬意，一讲“竞争”多与争权夺利、争强好胜、尔虞我诈、排挤拆台、明争暗斗等联系起来。尽管有科举制所提供的竞争场，也形成了如过江之鲫般的读书、仕途竞争局面，但就整个社会的多维角度而言，在专制主义中央集权的政权主导下、自给自足的亚细亚生产方式的排斥下和“重义轻利”的儒家伦理思想的熏染下，竞争始终处于发育不良中。怀才不遇的文人骚客，以清心寡欲来平息心中不平，冲淡心中的失意。封建社会小农经济制度下的旧式农民，则更要时常用清心寡欲来进行可怜的自我安慰和自我麻醉。旧式中国农民有着十足的胆小怕事心理，常以“知足常乐”、“随遇而安”来训诫和管教后辈。在鸦片战争之后到新中国成立前期，社会各个领域都处于落后状态，有志之士都认识到国家、民族的危机。为了推翻“三座大山”，革命前辈进行了不懈努力，终于建立了社会主义的新中国，人民翻身得解放。人民反对帝国主义、封建主义和官僚资本主义的斗争，已经超越了竞争的范围，是革命的战争。当然，这种革命战争的背后较量仍然是实力的竞争。

新中国成立后，广大劳动人民成为国家的主人，劳动竞赛、争当先进，

① 老子：《道德经》第二十二章。

在社会主义的各行各业，蓬勃开展，社会发生了翻天覆地的变化，它极大地促进了社会主义事业的繁荣昌盛。但我们国家实行的计划经济体制不能很好地激发人们的竞争意识，竞争缺乏市场，人们的竞争意识比较淡泊，竞争文化无从谈起。只有改革开放以来，随着市场经济的逐步确立，竞争在中国大地蓬勃开展，它极大地促进了生产力的提高，促进了我国社会主义建设事业发展。竞争成为人们的一种生存方式，人们的竞争思想、竞争观念逐步强化，竞争规则、竞争制度、竞争法律逐步完善，竞争背后的文化内涵日益明显，竞争文化才应运而生。

人们的日常生活，时刻都发生、发展在特定的文化氛围和社会情境之中，每个人的行动时时处处都要受到文化的内在的指导和制约。由于文化与社会生活之间的复杂关系，以及每个学派或个人基于自己的知识背景、经历、偏好的差异，很难在文化的定义上达成统一的见解。按照马克思主义的观点，文化是从属于上层建筑的范畴，与它相对的是由生产力和生产关系组成的经济基础；经济基础决定上层建筑，而上层建筑反作用于经济基础。

从普遍观点看，文化是一个历史的概念。这可以从两个方面来认识：首先，一切文化现象都在一定的历史背景下存在、变异、发展，从而具有某一时代的特色；其次，文化是在历时传承的过程中积淀并确立了自身的传统，文化具有传承性。

竞争文化不仅具备文化的一般性特点，还具有自身独特的性质。第一，竞争文化唯一存在于人类社会。竞争广泛存在地球上的各种生物体的生存、发展过程中，但文化是人类社会独有的财产，是人之所以为人的本质体现。只有人类社会产生后，才开始有人类的文化。从这个意义而言，竞争文化只存在于人类社会。第二，竞争文化伴随着市场经济的确立而产生。竞争存在于人类社会发展的每个阶段，但这个时候的竞争普遍地只是出于“弱肉强食，适者生存”的本能反应，并未形成为一种独特的文化。在自给自足的小农经济社会，更是缺乏竞争可言，更何谈竞争文化。要形成竞争文化，必须满足广泛、自由、公平、公正的竞争这一前提条件。在市场经济体制下，人们主动地接受竞争、认同竞争，形成强烈的竞争意识，并能够在竞争过程中遵循竞争秩序和竞争道德。第三，竞争文化是充满活力的激励文化。竞争文化蕴涵着“逆水行舟，不进则退”的危机感，总是激发人们的进取心与成就动机，使人们普遍地接受“爱拼才会赢”的观念，并勇敢地去拼搏。当前在竞争文化的激励下，有些人实现了自己的梦想，创造了奇迹；有些人只能成为成功者的垫脚石。

培根说：“知识就是力量。”我们现在也说：“科学技术是生产力。”两者都在强调知识对推动社会发展的重要作用。“在这里，知识作为一种文化，被视为一套模式化的、程序化的符码或思想体系，在人的行动与其外部世界之间起到中介作用，在人与他人或社会之间起到整合作用。”① 竞争文化就在竞争者之间，竞争与社会发展之间发挥着作用。一方面，竞争文化对竞争起到规范引导作用。规范，当名词用时指行动过程中应该遵守的准则标准；当动词用时指行动合乎准则，是起到约束作用。竞争文化对竞争的规范作用体现于为竞争提供必要的行为准则，即使竞争合乎竞争的要求，特别是公平公正的准则。规范的最终目的在于引导，引向正当价值要求的方向。竞争文化对竞争的引导作用就是要引导人们树立公平公正、积极进取的价值理念。另一方面，竞争文化激励一个民族形成强烈的创新精神。竞争文化是一种充满活力的激励文化，能够促进社会生产力的发展。竞争总是伴随着成功或失败，只有通过不断的科技创新、管理创新和体制创新，才能在激烈的竞争中立于不败之地。从一个国家而言，要想在国际舞台上取得话语权，取得更大的影响力，也需要在科技领域不断创新，能够主导世界科技的发展趋势。在风起云涌的18世纪的英国，在利益的驱动下，人们不断在工业科技领域取得创新，奠定了英国称霸全球的基础。改革开放30年的经济成就雄辩地说明：缺乏竞争的计划体制，无法促进社会的整体生产力，给人们创造更好的物质、精神生活；只有在预期能够带来极大利益的竞争机制下，才能激发劳动人们的积极性与首创性，推动社会生产力的发展。另外，竞争文化对人们的心理还具有塑造作用。文化心理学的观点认为，文化与心理有着密切的联系，文化与心理或行为是相互构建的关系。在不同的文化语境下，心理总有文化的差异，“文化是人类活动的独特媒介在历史中的积累，是人类心理构建的中心角色，它参与并模塑人类心理的历程”②。

竞争文化对人们心理发生的作用，主要表现为一方面强化了人们的危机感和竞争意识，带来更大的成就动机、更强的奋斗精神。现在的社会为人们提供走向成功的条件和道路比历史上任何时候都还要多，还要自由。但在这种条件下，需要人们不断地竞争进取，才能时刻保持领先的地位，要不然就要被后来者赶超。另一方面也给人们的心理造成极大的压力，影响心理健康。任何竞争的过程都是体力与智力的比拼过程，更是心理素质的较量过程。当代社会的竞争往往比拼的不是智力与体力，而是抗压能力、受挫能

---

① 苏国勋、张旅平、夏光著：《全球化：文化冲突与共生》，社会科学文献出版社2006年版，第6页。

② 李炳全、叶浩生：《文化心理学的基本内涵辨析》，《心理科学》2004年第1期。

力，谁能顶住这些压力，谁就能笑到最后。

文化心理学的观点认为，文化影响着人们对制度性刺激的反应（J. R. Kantor）；如果文化是一个场，那么这个场就会赋予场内的行为以特定的意见和解释的方法（E. E. Boesch）；特定的文化影响着人们对意向世界和意向生活的解释，人们在捕捉和使用意向和资源的过程中会影响和改变每个人的心理（R. A. Shweder）。[①] 着眼于大学生对竞争的刺激反应，将大学生的竞争心理放置于现代文化价值观念的土壤之中，无疑对把握大学生竞争心理和解释大学生的竞争心理变化有独特的作用，扩展了研究大学生心理健康的领域。

正如曾文星所说："文化在无形中影响且塑造我们的行为表现方式，所面对的心理问题的性质，并左右我们对问题的处理方式，包括对困难的适应模式，以及遭遇挫折或生病时的反应与处理方式。"[②] 竞争文化无疑是与大学生最为密切的文化之一，与大学生心理问题的产生、解决也有着密切联系。竞争文化强化了大学生的危机感与竞争意识，当这种竞争强度维持在一定的限度内，竞争文化可以激发学生的成就需要和成就动机，并且能够使这种需要与动机维持在健康的水平，保持心理健康；但过分竞争却容易导致心理压力过大，导致心理不健康。因此，从竞争文化角度探究大学生心理健康问题，将从一个新的视角来看待大学生心理健康问题，提出更具针对性的解决方法。因此，从竞争文化角度研究大学生心理健康问题，就能够从深层次的文化理念、价值模式、思维方式等方面考察大学生心理健康理论。

感觉知觉、情绪情感、言语思维、人格动机等都是人的心理的基本要素。要研究人的心理，就必须考察这些基本的要素。但是这种考察必须放在具体的时代条件和具体的文化语境中，因为不同的时代、不同的文化语境对待同一种事物的态度是不尽相同的。例如，因为宗教传统不同，西方人对上帝有着强烈的尊崇感，希望能从上帝那里得到心灵的宽慰；我国的汉族人民从古至今均未有强制性的宗教信仰习惯，因此在心理上就不存在宗教的禁忌，更多的是以儒家的礼仪维持日常的伦常秩序。具体时代文化对人的感觉知觉、情绪情感、言语思维、人格动机等具有重要的重塑作用，其具体体现就是文化理念、价值模式和思维方式上的差异。从竞争文化角度研究大学生在新时代之下的感觉知觉、情绪情感、言语思维、人格动机等，对深化大学生心理健康理论研究大有裨益。

---

① 李炳全、叶浩生：《文化心理学的基本内涵辨析》，《心理科学》2004 年第 1 期。

② 曾文星编著：《文化与心理治疗》，北京医科大学出版社 2002 年版，第 4 页。

大学生的心理问题，往往是生活适应、学习压力、人际交往、就业竞争等要素错综复杂地交织在一起，而其中竞争是造成学习压力较大、人际交往不顺和就业困难的重要因素。研究竞争文化，健全竞争机制、完善竞争道德和优化竞争环境，有利于塑造健康的校园文化，帮助大学生在各种竞争性校园活动中调整自我心理状态，形成健康的竞争心理。从竞争文化的角度研究大学生心理健康，将为大学心理健康教育提供一条新的途径。

三、竞争文化对大学生心理健康影响的基本状况

本专题研究采用调查研究方法，调查采用自编调查量表，以中山大学在校学生（包括本科生、硕士生和博士生）和广东技术师范学院在校生为调查对象，共发放问卷 1000 份，收回 931 份，有效问卷 900 份，使用 SPSS V13.0 进行统计分析。其中男生 413 人，女生 487 人；大学一年级学生 415 人，大学二年级学生 62 人，大学三年级学生 199 人，大学四年级学生 105 人，硕士生和博士生共 117 人。通过调查发现，竞争文化对大学生心理健康有一定影响，其中积极影响和消极影响并存。

当前在人们的语境中，竞争还只是作为达到某种目的的手段来认识的，还未能从文化的角度对竞争进行思考。尽管如此，大学生对竞争文化还是有一定的认识。在调查中绝大多数学生（793 人，占 88.1%）认为竞争是一种文化，其文化性主要表现在（表 5.1）：第一，思想进取性。有 46.9% 的学生把思想进取性作为竞争文化的首要文化性。一部文化史就是一部思想的发展史，文化在本质上是思想的集合。竞争文化在人们的日常生活中发生作用，主要就是通过影响人们对竞争的看法，塑造人们竞争的意识，使人们能够普遍形成通过竞争开拓新领域、获得更好生活的思想习惯。第二，价值引导性。思想的外在形式就是形成价值认同。竞争文化通过在社会上潜移默化地传播关于竞争的思想，使人们在社会生活中接受、认同竞争的价值理念。我国传统文化倡导的是求和理念，讲究互惠谦让，不为利益而当面争执，这与竞争文化的理念相去甚远。但经过 30 多年改革开放和市场经济思维的洗礼，人们已树立竞争的意识，接受了竞争文化的理念。在调查中，有 30.7% 的学生认为竞争文化发挥着价值引导的作用。第三，物质利益性。人与人之间的关系归根到底是利益关系，其中最主要的是物质利益关系。人们参与各种竞争的目的就是为了获得各种所需资源以满足自己的利益需求。竞争文化的物质利益性满足了人们对利益需求心理，激发了人们参与竞争的积极性。第四，环境塑造性。竞争文化的环境塑造性主要是指通过关于竞争的

思想、价值的宣扬，在社会上形成竞争意识、竞争道德、竞争机制等环境要素。通过环境的潜移默化的影响，使人们接受竞争文化的理念。

表 5.1 “如果竞争是一种文化，那么竞争的文化性主要体现于”（*N*=793）

选项	频数	比例/%
价值引导性	244	30.7
思想进取性	372	46.9
物质利益性	113	14.2
环境塑造性	64	8.2

关于竞争的问题，西方主要心理学流派都对竞争与心理的关系做出了重要探索。早期的机能主义心理学深受达尔文进化论思想影响，逐渐摆脱构造主义心理学以分析意识内容为中心的研究目标，愈来愈关心有机体对它的环境的适应，从有机体“弱肉强食”的进化中考察其心理。后来的精神分析心理学派更强调竞争的本能起源。精神分析心理学的另一代表人物霍妮认为过度的个体竞争是一种病态人格，并把过度竞争归因于个体主义的文化背景之下，“在我们文化的竞争性斗争中，试图伤害竞争者以加强自己的地位或荣耀或压制潜在的对手，常常被认为是可取的手段”[①]。行为主义者否认本能论的遗传作用，认为人的一切行为都是后天习得的，是对外界刺激的反应。竞争中的成功者得到的利益和奖励对人们的行为起到了强化和示范作用，失败者同样得到了负强化作用。在不断的刺激与反应中，人们认识到了竞争的必要性、被动性和无奈性。人本主义认为，社会中的个体总会使用一定的价值尺度来评判自己，只有在社会设定的一定价值尺度上，个体才得到别人的注意和承认，个人才有价值。人们为了自我价值的需要而倾向于超越别人，总是试图采用竞争的方式超越别人。因此，利益的冲突或试图在社会比较中使自己处于优势地位的心理倾向，直接导致了日常生活中竞争的普遍性。人类学家本尼迪克特把这种民族性格归因于文化模式。[②] 20 世纪 90 年代，随着我国逐渐由计划经济向市场经济转轨，竞争在我国蓬勃发展，人们的竞争观念逐步增强，竞争文化渗透在人们生活的方方面面。与经济发展相伴随的是人们的价值观念也发生了翻天覆地的变化。以前，人们认为难以启齿的心理疾病，现在被越来越多的人认为是极为正常的现象。在竞争的过程

---

① K. Horney 著：《我们时代的病态人格》，陈收译，国际文化出版公司 2000 年版，第 63 页。
② 本尼迪克特：《文化模式》，商务印书馆 1988 年版。

中，即使结果不尽如人意，也能够以坦然的心理面对，并及时做出调整。

调查中涉及大学生对竞争文化与心理健康相关性的认知状况，即“您如何看待竞争文化与心理健康的关系”，调查结果如图 5.1 所示。从这些数据可以看出，绝大部分大学生认同竞争文化对心理健康起着积极作用，特别是在进取意识、成就动机、心理素质等方面给大学生的心理健康带来正面效应。尽管绝大部分学生对两者关系持正面评价，但仍然不能忽略小部分学生在两者关系上的不良认知。有些学生只看到竞争带来的不良心理影响，却不能辩证地看待竞争在促进人的积极性与进取性方面带来的激励作用，一概否定地看待竞争对心理的作用；有些学生在活生生的竞争与心理相互作用的事实面前却还认为竞争与心理健康没有关系。这些对竞争与心理健康关系的不良认知，需要引起足够重视。

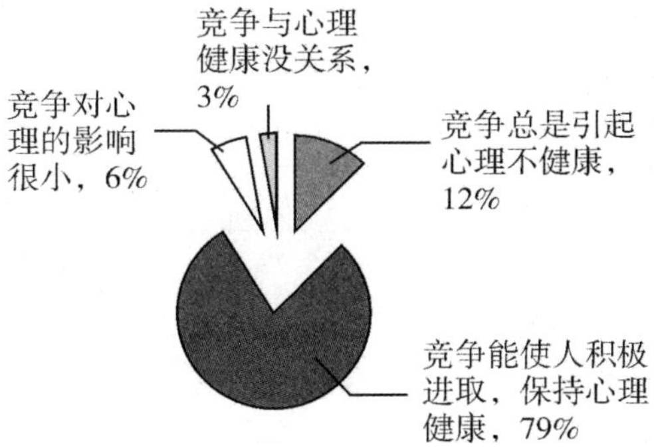

图 5.1　您如何看待竞争文化与心理健康的关系

对于“您对‘竞争’一词首先产生的联想是”，有 36% 的大学生认为是“激烈，甚至残酷”，35.4% 的大学生认为是“激励和动力”。对于“您认为现在社会的竞争是”，82.3% 的大学生认为社会竞争越来越激烈，78.3% 的大学生认为“社会需要竞争，没有竞争就没有发展”。对于“有同学认为现在潜规则太多，积极竞争也没好结果，还不如听天由命。您怎么看待?”，83.7% 的大学生肯定存在这种现象，但认为主流是公平的，仍会积极竞争；选择“完全同意，也会这样做”、“完全不同意，现在的竞争都是公平的”和“不关注公平不公平，只管竞争”三者的比例分别是 3.6%、2.5% 和 8.9%。从这些数据可知，大部分大学生能够较客观地对待现在的社会竞争，认同竞争对推动社会发展方面的重要作用。但也有部分大学生比较片面地强调竞争带来的心理压力和不良作用。表 5.2 的数据也进一步应证了这一结论。

表 5.2　大学生对竞争文化影响的看法

单位：%

选　　项	年　　级				
	一年级	二年级	三年级	四年级	硕博
在竞争中，您对自己正在做的事情？					
能够自始至终全神贯注	10.36	3.85	13.57	9.25	9.32
大部分时间里能够集中注意力	67.23	67.31	59.30	74.29	73.73
容易受外界影响，偶尔能够集中注意力	20.96	46.15	25.13	14.29	12.71
几乎被外界左右，不能集中精神	1.45	1.92	2.01	0.95	0.85
当面临竞争，您的心理状态是？					
竞争中能够有效地做出决定	41.93	44.23	50.25	54.29	51.69
因竞争而对自己没有信心	27.47	32.69	28.64	17.14	18.64
竞争中能享受自己的日常活动	39.04	46.15	41.21	35.24	38.14
因竞争经常处于紧张状态	56.63	76.92	47.24	53.33	57.63
竞争中感觉自己不能克服困难	25.78	40.38	31.66	26.67	20.34
竞争中感觉自己是一无是处的人	9.88	13.46	11.06	3.81	5.08
竞争问题会忧虑而睡不着觉	8.67	11.54	9.55	7.62	7.63
为某事竞争而牺牲人际关系	4.10	11.54	4.52	2.86	5.93
您认为竞争会给您的学习生活中带来的影响是？					
正面影响，会为学习带来动力	59.28	73.08	59.80	64.76	63.56
就业竞争压力大，对就业没有信心	16.39	34.62	31.16	21.90	25. 42
较为负面影响，使情绪不稳定	20.24	26.92	23.12	16.19	17.80

表 5.2 既反映出大学生在竞争文化影响之下能够对竞争对社会和自身产生的影响持客观的态度，并且总体上是积极乐观的；也反映出竞争文化影响下，大学生的心理状态不容乐观的一面。大学生经过一年级刚入学的新鲜与兴奋，到二年级已基本适应大学生活，突然感觉到自己面临的各种竞争与压力。从数据的整体走势可以看出，二年级学生的各项数据都是处在顶峰，可以说二年级学生的心理健康状态是大学生心理过程的一个分水岭。另外，表 5.2 的数据还显示，虽然大学生在竞争文化影响下的心理健康状况在整体上是令人乐观的，但也应该看到，这部分学生的人数比例并不高，基本上是在

70% 上下浮动；选择体现对心理产生消极影响的选项的大学生人数比例却不在少数。这说明，由竞争文化带来的压力感、忧虑感以及缺乏心理准备、情绪不稳定等方面的影响还是比较严重，并且有上升的趋势。

竞争文化对大学生竞争心理的影响不容乐观，主要体现于如下几个方面：一是由竞争文化引起的心理紧张程度过高，持续时间较长。斯坦利·霍尔将青年期称为“疾风怒涛”的、动荡起伏、不稳定的时期。大学生的整体心理尚未定型，充满着不确定性与可塑性，在对事物的评判中极端性倾向比较明显。这也影响着大学生对竞争持有的心理倾向。例如，对于“您对‘竞争’一词首先产生的联想”，有 13.2% 的大学生认为竞争带来的是无限的压力。压力存在于任何形式、任何阶段中，有竞争才会有压力，有压力才会推动参与者不断地挖掘潜力，奋发图强，不断前进；但部分学生却过分强调竞争带来的压力，造成自身心理负担。另外，对于选项“因竞争经常处于紧张状态”，各年级选择的百分比分别是 56.63%、76.92%、47.24%、53.33%、57.63%。竞争固然会引起心理紧张，但从这组数据可以看出，现在大学生在面对竞争时存在心理紧张程度偏高的现象。二是存在盲目参与竞争的从众心理。从众行为是社会心理学中的重要研究内容，即个体在群体的影响下，改变自身意见而与多数人取得一致的行为倾向。受周边竞争环境影响，部分大学生对竞争没有较客观全面的认识，带有很强的随意性和盲目性参与各种竞争。对于问题“有同学认为现在潜规则太多，积极竞争也没好结果，还不如听天由命。您怎么看待?”，有 8.9% 的学生认为“不关注公平不公平，只管竞争”。如很多大学生不做任何准备却参加研究生入学考试、公务员考试等，很大程度上就是一种盲从。三是大学生的竞争心理与切身利益密切相关。尽管竞争的本质就是逐利，就是通过竞争以获取自己需要的稀缺资源，以实现自身利益，因此大学生的竞争心理必然与其切身利益相关。但是部分大学生只看到竞争带来的自身利益，而忽视了竞争可能带来的整体发展和竞争过程中他人的利益诉求。由于片面看重竞争带来的利益，在人际关系处理中容易伤害同学感情，破坏同学之间的和睦关系。对于问题“当面临竞争，你的心理状态是?”，有 42 人选择“为某事竞争而牺牲人际关系”，占 4.6%。能否顺利就业，以及带来预期利益的实现也与大学生的竞争心理有着密切关系。当前很多大学生的心理状况处于亚健康状态，很大程度上是受到当前严峻的就业形势和急剧增加的生活压力的影响。四是在竞争文化影响下，大学生对竞争存在信心不足的现象。图 5.2 中的三个选项均是围绕大学生在竞争过程中的自信心展开的。这些数据清晰地反映出大学生在参与竞争的过程中和处理面对的困难时自信心严重不足。

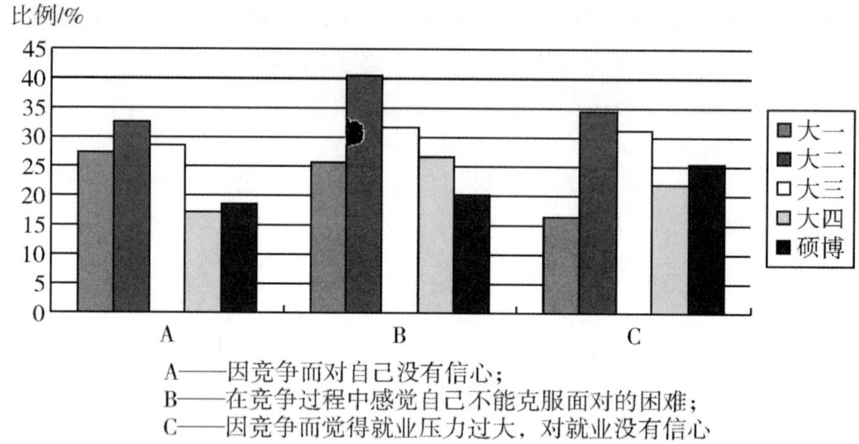

图 5.2　竞争文化下的大学生自信心调查

四、竞争文化对大学生心理健康的积极影响

随着高等教育改革的深入发展和竞争机制的引入，逐步形成学生与市场“双向选择”就业机制、奖学金机制、“中期分流”机制和教师“挂牌教学”机制、科研项目公开招标机制、后勤社会化机制等，竞争文化在高校迅速发展。大学生在物质需求、知识需求、交往需求、情感需求和成就需求等方面都受到来自竞争的压力。在调查中，涉及竞争文化对大学生心理健康的影响的选项如表 5.3 所示。

表 5.3　“您认为竞争文化会给您的学生生活带来的影响是”（$N=900$）

选　项	频数	比例/%
正面影响，会为学习带来动力	547	60.2
因竞争而觉得就业压力过大，对就业没有信心	201	22.1
较为负面影响，使情绪不稳定	182	20.0
使自己富有进取意识	461	50.7
使自己富有危机感	557	61.3
因竞争而使自己富有成就动机	305	33.6
因竞争而使自己总是有挫败感	135	14.9

第一，竞争文化提升了大学生的危机意识。危机意识是人们面对涉及自身利益和充满不确定的境况而产生的焦虑和紧张的心理状态。一个国家如果没有危机意识，这个国家迟早会出问题；一个企业如果没有危机意识，迟早会垮掉；个人如果没有危机意识，必会遭到不可测的困境。因此，保持适度的危机意识对国家和个人的发展都具有促进作用。人们常说因为日本是岛国，所以日本人有特别强的危机意识，所以才能在科技领域不断地推陈出新，保持强劲的竞争力。大学生就是一个个孤立的岛，为了能够在学校得到更多的锻炼机会和毕业后在社会上找到自己的合适位置，他们深深地感到自己的不足和与社会要求的差距，形成了强烈的危机感，从而促使自己不断地学习，不断地实践，努力提升自己的能力。在竞争氛围日益浓厚的今天，觉得大多数学生都能强烈地感觉到危机无处不有，在调查中有 61.3% 的学生认为“竞争使自己富有危机感”。正如哈维格斯特（R. J. Havinghurst, 1952）所认为的那样，人的一生中，各个发展时期都有其相应的发展课题和任务。大学生面临学业与就业的前途问题，发展性无疑是大学生危机意识最为主要的特点。大学生一般都在 18～25 岁之间，正处于青年初期。这个时期的大学生生理成熟，但心理发展处于由不成熟向成熟转变的时期，同时他们的社会化程度又滞后于心理发展。在这种情形之下，大学生的危机意识具有易发性和起伏性。此外，大学生的危机意识容易片面，只看到“危”，而看不到由“危”带来的“机”。

第二，竞争文化强化了大学生的成就动机。所谓成就动机，是指个体对驱向成就的内在动力。A. Murry（1938）认为：凡是成就动机高者，在从事任何工作时，都会设定较高的目标，并能全力以赴，以期做到尽善尽美的地步。因此，成就动机被认为是具有持久性的人格特质之一。根据阿特金森（J. Watkins）的成就动机理论，个人的成就动机可以分成两部分：其一是力求成功的意向，即人们追求成功和由成功带来的积极情感的倾向性；其二是避免失败的意向，即人们避免失败和由失败带来的消极情感的倾向性。这两种意向同时存在并作用于个体，但是它们各自驱使着相反的心理机能，成就动机的大小取决于它们冲突的结果。[①] 费兰克和布鲁姆通过调查发现，人们参与竞争的动机主要包括如下方面：为了提升个体的能力，渴望获得胜利，促使自己加倍努力，满足于竞争中良好的表现，挑战困难的兴趣。[②] 当

---

① 全国十二所重点师范大学编：《心理学基础》，教育科学出版社 2002 年，第 70 页。

② E. Franken, J. Brown, *Why Do People Like Competition*, Great Britain: Elsevier Science Ltd, 1995, pp. 175-184.

代大学生的价值观念越来越务实，希望通过自己的努力实现自己的梦想。因此，他们非常关注专业技能的训练，在实践中提高自己的竞争能力。许多大学生已经不满足本科毕业，他们考研究生、考托福、考雅思以及各种证书。他们清楚地认识到，自己身处竞争激烈的现代社会，必须认真地规划自己的人生发展，在激烈竞争的社会成就自己的一番事业。在调查中也可以看到，有60.2%的大学生认为“竞争文化给自己的生活学习带来正面影响，会为学习带来动力”。同时，在关于“成就动机”的调查中，有33.6%的大学生认为“因竞争而使自己富有成就动机”。

第三，竞争文化培养了大学生的进取意识。进取意识作为主体的人为不断提升自己的能力和实现自己的价值的自觉认知。列宁说：“竞争在相当广阔的范围内培植进取心、毅力和大胆精神。”① 竞争能坚定意志，激发潜能，开启智慧，是提升工作质量或效率的重要手段。竞争文化培养大学生的进取意识主要是表现为自主意识的强化和对自身利益的追求。旺盛的竞争心理，实质是强烈的事业心和责任感的一种内心体验，培养和发展它，有利于大学生在追求真理的道路土，不畏艰险，勇于向既定的目标前进，力争做出更大的贡献。高校竞争机制的引入，激发了大学生的进取精神，培养了大学生的竞争意识。竞争文化培养大学生的进取意识还表现为全面提高自身能力素质的努力。在竞争活动中，他们为了提高自身的竞争力，注重基础知识的学习和素质的提高；注重理论与实践的结合，积极参加实践锻炼活动；注重与国际接轨，努力学习外语，积极参加国际学术会议和外事活动；注重包装自己，努力展示自己的优势，回避自己的薄弱方面。

第四，竞争文化提高了大学生的心理素质。心理素质是人的整体素质的组成部分。一个人的心理素质是在先天素质的基础上，经过后天的环境与教育的影响而逐步形成的。心理素质包括人的认识能力、情绪和情感品质、意志品质、气质和性格等个性品质诸方面。在走向21世纪的今天，人的心理素质显得越来越重要。在学校和家庭教育中重视对少年儿童的心理素质教育，也成为社会和时代的要求。现在的竞争不仅仅是知识能力的比拼，某种程度上说，更重要的是心理素质的较量。竞争一方面为大学生的个性全面发展提供了广阔的天地，给每个人发挥长处、抑制短处、夺取优势的均等机会。这就促使大学生不断提升心理素质，一些不利于竞争的心理素质如惰性心理、定势心理、侥幸心理、投机心理、习惯心理等会逐渐受到抑制，一些良好的心理素质如创造心理、能力心理、求实心理、合作心理等则会得到强

① 《列宁选集》第3卷，人民出版社1995年版，第302页。

化。另一方面，在大学激烈的竞争环境中，通过各种各样的竞争，在竞争过程中不断地自我肯定积极的因素，增强自信心，克服自卑感，不断地进行心理调节与情绪调节，大学生的心理素质得到了提高，他们能够以正确的心态迎接挑战和竞争。在挫折面前，他们能较快地调整心态，以新的面貌投入学习和生活，以积极的心态迎接下一次的挑战和竞争。

五、竞争文化对大学生心理健康的消极影响

竞争文化给大学生带来了积极影响，也给大学生心理健康带来了不容忽视的负面影响。大学生生理、心理、社会化程度处在不同阶段，使一些大学生面对激烈的竞争感到无所适从，紧张、焦虑，不良情绪随之而生，心理健康受到影响。在调查中涉及竞争文化对大学生心理健康的影响的情况如表5.4所示。

表5.4　“当面临竞争，您的心理状态是”（$N=900$）

选　项	频数	比例/%
在竞争过程中能够有效地做出决定	416	45.80
因竞争而对自己没有信心	228	25.10
在竞争过程中能够享受自己的日常活动	351	38.60
因竞争经常处于紧张状态	493	54.20
在竞争过程中感觉自己不能克服面对的困难	243	26.70
在竞争中感觉自己是一无是处的人	80	8.80
听到同学谈论竞争激烈，会忧虑而睡不着觉	78	8.60
为某事竞争而牺牲人际关系	42	4.60

（一）竞争文化给大学生个性带来的不良影响

一是大学生容易因过度竞争而产生情绪障碍。过度竞争是新精神分析学家霍妮（Karen Horney）关于竞争与心理的重要概念之一。她认为过度竞争是指个体为了提升自我价值而不择手段和代价去争取胜利。这种人具有控

制、攻击、冒险和贬损他人的倾向，同时取得胜利已经成为这种人无可选择的需要。① 过度竞争现象在大学生中也是普遍存在的，广泛体现在大学生的学习、人际交往、就业等领域。为了达到自己既定的目的，部分大学生不惜损害别人的利益，损害同学、朋友关系。部分大学生因过度竞争而出现恐慌心理、就业焦虑、就业期望过高、择业偏执以及在自我意识上认知不准确、不全面等。具体表现为：①非理性消费严重。有的大学生不顾自己的现实情况，过度地与别人攀比，享受奢侈的物质需求。据吴琪在 2009 年对上海金融学院 300 名在校学生的调查结果（表 5.5），存在非理性消费的学生群体还占不小的比例。②学术欺骗。有的大学生为了能在短期内提升自己在学校各项指标上的竞争力，考试作弊、剽窃文章等。还有部分大学生心存幻想，以向老师送礼等形式以求考试过关、考研过关。③就业恐惧，定位不清。大学毕业生就业形势严峻已为世人共睹，但只要自己定位清晰，转变就业理念，仍然能够顺利就业。有些大学生被严峻的就业形势击倒，迷失了自己，不管合适不合适，不顾自己的职业兴趣，盲目参加各种招聘会，带来人力物力浪费，更为严重的是增加了自身的心理负担。

二是竞争中的个人利益至上而导致大学生的合作意识淡化。在市场经济和西方价值观念的影响下，大学生普遍存在较强的个人利益意识。特别是在高校扩招，中国的高等教育迅速由精英教育转变为大众教育之后，大学生面对的最直接的后果就是就业难与生存成本增加。不少大学生抱怨或调侃自己是“倒霉的一代”，什么都赶上了而什么又都没有赶上。“在我们读小学的时候，读大学不要钱；在我们读大学的时候，读小学又不要钱。在我们还未找工作的时候，国家包分配，还有福利分房；当我们找工作的时候，工作不好找，房价还老高。”巨大的生存和竞争压力，使得大学生感到很压抑和疲惫，他们忙于奋斗自己的车子、房子、票子，“到沿海去，到挣钱最多的地方去，到工资待遇最好的地方去”成为他们最现实和迫切的目标和要求。在家人的殷切期望和巨大的社会压力下，当代大学生变得越来越务实，功利主义、实用主义、利己主义在当代大学生中变得越来越普遍。

---

① M. Ryckman, B. Thornton, “Personality Correlates of the Hypercompetitive Attitude Scale: Validity Tests of Horney's Theory of Neurosis”, *Journal of personality assessment*, 1994, Vol. 62, No. 1, pp. 84-94.

表 5.5　几种消费观念的赞同度

单位：%

消费观念	非常同意	同意	不同意	非常不同意
勤俭节约，永不过时	38.9	51.5	7.0	2.7
生活应该量力而行，不能入不敷出	51.8	46.6	0.8	0.8
生活不能只讲吃穿，娱乐和休闲也非常重要	38.8	56.1	3.1	1.9
使用比流行更重要	36.4	46.2	11.6	5.8
能挣会花才是现代人	36.7	41.4	15.4	6.6
只要自己喜欢，价格贵贱无所谓	19.8	39.5	34.7	6.0
消费只讲究品位，追求个性	14.2	26.2	49.6	9.9
我造成分期付款，超前消费	15.0	36.6	38.6	9.8

资料来源：吴琪：《大学生消费状况的调查研究》，《山西财经大学学报》（高等教育版）2009年第1期。

有的大学生在竞争中表现出封锁、隔离、各自为战，为了自己的利益，采用极端的竞争方法或不择手段；甚至对其他同学进行排斥、互相嫉妒或采取敌对的态度；更有甚者，对集体利益漠不关心，甚至损害集体利益。这样，逐步形成了他们独来独往的行为方式，并逐步脱离集体，形成孤僻性格，导致严重的心理异常。有的学生不仅没有合作意识，甚至打击报复同台竞争者。这种心理在一些独生子女大学生身上表现较为突出；他们表面上自负，其实是为了掩饰内心的自卑。竞争一旦失败，他们往往把过错全推给别人；有的采取报复的处理方式，甚至对他人造成伤害，走上犯罪的道路。

三是竞争压力增强而造成大学生的心理问题日趋严重。大学生面对当前的竞争环境，无不紧张愁眉，不仅高年级有竞争心理压力，而且有向低年级蔓延的趋势。在项目“您认为现在社会的竞争是”的调查中，选择“竞争越来越激烈”的有748人，其中各年级人数占其基数的比例如表5.6所示。

表 5.6　大学生选择“竞争越来越激烈”的年级分布

单位：人、%

年级	选择人数	总人数	比例
一年级	334	415	80.5
二年级	56	62	90.3
三年级	173	199	86.7
四年级	88	105	83.8
硕博	96	118	81.4

由于竞争引起的大学生心理不适，主要表现在：心理上渴望竞争，但缺乏竞争的勇气；对公平竞争机制持怀疑态度，怨天尤人。有些学生面对来势汹汹的竞争内心极不安全，害怕别人超过自己，所以敏感多疑，甚至走极端，常常是害人害己。有的大学生看到其他同学的成绩、才华或政治上的进步超过自己时，心理就不舒服、不愉快，甚至采取贬低、忌恨、攻击和背后议论等方式进行诋毁，甚至造谣诽谤，等等，产生严重的嫉妒心理；面对竞争，有的大学生出现担忧、紧张、不安和怯懦、逃避等恐惧心理，尤其是面对就业竞争更是无所适从。这种怯懦、逃避竞争的心理无疑对竞争本身不利，更重要的是会直接危害个人的心理健康。也有的大学生对竞争跃跃欲试，期望值很高，一旦竞争受挫，便消极对对待，或自暴自弃，或玩世不恭。调查显示，有 14.17% 的大学生认为竞争是无情的，为了不受失败的打击，逃避竞争也不失为上策；有 11.52% 的大学生对今后要面对激烈的社会竞争心理感到害怕。[①] 攻击伤害也是竞争压力之下大学生心理问题的重要体现。一些大学生在竞争中失败后，往往不能接受严酷的现实，更没有冷静客观地查找原因，有的不加分析地直接对竞争对手采取敌对性或报复性行为；有的采取破坏公物行为发泄愤怒情绪；有的因为竞争失利，而失落、无望、绝望，当直接向外攻击无效或攻击招致更大痛苦时，便将自身作为迁怒的对象，把攻击对象转向自己，责备自己无能、不争气等，甚至走上轻生的道路。根据调查，当问及在竞争失败时，有 25.43% 的大学生认为自己会产生自卑和自责心理，并怀疑自己的竞争实力；有 20.63% 的大学生认为自己会攻击他人或破坏公私物品。[②]

（二）竞争文化给大学生心理带来的不良影响

随着我国经济体制转型升级，市场对人才的要求越来越高，而大学生扩招引发的人才供应相对过剩的现状更加剧了大学生走向社会的竞争。调查结果显示，在日益严峻的竞争形势面前，大学生的不良竞争心理日趋普遍。具体表现为：

一是激烈的竞争使部分大学生对竞争产生偏执心理。在心理学上，偏执指病态的自我援引性优势观念或妄想，常见的是关于被害、爱、恨、嫉妒、

---

① 杨伟才：《大学生不良竞争心理及其调适》，《福建医科大学学报》（社会科学版）2006 年第 1 期。

② 杨伟才：《大学生不良竞争心理及其调适》，《福建医科大学学报》（社会科学版）2006 年第 1 期。

荣誉、诉讼、夸大和超自然力的妄想。在竞争中的偏执心理是指个体对竞争过度敏感，不能客观、全面地认识看待竞争而形成的心理状态。在部分大学生身上表现为不能正确、客观地分析竞争形势，往往从个人感情、个人利益出发看待竞争过程和竞争者，对竞争极度敏感，又嫉妒脆弱，容易以点盖面地否定竞争过程的公正性和公平性，容易把竞争失败归咎于客观因素或竞争参与者。有 8.8% 的学生认为当面临竞争时，会感觉自己在竞争中是一无是处的人。

二是为避免竞争失败，部分大学生对现状产生安逸心理。安逸心理是指个体害怕失去既有成就而不思进取、安于现状而形成的心理状态。出于对未知的恐惧和对安全的本能需要，人总是容易害怕失去已有的东西，固守已取得的成就。安逸心理就是这种追求稳定和害怕失去的心理的体现。大学生的安逸心理主要表现为：部分大学生怕吃苦，怕担当风险，一旦取得某种成就就易于满足、守成稳健、不思进取；部分大学生对父母提供的良好读书机会无动于衷、奢侈浪费，在学校虚度光阴、瞎混日子，走向社会就对父母的财产坐享其成。调查显示，有 24.8% 的大学生认同“如果工作稳定，我不再想去参加竞争”的价值取向。另外，据杨伟才 2006 年对福州市 6 所高校 800 名学生的调查显示，有 10.86% 的大学生把追求平稳安逸当作自己的处世准则，有 16.29% 的大学生平时最喜欢参加的活动是没有对抗而又无关胜负的活动。[①]

三是部分大学生对竞争产生恐惧心理。恐惧心理是个体对自己不自信而害怕竞争，从而产生担忧、紧张、不安和逃避的心理状态。在市场经济条件下，社会对人才素质的要求不断提高，就业制度的彻底改革，人才需求市场化和就业竞争的加剧，家庭对子女的期望值增加，以及大学生自我实现的愿望逐渐增强，等等，均使大学生面临前所未有的巨大压力。但由于大学生人生经历不够、心理承受能力有限和需要承担的负担过重，使得一些大学生产生自卑心理，不敢加入竞争的行列。有的大学生缺乏必要的职业生涯辅导，对自己没有清晰的职业生涯规划，对自己的人生定位不清，更由于自我期望过高，最终在竞争中收获失败的结果，从而对各种竞争失去信心，产生畏惧。调查显示，有 14.17% 的大学生认为竞争是无情的，为了不受失败的打击，逃避竞争也不失为上策；有 11.52% 的大学生对今后要面对激烈的社会竞争感到害怕。

---

① 杨伟才：《大学生不良竞争心理及其调适》，《福建医科大学学报》（社会科学版）2006 年第 1 期。

四是面对激烈的竞争，部分大学生对竞争产生投机心理。投机心理是指个体企图在竞争之前不投入艰苦的努力，在竞争过程中又想凭小聪明或不正当手段在竞争中取胜的一种心理状态。在社会转型时期，由于法制不健全、制度不规范和道德在一些领域失范，投机取巧以谋求利益的行径大有人在。一些学生受到社会消极面的影响，钻竞争道德缺失和竞争制度不完善的空子，采取考试作弊、论文注水、毕业生推荐表中填写假成绩、造假技能证书或荣誉证书、走后门、托关系、送礼品等手段在竞争中占得先机，赢得竞争胜利。对上述行为，有相当一部分大学生认为是可以理解或是理所当然。调查显示，有25.03%的大学生认为考试作弊可以理解，不应过多指责；有5.43%的大学生认为有机会自己也会试一试；对于“如何看待毕业生求职简历中的‘添加水分’现象”，有55.10%的大学生认为可以理解，有12.72%的大学生认为不添就要吃亏，有4.11%的大学生认为无论什么手段，能保证就业就行。

竞争文化对大学生心理健康产生消极影响的原因可以说多方面的，既有社会大环境、学校教育的原因，也有大学生自身方面的因素。从竞争文化内质方面探讨对大学生心理健康产生消极影响的原因，应该不失为一种有效方法。当然，作为竞争文化的主要参与竞争者（大学生）自身方面的原因也是不容忽视的。

首先，竞争中过分强调物质得失而忽视了精神享受。改革开放30多年来，我国在经济、政治、文化、社会等领域取得了一系列令人瞩目的成就，社会结构、经济格局、利益结构和价值理念均发生了翻天覆地的变化。在这一系列变化中，大学生的价值观念也发生着激烈的变迁。在这些成就和变化的背后，竞争文化发挥着极大的激励作用。人们的思想逐渐得到解放之后，主体需求渐渐苏醒，人们发现只有通过自己积极拼搏、努力进取才能创造更多的财富，满足自己的欲求。为发展社会经济和激活社会活力，国家在政策引导和思想宣扬上也鼓励人们创造财富，丰富社会物质生活。物质丰富成为一种生活方式，成为人们借以考评生活满意度和幸福感的唯一依据，成为衡量人生价值的绝对准则。在这种渴望成功和物质需求的作用下，竞争文化越来越重视对成功的物质性评价，强调财富和拥有物对个人生活的重要性，越来越重视物质成功对个人价值实现的意义。调查显示，分别有49.9%和26.8%的学生认为竞争文化的文化性是体现在思想进取性和价值引导性上。如果竞争文化越来越重视物质成功的话，就会在价值上强化人们成功是物质的成功的观念和进取是获得更多物质财富的行为。在这种竞争文化影响下，大学生容易产生两个问题：第一个问题是信仰唯物质主义，导致功利主义至上。物质主义的要义是全心沉迷于追求物质，导致忽视精神层面的生活方式，对物质的兴趣完全表现在生活方式、意见及行为上。物质主义在大学生身上一方面体现为行为的取舍以物质上能否实现作为尺度，功利主义倾向明显。据一些网络媒体的调查，现在的女大学生在择偶的标准中，首先看重的就是对方的票子、房子、车子，纯真的爱情在她们的择偶过程中成为可有可无、不值一文的点缀。另一方面体现为消费主义盛行。随着市场经济的发展，在广告宣传和营销策划的共同作用下，消费作为人们事业成功和生活美好的体现得到人们的普遍认可。在这种社会消费浪潮中，大学生追求名牌、消费奢侈品、超前消费等成为时尚，甚至造成盲目攀比，这又与其自身的经济能力和生活学习的核心任务相矛盾，引发对父母的拿来主义，造成恶性循环。第二个问题是价值信仰矛盾冲突，引发心理问题。国外一些学者的研究表明，物质主义与个人对自身财务状况、职业成就方面的满意度存在负相关关系，而与社会焦虑、依赖及自我批判等因素呈正相关关系。[①] 竞争文化强调成功的物质性的价值理念，容易在大学生身上造成价值信仰冲突矛盾。当前我国主流意识形态宣扬集体主义的价值取向，教育学生在奉献中成就自己的人生价值，更强调在精神领域的价值。这虽然不压抑个人利益的实现，但却容易被社会的物质价值取向所冲击。在社会价值评判和学校价值教育的选择中，容易造成学生不知所从，产生价值信仰矛盾。这也就不难理解，学校的价值教育备受批驳，学生走向社会后发现所学所用完全脱节的现状。价值信仰稳定是人们心理稳定的基础，在价值信仰矛盾冲突之下，容易造成大学生情绪波动起伏，心理更迭频繁。

其次是传统文化对竞争观念的影响。我国的传统文化源远流长，其中儒、道两家的思想影响最为深远。儒家的“入世”思想对中华民族的文化心理产生了深深的影响，但这种“入世”思想又与家庭人伦、社会关系紧密地联系在一起，这就形成了中国人的他人取向型的性格特点。这种他人取向型的性格特点使中国人的人格组成中不可避免地包含了更多他人的因素，在生活中特别注重别人对自己的评价，在内心上有刻意追求自我压缩、印象整饰和依赖、遵从他人的倾向。尽管经过改革开放、市场经济和外来价值理念对传统价值思想的解构，但这种追求人际关系和谐、求稳不求变的心态仍然深深根植于普通民众的心理品质中。这种性格特点与竞争所要求的张扬自我、舍我其谁、不断进取的精神是相矛盾的。尽管现在就业竞争异常激烈，

---

① 戚海峰、费鸿萍：《物质主义对当代中国人心理影响的分析》，《山西财经大学学报》2008年第3期。

但很多大学毕业生仍然放不下面子、放不下铁饭碗思想，不敢投身于激烈的市场竞争锻炼磨砺，一心想着挤入公务员行列或事业单位。道家“出世”、“无为而治”的思想是影响我国民众文化心理的另一重要思想。道教文化崇尚自然、返璞归真、放达、逍遥的思想，主张万物运转自有其定律，人的力量是渺小而无可为的宿命论。这种价值理念助长了大学生面对日益加剧的生活压力和发展的竞争压力时的逃跑、安逸心理。据美国著名咨询公司美世公司（Mercer）2009 年 7 月 7 日发布的《2009 年全球生活成本》调查报告显示，在排名前25 位的城市中，中国占了4 个，分别是北京（第9 位）、上海（第12 位）、深圳（第22 位）和广州（第23 位）。[①] 另外，全国各地的房价节节飙升，已令众多大学毕业生望房兴叹。急剧增加的生活成本使原本想通过竞争改变命运的众多大学生产生了对竞争的恐惧与绝望，觉得与其苦苦挣扎，不如及时行乐的享乐主义思想滋生。

再次，竞争机制不健全容易导致大学生对竞争结果的怀疑。机制在本意上是指有机体的构造、功能和相关关系；在任何系统中，机制都起着基础性、根本性的作用。竞争文化的机制就是由竞争思想、竞争观念、竞争规则、竞争法律、竞争方式等相互作用而成的整体。竞争文化机制功能的发挥受制于各组成部分共同发挥的作用。但我国竞争文化的体制存在不健全状况。首先，在各种竞争过程中，竞争规则缺失严重，不按规则竞争的现象时有发生。在商业竞争中，非法使用竞争对手的专利、商标、商号、姓名、奖牌等时有发生；向外界提供有关商品的品质、用途、制造方法等假情报屡见不鲜；用行贿、受贿、敲诈等非法手段盗取竞争对手的营业秘密，收买竞争对手的职员或代理人为自己牟取暴利的不正当方法层出不穷。在与大学生密切相关的就业竞争中，各种拉关系、走后门的不正当竞争也不在少数。很多单位在人才招聘过程中，形式上是机会均等、程序公平公正，但实质上只是做样子、走过程，所需人员早已内定好。这种不公平竞争不免使大学生戴着有色眼镜看当前的许多竞争，质疑竞争的公平公正性，心理上不免产生无奈与无助感。其次，在竞争的过程中，程序不够公开透明，人为因素对竞争公平公正的影响较大。当前，绝大部分的竞争过程都能够主动接受媒体和舆论的监督，成为阳光竞争，但仍存在少数黑箱操作的竞争情形。最后，在竞争过程中，法律意识有待进一步普及和强化。法律是规范人们行为的最主要、最直接的力量。当前在经济领域内，《反不正当竞争法》是规范竞争的最主

---

① 《全球生活成本调查报告：中国城市排名飙升》，http：//cq. people. com. cn/news/2009712/200971216522. htm。

要的法律。虽然在改革开放以来，法律意识得到广泛的普及，但在利益的诱导下，竞争中“冒法律之大不韪”的现象仍然存在，在竞争中钻法律的空子以牟取巨额利益的事情常有发生。在以物质成败论英雄的社会价值引导下，在重结果不重过程的评判标准作用下，不健全的竞争文化机制容易催生大学生投机取巧的侥幸心理。

最后，竞争道德缺失导致竞争混乱的状态。竞争道德缺失实际上是竞争文化机制不健全的重要体现，在此单独进行论述，是因为竞争道德是竞争文化对大学生的心理健康产生消极影响的重要原因。法律在竞争文化机制的运行中发挥着最主要的作用；但法律不是万能的，在法律的空白处就需要竞争道德发挥约束、引导作用。马克思说：“人的本质不是单个人所固有的抽象物，在其现实性上，它是一切社会关系的总和。”[①] 在竞争中，人们既要考虑如何实现自己的利益诉求，同时又要考虑怎样去协调自我与他人、自我与社会的关系，以实现自己的社会责任，这既是法律关系的维护，更是道德的践行。竞争道德是竞争与道德有机结合的整体，是竞争文化的重要组成部分，是竞争者在竞争过程中应当具有和自觉遵守的道德观念、道德意识、道德标准、道德规范的总和，如诚实信用、货真价实、公平竞争、正当谋利等。心理健康的程度和水平会直接影响道德认知的判断和道德情感的接受、道德行为的发挥。当代中国社会的信仰失范致使缺乏对罪恶的畏惧，社会道德的底线一再被一些人肆意突破，甚至在社会上造成只有敢于这样做才能取得成功的错误形象，道德滑坡的呐喊呼号已不能在多少国人的心中引起共鸣。在竞争领域，竞争道德缺失使竞争者普遍相信关系竞争、潜规则竞争，而不是基于诚信基础的规则竞争。据张妍对海南5所高校的调查显示，30%的学生认同“一个人在竞争中取胜主要是靠关系、靠金钱、靠权力”。[②] 竞争道德的缺失深深影响着大学生对竞争的看法和由此形成的竞争心理。在有些竞争中，很多大学生不管是能力素质还是其他各方面的素质都比竞争者优秀，但最终结果却是自己竞争失败，并由此产生对竞争的公平公正性的质疑，导致情绪不稳定；有些大学生在竞争中自觉按照竞争道德要求参与竞争，但结果却是竞争者无视竞争道德的要求，导致自己竞争失败，由此产生对自己行为的后悔和对别人的谩骂。情绪是人的心理的最基本要素，情绪波动起伏较大，容易影响大学生对客观事物的正确判断，从而造成情绪障碍。

---

① 《马克思恩格斯选集》第1卷，人民出版社1995年版，第56页。

② 张妍：《当代大学生竞争道德现状的调查分析》，《和田师范专科学校学报》（汉文综合版）2009年第2期。

全球化浪潮席卷社会生活的各个领域，不同民族、不同宗教、不同文化之间的碰撞、摩擦、对立与冲突成为现实世界的生动写照。在全球化过程中“弱肉强食、适者生存”的进化论法则在各个领域都得到了验证，也一次次强化了各个国家的危机意识。竞争从经济领域扩散到人文、科学等社会的每个角落，从一种手段、一种经济运行的特殊方法变成一种意识形态，变成关系一个民族、一个国家能否自强自立于世界舞台和能否在危机无所不在的时代中脱颖而出的文化理念。中国的改革开放取得了令世人瞩目的成就，社会生活的方方面面都发生了翻天覆地的变化，尤其是人们的思想观念、文化理念和心理状态与改革开放之前有天壤之别。而这一切的成就都得益于思想开放和逐渐成熟的市场经济带来的竞争文化的盛行。竞争文化激发了人们压抑已久的成功的欲望、创造的活力和奋斗的激情。

大学社会化已是不争的事实。在当今激烈的竞争环境中，竞争文化给大学生带来的不仅仅是成功与失败，而是心理的震荡与冲击。因此，研究竞争文化给大学生心理健康的影响问题，不仅是一个理论问题，更是一个现实问题。

六、竞争文化对大学生心理健康不良影响的调适

竞争文化给大学生的心理健康带来了不良影响，这种不良影响的消解必须通过文化的途径。文化是一个广泛的概念，我们不可能面面俱到地研究文化问题，只有从竞争文化相关方面去消解竞争文化的负面影响，力求将竞争文化的负面影响降低或消除，从而保持学生的心理健康。这是本书研究的落脚点或归属。

（一）健全公平公正的竞争机制

邓小平同志曾说过，好的制度可造就好的人，坏的制度会让好人变坏人。要建设健康的竞争文化，就需要有良好的竞争机制以保障竞争过程具有良性的竞争秩序。健全的竞争机制是消除竞争文化对大学生心理健康的不良影响的首要条件。

第一，增强竞争过程中程序的公开性。竞争是社会发展的动力，也是个人进步发展的动力；社会越发达，竞争则越激烈。竞争并不可怕，人们担心的是竞争不公平。公平是竞争的基础，竞争是公平的体现。竞争要求公平，公平保护竞争。要保障竞争的公平性，就要求增强竞争程序的公开性，让整个竞争过程成为阳光竞争。具体而言，要保证竞争的起点具有平等性。这就

要求按照竞争者的普遍条件设立竞争条件，而不是按照既定人员来量身定制竞争条件。在竞争过程中要保证信息能够及时准确地公开，对竞争过程能够“现场直播”，杜绝暗箱操作行为。竞争的透明性、公开性意味着所有参加者在竞争的准备阶段和竞争过程中，都享有平等的竞争机会和公平的竞争准则。同时，加强竞争结果的法律和舆论监督。竞争过程结束后，应将竞争结果公布在网上或其他公布栏上，接受舆论的监督。如在公示期内，有人检举竞争存在舞弊等不公现象，就应该查清事实，依法追究当事人的法律责任。在制度公平的前提下，大学生才会形成公平竞争意识，并在主观上消除侥幸心理和不正当竞争心理，脚踏实地地提高自身的素质和能力。而不正当竞争如果得不到抑制的话，必然会导致投机取巧心理，必然会加速不公平竞争现象的恶性循环。

第二，完善竞争规则。俗话说，无规矩不成方圆。古今中外，规矩在人们的日常生活中发挥着不可或缺的作用。如果没有道德、习俗、习惯等规矩维持秩序，人们的日常生活将难以为继。从古至今，人类竞争可以分为无规则竞争和有规则竞争。无规则竞争是一种无序竞争、野蛮竞争，为了得到所追求的竞争目标而不择手段、欺诈谎骗。有规则竞争，即竞争者遵循竞争场内的各项竞争规定，竞争过程完全按照竞争规则进行。现代竞争，从形式上看基本上属于有规则竞争的范畴；但在竞争的过程中却可能存在不规则竞争，即暗箱操作的情况，大学生对这种不公平的竞争非常反感。根据调查，大学生由竞争一词最易联想的内容是“激烈”、“残酷”、“不公平”、“压力或动力”等。[①] 因此，完善竞争机制，规范竞争秩序，是保持竞争文化健康发展的题中之义，也是大学生形成良好竞争心理的前提。提高竞争的规范性，最主要的是完善竞争的规则，让每一位竞争者都详细了解竞争的规则流程。在对竞争各因素都加以控制的前提下，只留下一个未控制的自变量——竞争者的能力。在这种公平竞争的情况下，即使在竞争中失败，也不至于造成愤愤不平的心理。很多大学生之所以对一些部门的一些岗位的招聘颇有微词、心理不爽，就是因为在这些部门、这些岗位的招聘过程中存在竞争不规范现象，使竞争者对自己的失败不服气。

第三，加强大学生的合作意识培养。过去，竞争的价值取向多表现为个体性、功利性，大学生主要是为了自己的利益而竞争。这种价值取向的竞争对大学生的发展和进步起到了积极作用。但这种个体性、功利性的竞争，在一定程度上也催化了大学生的保守、自私、不愿合作的意识，甚至使大学生

① 吴键等：《当代大学生对竞争认识的调查研究》，《心理科学》2007 年第 2 期。

形成了不健康的心理。其实，竞争与合作是一对孪生兄弟，在本质上并不存在什么冲突，特别是在我国社会主义市场经济条件下，二者统一于社会主义思想道德体系之中。这就要求大力倡导不甘落后、你追我赶的良好风尚，敢于挑战和勇于应对挑战的进取精神，追求成功的自信心和不达到目的誓不罢休的坚强毅力；同时，要在集体主义的原则下，增强彼此的沟通与交流，加强团结与合作，在竞争中实现双赢。现在科技迅猛发展，社会岗位分工越来越细，它要求人们不仅要有竞争意识，也要具有合作意识、团队精神，才能适应日趋激烈的竞争形势。1996 年 4 月，国际 21 世纪教育委员会提交的《学习：内在的财富》报告中强调要“把三种貌似对立相反相成的概念有机地结合起来，即竞争、合作、团结”。因此，培养竞争与合作意识，才能使竞争文化的天平在竞争与合作间保持平衡。学校在引入竞争理念的同时，要强调合作，强调创新，强调互动，强调共享，在竞争中有合作、合作中有竞争；只有在合作中竞争，在开放中竞争，才能增强竞争实力，提升竞争效果，获得整体发展。学校要帮助大学生学会善于寻求自己与竞争对手各自需要和利益的平衡点，以求达成双赢的结果。学业上互相切磋、思想上互相激励、生活上互相帮助，应该成为大学生的行为准则。

（二）优化竞争文化环境

环境，是近年来人们最关注的话题之一。人类所生息的环境已不能再恶化下去了，要求改变现状的呼声遍及世界各地。环境心理学从心理学的角度寻觅解决复杂和多样的环境问题的途径，认为人和环境是相互作用的，个体改变了环境，反过来他们的行为和经验也被环境所改变。① 人生存在自然环境和社会环境中，竞争是人在社会环境中的存在状态。竞争环境是影响大学生行为和经验的方面，人创造环境，环境造就人。因此，优化竞争环境，保持良好的竞争氛围，对调适大学生的心理健康将起到“润物细无声”的作用。

第一，树立积极竞争的校园文化理念。校园文化是以师生员工为主体，以校园文化活动为主要内容，以校园精神风貌为总体特征的一种亚文化，是学校在发展过程中积累和奠基而形成的物质文化和精神文化的总和。校园文化因学校本身的历史、文化底蕴和所处地缘而具有自身独特的风格。校园文化对塑造大学生的道德情操和智力发展方面有着不可低估的影响。学校通过社会实践、社会调查、社会公益活动提升学生的能力素质；通过大学生自己

---

① 徐磊青、杨公侠编著：《环境心理学》，同济大学出版社 2002 年版，第 3 页。

组织的社团活动，诸如体育竞技比赛、登山、游泳等活动，既增强了大学生的体质，又能培养他们的团队精神、合作意识、坚忍不拔的意志力和拼搏精神；通过各种各样的文艺、体育、军训、理论探讨、学术报告等活动，造成一种生机勃勃、积极向上的文化氛围。大学生置身于这种环境之中，受这种精神的熏陶，耳濡目染、潜移默化，久而久之就会受到这种环境的影响，成为一个有知识、有教养、有进取精神，有良好气质的心理健康的人。学校是培养人才的摇篮，“在出人才的问题上，要鼓励和支持冒尖，鼓励和支持当领头雁，鼓励和支持一马当先，这不是提倡个人突出、个人英雄主义，而是合乎人才成长规律的必然要求”①。因此，大学校园文化建设中要引导大学生彻底摒弃安于现状、不思进取的消极避世观念，逐步树立积极进取、勇于竞争的积极入世观念；要创造条件让大学生敢于表现自己，敢于在大庭广众中显示自己的才华；要使大学生逐步形成“不断超越自我、超越他人”、“别人能做到，我也能做到”的进取精神。

第二，塑造良性竞争的校园学习氛围。竞争环境的多样性可以催生不同的价值导向，“不同的价值观形成不同的价值取向。集体主义价值观强调在竞争中集体利益和社会利益的重要性，个人主义价值观强调个人利益的中心地位”②。营造良性竞争的校园学习环境，一方面要倡导主导性鲜明的价值取向。学习是大学生的核心任务，是大学生参加一切校园活动的出发点和落脚点。在学习过程中要树立社会主义核心价值观，坚持马克思主义为指导思想，坚持中国特色社会主义共同理想，坚持以爱国主义为核心的民族精神和以改革开放为核心的时代精神。以社会主义核心价值观为指导树立自己的学习竞争观，形成为民族的繁荣而不懈努力、开拓进取的伟大理想。另一方面要引导大学生形成积极竞争的学习行为。仅有鲜明的主导型价值取向还不足以形成良性的校园学习环境，还必须在价值的导向下实施具体的积极的学习行为。要通过课堂教学、课外活动等学习场所使大学生在学习中形成“逆水行舟，不进则退”的学习意识、“爱拼才会赢”的学习动力和“宝剑锋从磨砺出，梅花香自苦寒来”的学习韧劲。鼓励大学生积极参与各种知识竞赛，从资金和场所等方面支持大学生举办与学科知识相关的各种创意大赛、讲座等。

第三，营造和谐互助的校园生活环境。紧张的学习环境充满着竞争的味道，这时需要有轻松的生活作为调节，让绷紧的心弦得以放松，为新一轮的

---

① 中共中央文献研究室：《十五大以来重要文献选编》，人民出版社2001年版，第882页。

② 李辉著：《现代思想政治教育环境研究》，广东人民出版社2005年版，第76页。

学习竞赛储足充分的能力。和谐互助的校园生活环境是校园文化的重要组成部分，与良性竞争的学习环境互为补充。丰富的校园文化就是一幅幅生活的画卷，充满生活气息的校园文化活动是校园生活展示的载体。在这些活动过程中，大学生体会到了生活的乐趣，深化了对生活的理解。和睦互助的校园生活环境给大学生以健康积极的心态和向上的精神启迪，使大学生在良好的文化氛围和精神环境中缓解因学习、生活、工作而带来的心理压力，有效地调整情绪和心理状态，形成心灵的感应和精神的升华，使大学生在“随风潜入夜，润物细无声”的校园生活环境中受到熏陶和影响，有意无意地在思想观念、行为方式、价值取向、心理品质等方面得到和谐发展，从而实现对自身健康心理、健全完满人格和高雅人文精神的塑造。构建充满生活气息的校园环境是大学生寄托个人情感、孕育人生信念、提升生命境界、成就学业的重要保证。营造和谐互助的校园生活环境，首先要培养学生具有广阔的胸襟。由于家庭出身、价值观念、生活习惯、学习习惯等方面不同，同处一个寝室、同在一个班级的大学生不免会产生一些矛盾。其实，这些矛盾都不是什么大的利益冲突或激烈的对抗矛盾，这时需要的是广阔的胸襟和一颗包容的心。忍一时风平浪静，退一步海阔天空。培养广阔的胸襟是营造和谐生活的基础。其次，要培养大学生高尚的情操。“己所不欲，勿施于人”是道德的黄金准则。要培养大学生在生活中经常能够换位思考，以道德约束自己的行为，“勿以恶小而为之，勿以善小而不为”，培养自己的高尚情操。广阔的胸襟和高尚的情操只是要求大学生“独善其身”，培养其内在的美，只能形成和谐的生活，并不能形成互爱的校园生活。要营造和谐互爱的校园生活，还需要大学生养成互助互爱的情怀。这就要求大学生从生活的点滴做起，学会关心身边的同学、老师，学会关爱生活困难的同学，学会体谅他们的心情，控制自己的行为。除此之外，学校还应该让学生学会关爱社会，定期组织学生参与公益活动，对社会尽自己的责任和爱心。

（三）强化竞争道德教育

达尔文说：“物竞天择，适者生存。”诚然，从古到今，人类和其他动物一样，总是生活在各种各样的竞争之中，竞争促进了社会生产力的发展。但是，人类毕竟是万物之灵，其竞争要求公平、公开、公正，而且一定要讲究竞争道德。竞争道德就是人们在竞争中应该遵循的道德规范和行为准则。当竞争脱离野蛮走向文明之后，就接受了道德的约束。“中国目前的社会竞争、经济竞争和人际竞争正在呼喊着竞争的秩序和道德。”①

第一，培养大学生在竞争中的原则公平意识。原则公平意识指的是在竞争中自觉接受竞争规则的约束，践行公平竞争的明确意识。在这种意识的支配下，大学生能够在竞争的过程中恪守竞争道德原则，采取正确的行为方式。培养大学生的原则公平意识，就是要求在学校的管理中把常规转化为原则。俗话说，习惯成自然。当外在的要求转化成学生日常的习惯后，公平竞争的道德意识也就在学生心中确立起来了。当然，要使学生自觉接受竞争道德规范的约束需要一个内化的过程，内化之后才能真正地指导学生的行为。在教育过程中，要注意强化竞争道德规范的权威性，建立良好的监督与自我监督机制，将学校的竞争道德规范与社会的竞争道德规范联系起来，通过反复强化，将学校的竞争道德规范泛化为一种应遵守的社会原则，使每一个学生在心里都形成遵守原则的意识。同时，要使学生在竞争过程中，采取正确的竞争行为，将内化的竞争道德规范外化为公平的竞争行为。道德认知与道德行为脱节、道德意识与行为能力的缺失已成为当今道德教育面对的重要问题。大学生普遍呼吁建立公平公正、诚信道德的竞争文化，希望自己成为竞争道德高尚的人。但有些人在具体的竞争道德实践中采取双重标准，知行脱节，只讲结果，不讲过程，以至于在学习中考试作弊、论文抄袭，在就业中托关系、走后门。因此，要培育竞争道德必须做到言行一致。要培养大学生竞争道德的“原则公平”意识，还要求增强大学生在竞争过程中的公平体验。我们的教育总是习惯于对学生进行外在的灌输，而缺乏让学生发挥自己的兴趣、增强自我体验。让学生认同行为规范，认识到行为规范的普遍约束力。这种公平竞争的体验既可以增强学生对竞争公平的认可，又能避免学生在竞争失败时形成错误归因，将失败的原因指向竞争本身或者竞争的参与者。

第二，培养大学生在竞争中的人际相融意识。针对大学生在竞争过程中容易产生人际冲突，要求在培育竞争道德时重视对大学生人际相融意识的培养。人际相融意识就是要求大学生在竞争过程中，基于原则公平的竞争而对竞争对手的 尊重、理解、宽容、同情等。对对手的尊重是参与竞争的基本道德要求。在调查中有68.6%的学生认为，“不管竞争结果如何，都要尊重竞争对手”。一方面，在与竞争对手的充分拼搏中，才能体现自己的能力与价值；另一方面，竞争的结果只能说明一次的成败，并不代表永远。竞争场上无常胜将军，每个人都应该以平和的心态面对竞争结果。在竞争中尊重对

① 陈会昌著：《竞争：社会—心理—文化透视》，北京师范大学出版社2004年版，第185页。

手，既是竞争道德要求，也是参与竞争者调整心态、保持心理健康的重要途径。竞争总是有胜负，其结果总是残酷的。卢克·伯尔坦斯基说：“当一些人舒服地坐在客厅的一角看电视时，如果他们看到了几千里之外的人类痛苦，那么，他们该以何种形式承担责任?”① 在竞争的最后，无论谁是胜利者，都应该对失败者表示尊重和关怀，而不是冷漠。而竞争的对立性和残酷性有可能为选择道德冷漠起到推波助澜的作用。所以，即使是在竞争领域内，也要求竞争道德倡导怀揣同情与恻隐之心，才能获得心灵的健康与快乐。大学生在竞争过程中的人际相融意识可以通过专门的班级教育活动来培养。如在主题班会上采用角色扮演法，创设一定的竞争冲突情境，让学生在活动中体会不同的角色的内心体验，并通过讨论，确立上述人际相融主题，同时实现心理置换，真正体会正确的竞争行为带来的内心满足与愉悦。学校还可以利用班级中偶发的竞争冲突，在实际的事件中针对学生真实的感受进行引导，启发学生不要将竞争中的矛盾转化为人际冲突，借助心理咨询机构，运用适宜的心理策略和操作方式来帮助学生构塑人际相融的交际模式。

第三，培养大学生在竞争中的利益双赢意识。培养人际相融意识只是培育竞争道德的一种治标之方，但不能有效解决竞争的根本冲突——利益冲突。在竞争文化的制度建设中，要强化合作创设，保障双赢竞争，在培育竞争道德过程中，同样要求培养大学生的利益双赢意识。这主要是通过改变学生权衡利益的思维方式以及培养学生形成共同利益意识来实现。大学生参与竞争，从横向比较而言总是希望实现预想的利益回报，在群体比较中突出自己的能力与利益地位；从纵向比较而言，总是希望每一次竞争都能实现预想的利益，并且每一次的利益规模都比前一次大些。竞争的横向比较更容易激发大学生的竞争欲望和成就动机，而纵向的比较更容易激发他们的进取意识。因此，在培育竞争道德过程中，一方面要引导学生把横向比较与纵向比较结合起来，调整合适的竞争动机，保证理智的行为，并在反复的强化中形成自己的竞争利益意识；另一方面又要在竞争中正确理解和把握集体利益与个体利益、他人利益与自我利益的关系，形成共同利益意识。具有共同利益意识的竞争结果是个体能充分认识到竞争是一种推动群体利益发展手段，个体的竞争目的是促进群体利益的发展。古希腊哲学家伊壁鸠鲁说过：“公正没有独立的存在，而是互相约定而来，在任何地点，任何时间，只要有一个

① Luc Boltanski, *Distant Suffering: Morality, Media and Politics*, Cambridge: Cambridge University Press, 1999, p. 25.

防范彼此伤害的相互约定，公正就成立了。”① 从培育竞争道德而言，要实现原则公平与人际相融，就需要有“防范彼此伤害的相互约定”，在根本上而言，就要求在竞争过程中，培养大学生利益双赢意识，让彼此的利益诉求在部分程度上都得以满足，以实现总体之和大于个体的理想结果。从更广的视角而言，当今竞争已经突破了地域界限，在国与国的交往中也在努力寻求共赢的方式。因此，大学生的竞争应该具有国际视野，从民族习惯认识各民族的道德习惯，从文化层面理解各国的道德价值，形成利益双赢意识。

参考文献：

1　朱敏先．健康心理学［M］．台北：五南图书出版公司，1992.
2　王晓刚．大学生心理健康［M］．北京：清华大学出版社，2008.
3　陈鹏．大学生心理健康概论［M］．北京：北京大学出版社，2009.
4　王书荃．学校心理健康教育概论［M］．北京：华夏出版社，2005.
5　胡永萍．学校心理健康教育［M］．广州：中山大学出版社，2005.
6　曾文星．文化与心理治疗［M］．北京：北京医科大学出版社，2002.
7　李炳全，叶浩生．文化心理学的基本内涵辨析［J］．心理科学，2004（1）.
8　田浩．中国文化心理学的方法论启示［J］．心理学探析，2009（2）.
9　吴键，等．当代大学生对竞争认识的调查研究［J］．心理科学，2007（2）.

① 周辅成主编：《西方伦理学名著选辑》上卷，商务印书馆1964年版，第96页。

第六章　传媒文化对大学生心理健康的影响

伴随大众传媒时代的到来，传媒文化对每一个生活在其中的人产生了日益强大的影响，身处大学校园的大学生当然也不例外。传媒文化给大学生提供了一种新的生活方式和学习方式，然而也对大学生的行为模式、价值取向、政治态度、心理健康、道德观念等方面产生了双重影响，由此产生的心理危机和心理问题不容忽视。

当今社会，我们生活在一个传媒的时代，读报、听广播、看电视、上网是日常生活中再寻常不过的举动。各式各样的传媒文化逐渐成为人类社会生活的重要组成部分，人们已经很难想象生活在一个没有广播、报纸、图书、电视和网络的时代。由于传媒对当代社会生活的广泛渗透和深度介入，人们往往通过媒体再现的外部世界来认识社会现实，无形之中跟随媒体的思想逻辑和话语倾向去评价客观事件，大众传媒为社会大众营造了另一个环境，人们的生活被传媒文化一次一次地重构。今天，再也没有哪位学者将媒体简单地看成传递信息的工具，传媒文化已然成为当今社会强大的精神力量，对人们特别是大学生的情感、认知和行为产生了重大的影响。

一、传媒文化对大学生心理健康影响研究综述

文化对人的影响不是直接地，而是间接地、潜移默化地起作用。文化能对社会成员的价值取向及行为取向起导向作用，对人们的思想、心理和行为有约束和规范作用。传媒文化作为一种全新的文化表达方式，它以不同传媒或各种“装置范式”——从电视到电脑、从放映机到3G手机为载体，运用一定的语言符号、视觉符号、声音符号等，传播思想、文化、风俗民情和传统习惯，构建人们的思想观念和生活方式。尤其是新媒介网络的出现，加快了文化信息化和文化全球化的步伐。说到手机，“显而易见，手机是这个新型的、尚未发育完全的领域里原型的天使”①，已为大学生广泛使用和喜爱。

① 保罗·莱文森：《手机》，何道宽译，中国人民大学出版社2004年版，第145页。

作为时代“弄潮儿”的大学生由于好奇心强，接受新事物的理念快，因而是接触新媒介的主要群体。有的学生在传媒文化消费主义的气息影响下，注重物质享受和感官欢愉，有的审美情趣低俗化，有的思维简单化，有的奉行拜金主义、享乐主义。一些大学生犯罪行为的出现也与传媒文化的影响有关。这些问题的出现给高校教育带来严峻的挑战。

大学生是祖国的栋梁之才，是社会主义事业的建设者和接班人，是民族的希望和国家的未来。大学生是否身心健康，能否适应现代传媒社会的各种压力和挑战，对于国家未来发展起着重要的作用。随着社会转型期各种矛盾的凸显和社会生活竞争的加剧，大学生面对的压力越来越大，大学生的心理健康问题日益突出，在环境适应、学业、人际交往、恋爱、家庭、就业、情绪等方面都存在一定的心理困扰和问题，不同程度地影响着大学生正常的生活、学习和工作。关注传媒文化条件下大学生的心理健康有利于大学生正确对待传媒文化，形成正确的世界观、人生观和价值观，在大学生活中找准角色定位，完善个性发展和确立正确的人生目标。近年来，传媒逐渐成为人们关注的热点，国内专家学者对传媒的研究越来越多。但是研究传媒文化的并不多见。在中国知网的搜索引擎中输入“传媒文化”后，仅 100 多条文献，并且绝大多数是从新闻学、管理学、社会学和传播学角度进行研究。通过对传媒文化文献资料的整理分析可知，国内关于传媒文化的研究大多数是建立在国外的相关理论上，探讨问题的角度很少与心理学结合，尤其是很少涉及大学生心理健康方面。

目前，对传媒文化和媒介、大众传播的研究，西方学者的著作较多，有不同学派，成果颇丰，但都是基于资本主义国家的传媒文化研究，具有一定的参考价值。

第一，技术决定论视野中的传媒文化被看成传媒自身的文化，有怎样的媒介就有怎样的传媒文化。引用麦克卢汉的论断，也许在他那个时代不被人理解，但在今天，文化的媒介化越来越明显。传媒文化形态最具代表性地证明了这一点。媒介容器论也将媒介对文化的塑型作用突出出来，强调媒介对文化内容形态的塑造。麦克卢汉认为，在 15 世纪中叶前，机械印刷术尚未发明，口耳相传是传播的主要形态，中世纪的文化是听觉文化；印刷媒介产生后，其可携带性使各种理念和观点超越空间得到流通成为可能。以谷登堡印刷《圣经》为先导的印刷文化，使得人类的所有感官功能日益得到划分而变得专门化。麦克卢汉将媒介分为热媒介和冷媒介，认为冷媒介是媒介发展的最终趋势。他看待传媒文化的态度是积极的，传媒文化的发展趋向本质上应当是一种互动的大众狂欢形式。[①] 技术决定论者看待传媒文化的眼光是犀利的，具有深刻的哲学意味。[②] 第二，媒介环境论视野中的传媒文化，其社会影响被看得更加直接。李普曼的“拟态环境”和梅罗维茨的“情境论”都强调媒介的环境对社会大众具有很强的影响力，并且是有层次的影响。虽然并未触及传媒文化本身的问题，但是对传媒可能带来的社会影响阐述详尽。其实“拟态环境”、“情境论”都是传媒文化的表征。文化的根本是作用于人心，传媒文化以其逼真的虚拟性营造了虚假的环境，从而改造了处在其中的人。媒介环境论视角看待传媒文化都着眼于传媒文化营造的气氛对人的影响，话语基调是中性的。梅罗维茨在《空间感的消失》一书中提出电子媒介促成了三个层面的情境合并：知识层面、生活风尚层面和公私情境层面。对大众传媒在现代社会的负面影响，他当时并未做过多的分析，立场是中立的。

第三，媒介机构论视野中，媒介是机构，它与外部世界的政治、经济、文化等体制结成多角关系。从政治学角度看，大众传媒是一种国家机器，媒介机构论强调了媒介对社会大众的影响，是一种意识形态的改造。社会学家古德勒把传播技术理解为“生产意识形态的文化工具”。传媒文化中涉及最为敏感的部分是权利问题，传媒文化中的权力不是宣称出来的，而是隐藏在传媒文本中的。法国社会学家福柯（M. Foucault）创造了一个知识/权力的思想，他认为知识操纵着权力，权力无处不在，整个社会就是一个巨大的全景监狱。社会权力机构如同监狱中的监视哨塔，社会大众如同监房中的犯人，彼此之间形成一种特殊的控制与被控制的关系。福柯认为现代权力的重点之一是要求以很少的支出获得最大的回收，而它的主要原则便是规训，其中就包括大众传媒在活动规范制定、活动常规化、活动协调化等方面起的作用。从媒介机构论视角看传媒文化，还有一个重要的概念就是文化霸权。文化霸权就是意识形态霸权，文化霸权依靠灌输。作为批判学派的批判对象，传媒文化就是向公众灌输主流的意识形态。媒介机构论有两种看待大众传媒的视角。一是将传媒看成意识形态的国家机器，其代表是西方马克思主义者阿尔都塞（L. Althusser）首创的“文本模式”。传媒文化再现了社会主流的意识形态，这种再现出来的世界观、价值观、审美观被受众认为是合理的，因为受众的真正的主体性在媒介消费中渐渐消失，逐步被一种“召唤的主体性”所替代，而这种“召唤的主体性”是一种伪主体。受众的主体被文

---

① 马歇尔·麦克卢汉著：《理解媒介——论人的延伸》，复旦大学出版社 2007 年版。

② 陈龙：《传媒文化研究》，中国人民大学出版社 2009 年版，第 8～9 页。

本限定，并最终塑型。所以媒介权力主要在于它能对主体进行某种方式的“定位”。二是将传媒看成生产商品的企业。他们认为传媒的运作是受商业逻辑支配的，传媒机构是经济企业，生产的是一种特殊产品，于是，传媒文化也就有了生产、流通、消费过程，在某种意义上说是一种商品。这个特殊商品的生产过程中必然会有竞争，为了获取更多的商业利润，必须考虑到受众的口味、兴趣点等，满足、迎合受众的需求才能获得更多的商业回报。[①]

第四，媒介文本论视野中的传媒文化，与传媒本身的性质是分不开的。媒介被看作一种文本形态，那么这个文本是好还是坏呢？法兰克福学派的学者批判这种文木形态，他们历数了文化工业的“七宗罪”，几乎全部否定了文化工业的价值。但他们的文化工业理论存在理论缺陷，于20世纪60年代被哈贝马斯的公共领域理论所取代。与此同时，文化研究作为一种新的媒介研究理论在英国兴起。在文化研究理论看来，传媒文化可以看出不同的阶级、种族、性别在社会中的处境，能够影响人们对阶级、种族、性别等问题的认知。20世纪70年代，文化研究学派的许多作者都受到阿尔都塞的影响，强调意识形态的作用如同一种再现的工具，并能够召唤主体。他们认为，媒介文本为受众配置了被意识形态指定的位置。传媒文化使受众产生幻觉，特别是新闻，总让人以为文本是透明、纯洁的，好像透过一扇窗户可以洞悉一切真相，掌握世界的本质。因此，文本是最值得研究的。[②]

中国学者关注传媒文化的研究，直至目前，其研究文献仍然比较少。媒介文化与传媒文化息息相关，甚至有学者将二者混用。因此，此类文章也在我们的参考文献范围之内。此类文章可以分为以下几类：第一类是研究当前传媒文化的现状，如周国文的《商业时代的传媒文化生产》、徐继忠的《中国传媒文化的特质性分析》、曹然的《传媒的后现代性预言：狂欢、异化与迷失——从〈娱乐至死〉看当下传媒文化》、王岳川的《全球化语境与当代传媒文化》、蔡敏的《20世纪90年代中国传媒文化的转型》、严功军的《论中国化的马克思主义媒介文化》、朱红霞的《2007年媒介文化研究综述》、何国平、尹美林的《媒介文化自律论》等；第二类是对传媒进行的具体考察，如刘毅的《大众传媒对大学生心理的调适》、程露的《“选秀”节目与当今中国审美诉求的研究》、周海峰的《影像的盛典——论大众传媒文化的特征及审美取向》等；第三类是研究传媒文化的各种影响，如蒋晓丽和李建华的《传媒文化影响论》、洪念德的《媒介文化效应分析》、唐砺的

① 陈龙著：《传媒文化研究》，中国人民大学出版社2009年版，第10～12页。

② 陈龙著：《传媒文化研究》，中国人民大学出版社2009年出版，第13～16页。

《论现代传媒的价值导向》、杨亮的《影视文化对中学生价值观的影响》等；第四类是关于传媒文化的发展趋势，如庞春燕的《文化视野中的中国传媒业发展探析》、蔡骐和蔡雯的《娱乐化浪潮中的媒介文化——文化研究与传播政治经济学的解读》、张新明和高宇的《论媒介文化与青少年媒介素养教育》、张燕菊的《当代媒介文化的特征及走向》等；第五类是关于传媒文化的建设，如王军华的《以十七大精神为指引，构建和谐社会的传媒文化》等；第六类是关于大学的传媒文化，如曹南燕的《论高校传媒文化的功能》、吴静的《多校区大学传媒文化建设刍论》等。蒋晓丽、石磊在《传媒研究的文化转向》中提出传媒即文化的观点，也给我们以启示。传媒文化的研究包含了传媒、媒介、文化等多个元素的结合，涉及的方面非常广泛。

在我们查找到的文献资料中，将传媒文化与大学生心理健康二者结合起来作为研究对象的文章很少，但是关于传媒或传媒文化对青年或受众的影响的文章同样可以借鉴。研究传媒或传媒文化对青少年的影响的文章有：秦凤珍、蔡园园的《传媒文化与当代青年的文艺生活》，胡艳杰的《传媒文化在大学生素质教育中的作用》，黎明珠的《大众传媒与青少年犯罪》，沈建松的《论大众传媒与青少年价值观教育》，陈尚荣、叶海、苏红竟的《现代传媒对当代大学生成长影响调查》，乔淑然、徐达军、肖丹的《媒体舆论与青少年心理健康》，陈润兰的《论传媒文化对受众心理的消极影响》，张明平、林新荣的《大学生接触大众传媒情况的调查和分析》和胡艳杰的《传媒文化在大学生素质教育中的作用》等。

这些文章没有直接以传媒文化对大学生心理健康的影响作为研究对象，只是部分涉及一些。可以说，这一领域的研究在目前还是空白，高校教育和理论工作者应予以重视。只有这样，才能在当今传媒文化的深刻影响下有效地开展大学生心理健康教育，不断提高大学生的心理素质，增强其承受各种心理压力和处理心理危机的能力，以迎接和完成新世纪赋予的历史使命。

二、传媒文化的界定

尽管传媒文化这个概念用起来颇为容易，但是传媒文化是什么？目前学界还没有对这种新的文化模式进行科学的界定，还需要从理论上来探究。这是因为，一方面，文化本身就是一个很复杂的概念，目前学界还未有达成统一的共识；另一方面，传媒文化的内涵和外延都十分丰富。但任何一项研究都有所谓范畴的界定，对传媒文化也不例外。

在说传媒文化之前，不得不先说的是媒介（medium）。媒介一词出现于

19 世纪末 20 世纪初，广义的媒介是指一切能使人与人、人与事物或事物与事物之间产生联系或发生关系的物质。从传播学的角度，加拿大学者麦克卢汉（M. McLuhan）早在 20 世纪 60 年代曾给出了媒介的定义。“媒介即信息（the medium is message）”是麦克卢汉的一个著名论断，其目的是要人们不过度关注媒体内容，而将注意力从内容转移到媒体自身。他曾说：“所谓媒介即信息只不过是说，任何媒介对个人和社会的任何影响，都是新的尺度产生的；我们的任何一种延伸都要在我们的事物中引进一种新的尺度。例如说……机器的意义不是机器本身，而是人们用机器所做的事情。”[①] 现实中，人们往往太过注意媒体内容，无视媒体本身的特质，忽略其对人的影响。我们总是在思考可以从媒体内容中得到什么，却忽略了人们使用媒体的个别差异与影响。如为什么上网、看电视而不选择读书、看报纸，当我们选择一个媒体时，就已经隐含着该媒体所具有的社会意义、演进角色和其深层次的影响。以麦克卢汉为代表的信息论者的媒介观和传媒文化观是一脉相承的，媒介传播的文化最终转变为媒介化的文化，媒介在其中是一个决定性的因素。20 世纪 80 年代，美国学者梅罗维茨（Joshua Meyrowitz）在《空间感的消失》（1985）一书介绍了电子媒介及其功能，他认为电子媒介具有合并社会情境的作用和功能，他的媒介情境论也是对媒介营造现实环境的关注。10 年后，他又提出“媒介三喻”，即媒介是“容器”、媒介是“语法”、媒介是“环境”。第一个比喻“媒介是容器”中的“容器”，其内涵有点像“模具”，即传媒文化与媒介本身之间的关系不是割裂的，有什么样的媒介就有什么样的传媒文化。第二个比喻“媒介是语法”，通过研究媒介语法，来检验媒介如何操纵这些信息。这里的语法包括很多，如照相机的角度和照片的聚焦、不同风格的印刷，都可能影响人们对事物的理解，这种语法的变化很难被察觉。第三个比喻“媒介是环境”中所说的环境并不是指物理环境，而是指舆论层面、心理层面和社会学层面的虚拟环境，这和李普曼的“拟态环境”的论述极为相似。随着近年来网络媒介的兴起，人们日益认同这一观点。对于文化研究者来说，传媒不仅是我们生活中重要的组成部分，它本身也是文化。这不仅仅是因为电视、报刊、畅销书、网络等大众传媒在今天已经占据了我们的私人空间，并生产和复制人们每天消费的大部分的文化符号，还因为大众传媒所代表的新型文化正悄然地改变着人们的生活方式。无论是就媒介的功能还是存在状态来看，这些观察角度可以看作探究传媒文化本性的角度。由过去仅仅作为传播工具到今天的一种文化模式，这是传媒

① 马歇尔·麦克卢汉：《理解媒介：论人的延伸》，商务印书馆 2000 年出版，第 33 页。

文化发展史的伟大变革。①

从口语传播到文字、图像传播，人类经历了漫长的发展历程。随着媒介传播对人类的影响越来越大，于是有了真正意义上的传播文化。特别是在20世纪初，电子媒介的出现大大改变了人们的交往方式和沟通方式。到20世纪后半叶，人们对媒介科技的发展和应用更是改变了人们对世界的认识和生活的方式。人们不再简单地把大众传媒视为传播工具，而是看成一种“自主性”的力量。在这种背景下，媒介这一术语常常被混乱使用，用来指渠道和信源两者。戴维·桑德曼曾说过：当我们说到“大众媒介”的时候，我们往往不仅指大众传播的渠道，而且指这些渠道的内容，甚至还指那些为之工作的人们的行为。因此，媒介概念的混乱使用，引起论述的混乱，而论述的混乱又必然导致理论的混乱，而混乱的理论是无法指导传播实践的。所以，对于媒介的概念必须予以澄清和定位。在众多关于“媒介”一词的解释中，浙江大学新闻传媒学院邵培仁教授的狭义的定义较为符合现实的情况，受到不少学者的肯定。他认为：媒介，就是指“介于传播者与受传者之间的用以负载、传递、延伸特定符号和信息的物质实体”，它包括书籍、报纸、杂志、广播、电视、电影、网络等及其生产、传播机构。②

而在学术发展史上，“文化”一直是最复杂的术语之一。最早在科学意义上为“文化”下定义的是英国文化人类学的奠基人泰勒（Taylor）。1871年，他在其代表作《原始文化》中写道：文化或文明，就其广泛的民族学意义来说，是一个复合整体，包括知识、信仰、艺术、道德、法律、习俗以及作为一个社会成员的人所习得的其他一切能力和习俗。此后，关于文化的定义多达上百种。从文化研究的历史来看，关于文化的定义有哲学、艺术、历史学、社会学以及人类学诸多不同的视角。历史学界将文化看成传统行为方式的总结，心理学界把文化定义为个人为实现其心理动机而选择的一种行为模式，文化社会学将文化定义为人类所创造的不同形态的特质所构成的复合体。③ 由此可见文化内涵的复杂性。文化可以分为两大类：第一类包括智能文化和物质文化，第二类则包括规范文化和精神文化。文化是人类所创造的各种事物的总和，既包括各种物质文化（如各种产品）、各种精神文化（如各种思想观念、价值系统），也包括制度文化（如各种社会组织、风俗习惯和行为方式）。尽管如此，目前一些学者还是根据自身对传媒文化的理

---

① 陈龙：《传媒文化研究》，中国人民大学出版社2009年版，第18页。

② 《媒介》，http：//baike. baidu. com/view/296558. htm。

③ 司马云杰：《文化社会学》，中国社会科学出版社2001年版，第15页。

解，从不同的角度对传媒文化做了一个初步的界定。

蒋晓丽认为："文化是一种以人作为唯一主体的高度参与性活动，通过这个活动，人们创造了纷繁复杂的人类社会、奇妙无比的人际关系和风格迥异的主观世界。尼克·斯蒂文森说，传播是文化的内在属性和基本特征，传播本身就属于文化范畴，而媒介就是文化的产物。有了文化，就需要传播；文化越繁荣，传媒越发达，传媒文化越繁盛。传媒文化（media cultures）这个概念最能反映传媒与文化的关系，体现大众媒介对社会文化的产生和发展的巨大影响，同时表明传媒自身也构成一种文化系统。"① 就此，学界比较认同陈龙对传媒文化下的定义。所谓传媒文化，从根本上说，其内涵侧重丁在当代社会所引发的信息方式和生活方式的变革，特别是20世纪五六十年代以来蓬勃发展的、以现代传媒和电脑科技为支持的、以金钱资本为动力的、以饱含信息和价值的光电影像或虚拟互动为主要内容的大众文化产品，及其外围性的生产、传播与消费活动。例如音像播放类的唱片、CD、电影、广播、电视和广告等各种音像媒介，它们的产品塑造了当代社会大众的生活方式和形态，传媒文化的内容与形式以虚假的假象贴近人们的生活，并在不知不觉中转化为大众的生活。②

总之，在尼葛洛·庞蒂所谓的传媒化生存的当今时代，传媒文化已占据个人生活经验中最重要的位置，因为传媒已经成为现代社会生活的来源和去向。这给人类的生产方式、生活方式、工作方式等各方面带来了深刻的影响。这种影响既有积极的影响，也有消极的影响。目前，学者们对传媒文化大致分为两派意见：一派持肯定态度，一派持否定态度。肯定论者认为传媒文化是时代发展的产物，人们有消费文化的需要，哪怕它是低俗的也好，商业的也好。否定论者则认为传媒经常违背职业道德和伦理规范，传媒的文化生产充斥商业化冬季，一味去迎合受众的需求，传媒文化以视觉接受为主，使得人们的阅读的习惯转变为观看习惯，造成思考习惯的逐渐丧失，等等。③ 传媒文化以大众传媒如广播、电视、图书、报刊和网络等主流媒体为载体，以展现其独特的文化精神和文化价值。所谓大众传播媒介，也称大众文化传媒，是有组织的传播者为了实现一定的目的而向受众进行信息符号的复制和传播的手段、工具、途径和渠道。具体来说，当代大众传播媒介按形态划分有印刷媒介和电子媒介：印刷媒介包括报纸、杂志、图书等，电子媒

---

① 蒋晓丽：《传媒文化与媒介研究》，四川大学出版社2007年版，第2页。

② 陈龙：《传媒文化研究》，中国人民大学出版社2009年版，第20页。

③ 陈龙：《传媒文化研究》，中国人民大学出版社2009年版，第24页。

介有广播、电视、国际互联网、手机等。当代传媒文化是一种全新的传媒文化，也就是大众传媒文化。大众传媒文化是在工业社会中产生的，以都市大众为对象，通过大众传媒传播的、按市场规律批量生产的文化。[①] 人类在经过口语传媒和印刷传媒文化后，迎来了大众传媒文化。特别是随着新媒介如手机、网络的出现，大众传媒文化有了自身新的特点。正如哈罗德·伊尼斯所说："一种新的媒介的长处，将导致一种新文明的产生。"[②] 它构成了我们的日常生活和意识形态，塑造了我们对于自身、他者和整个现实世界的认识，同时也制约着我们的情感和价值观；它不断地利用高新技术，刺激我们的各种感官；它构筑了一个新的文化氛围，成功塑造了新的文化环境，为人们打造出一个与以往不同的新的生存方式。

三、传媒文化的特点及其发展趋势

（一）传媒文化的特点

传媒文化具有一般文化的共性，也具有自身的特点。而我国的传媒文化，因为国情的不同，而与西方发达国家的传媒文化有不同之处，具有自身的特殊性。

目前，学界普遍认为传媒文化具有如下几个方面的特点：

第一，传媒文化具有其不同于一般文化形态的特殊性。以接受方式来说，它不同于审美文化，传媒文化是以满足受众好听或好看的需求为目的，后者则是促成受众去思考历史与现实诸问题。传媒文化不要求受众在作品中寻找意义，它没有门槛，欢迎人人参与其中。传媒文化要想占得市场份额，它只关心受众的视觉和听觉感受好不好，因为那决定了它是否受大众的欢迎，也就是说参与其中的是感官判断而不是大脑判断；以消费形式来说，它不像艺术品那样，可以永久保存且具有珍藏价值。传媒文化的自身特点主要是从其使用过程中表现出来的。

第二，传媒文化品位的大众化、简单化。作家、艺术家决定文学作品、艺术作品的品位。传媒文化品位由受众决定，有什么样的受众就有什么样的传媒文化。西方有学者认为，看一个国家的广告就可以知道这个国家的经济水平。同理，看一个国家的传媒文化内容，就可以知道这个国家受众的文化水平。传统的意识形态工具论认为大众是传媒的俘虏。而今天，实际上发生

---

① 周海峰：《影像的盛典——论大众传媒文化的特征及审美取向》，《电影文学》2008 年第 10 期。

② 保罗·莱文森：《手机》，何道宽译，中国人民大学出版社 2004 年版，第 86 页。

了翻天覆地的变化，传媒文化由于追求商业利益，将受众视为上帝，满足和迎合受众的需求。这必然会导致传媒内容和形式趋向简单化和大众化。从事传媒业的门槛变得极低，只需要有吸引受众的本领。文化产品的内容也越来越没有限制，只要有市场就有存在的合理性。凡是在市场上经过检验成功的产品，都会引来竞相模仿，这种扼杀个性创作的做法导致整个社会的审美趣味和话题的大众化。

第三，传媒文化的日常生活化。传媒文化在越来越深入地干预人们的生活。一方面，人们通过传媒了解社会；另一方面，传媒被寄予很多期望，如维护社会的公平和公正。当今社会很多贪污腐败、豆腐渣工程、违法犯罪事件等都是通过传媒报道才公之于众，依法惩办的。在日常生活中，传媒文化不断提供话题。例如，新闻报道、电视剧特别是网络媒体的海量信息成为人们茶余饭后的谈资。从沟通不同群体的桥梁到提供各种流行资讯，再到产品的推广，传媒文化深深介入日常生活，为每个现代人规定着生活方式。

第四，暗含霸权。传媒大众化后，有人把它称作“第三种力量”。传播学先驱拉斯韦尔和施拉姆也曾指出，大众传播媒介具有监督社会环境的功能。“大众传媒是社会公器”的理念暗含了媒介的特权，这个特权就是媒介霸权，人们似乎默认了媒体可以窥私，并且不少人热衷于关注这种内容。但事实上，媒体说的一定是正确的吗？当人们对媒体内容简单认同时，媒体再现事实时是否公平、公正则不得而知。这也使得媒体具有霸权，传媒文化是有霸权的文化，人们被媒体提供的信息所左右。①

中国传媒文化除具有一般传媒文化的特征外，还具有自身的特点：

一是传媒文化的开放性。国际传媒集团早在20世纪70年代末就已经进入了我国专业技术期刊市场。在中国加入世界贸易组织之前，我国传媒市场就已经逐渐地对外开放；加入世界贸易组织后，传媒文化开始具有高度开放性的特点，这是顺应全球化发展的趋势。我们不难发现，在中国电视节目中常常能看到西方已经走红的传媒创意或节目（尽管不是百分之百地照搬，混入了一些本土的原素或创意）。除了模仿，在当今中国传媒中还能看到大量原汁原味的国外传媒节目和信息。在网络资源、饮食文化、时尚风潮、报纸杂志、电影电视、广告节目等领域，大量的异质元素和资源糅合进本土传媒的内容。在这样的高度交融互动的背景下，中国传媒文化的流动性将必然导致大学生受众群体所受影响的复杂性。同时，当代中国传媒文化的开放性，也必然会产生一种现象，即西方（以美国为代表的）资本主义文化对

---

① 陈龙：《传媒文化研究》，中国人民大学出版社2009年版，第32页。

世界其他民族和地区文化的不断侵蚀。今天的大学生大多是80后或90后，他们较之过去的大学生更加开放和乐于接受新鲜事物。西方传媒发展比我们迅速，在文化传播方面占据优势，这不得不使我们产生焦虑甚至恐惧。面对多元复杂的当代中国传媒文化，必须加大力度研究如何在混杂的文化语境中使得我国的传媒文化保持自身的方向，维持一种民族的、传统的生活方式及其认同的连续性。

二是传媒文化的多样性。传媒文化极大地占据着人们的精神消费领域，其内容包罗万象，上自天文下至地理，吃喝玩乐、古今中外、高雅通俗，一应俱全；而且形式上也是超越任何单一性的文化形式的复合体，文化含量大，具有多样性。广告、时评、影视、时尚杂志、流行歌曲、BBS论坛、博客、微博、手机段子……传媒文化产品层出不穷，形式多样。当代大学生就是在这样一种环境中长大的：看着五花八门的电视节目，哼着港台歌曲，听着欧美流行音乐，在影院观看好莱坞大片，翻阅琳琅满目的杂志，习惯于每天读报纸、畅游互联网……特别是手机和网络新媒介带来了博客、播客和微博等自媒体的诞生，应用文字、图片、视频等不同的表现形式，大学生不仅可以随时浏览各国实时信息，还能自导自演自己的故事放在互联网上与人共享。传媒文化的外延有电视文化、影视文化、网络文化、流行文化、消费文化等。在多样性的传媒文化环境中，大学生最敏锐地感受着人类文化的成果，加速和扩大个人与世界的联系。在人类与自我的关系上，传媒文化的多样性开启了一个全新的窗口，提升了大学生的自我心理地位，继而影响和改变他们的价值观。传媒文化的多样性改变着大学生的生活，丰富了大学生的精神世界，促进了大学生的个性发展。

三是传媒文化的方向性。在阶级社会，传媒作为统治阶级重要的统治工具之一的这个性质非常明显。一定的传媒总是代表着相应的集团、阶级或政党说话，集团的旨意、阶级的理念和执政党的路线方针都要通过传媒工具传达。直至现在，它仍是作为统治阶级重要的统治工具之一。因此，传媒文化应当承载着统治阶级的思想观念、价值形态和道德规范，发挥社会主流价值观的引导功能。传媒文化以人民的利益为本，做人民利益的代言人；在实践中，以“以人为本”的理念为指导，反映人民群众的心声，站在社会公众利益上说话，客观真实地报道一切；传媒文化是社会主义先进文化的重要组成部分，担负着社会主义国家重要的文化传播任务。传媒文化为人民所广泛关注和认可，也正是因为这样才推动了传媒文化的迅速发展。

四是传媒文化的导向性。正如曾文星所说，“文化在无形中影响且塑造我们的行为表现方式，所面对的心理问题的性质，并左右我们对问题的处理方法，包括对困难的适应模式，以及遭遇挫折或生病时的反应与处理方式”①。文化在无形之中影响着我们的思维方式、处事原则、思想观念和意识形态。在大众传媒时代，人与世界互动的中心环节是传媒，人仰仗传媒构建生活，获取信息。大众媒介不仅传递信息，还传递特定的观点和价值，潜移默化地塑造、修正和改变人们的社会意识、话语系统和价值观念，产生巨大的导向作用。实际上在传媒文化中，每一个人都按照传媒的描述去感知世界，按照传媒的解释去理解世界。特别是大学生这一群体，处于青年时期，好奇心和接受能力都比较高，易于接受内容丰富、形式多样的传媒文化。传媒文化对大学生具有更大的导向性，这应当引起我们的重视。

（二）传媒文化的发展趋势

当前，传媒文化迅速发展，呈现出快速发展的趋势与特点。

一是视听化发展趋势。传媒文化的上一次重大飞跃始于19—20世纪电子技术的发展，推动了电影、收音机和电视等电子传媒的繁荣。声、光、电的技术改变了传媒文化的表现形态，传媒文化传播的时空障碍被彻底打破。文字传播时代的视听分离恢复为视听合一，信息表现更加丰富和直观。最近的一次飞跃是互联网作为传播媒介的出现和发展，海量信息和即时性传播使得文字受到了冷落，视频、图片越来越吃香，传媒文化走向视听发展的新阶段。詹明信（Fredric Jmaeson）指出，文化正是“消费社会本身的要素，没有任何其他社会像这个社会这样，为记号和影像所充斥”②。传媒文化不断给我们带来一个又一个色彩夺目、充满快感的视觉盛宴，图像成为最富裕的日常生活资源，成为人们无法逃避的符号情境，成为我们的文化仪式。人们在这种浅显逼真的复制中，丧失了对现实本真的把握。图像的泛滥也直接导致了人的思维方式的简单化。传媒文化的视听化是建立在技术基础上的，因而对媒介技术的依赖也成为传媒文化的一部分。大学生在传媒文化影响下，表现为对媒介技术的狂热追求。例如，有的大学生配置电脑时可能一般配置就可以满足学习需要，却要选择最好的，屏幕要大、速度要快、音响要好，或是为享受更高的感官刺激，或是虚荣心作祟；MP3是用来听音乐的小型随声听，但是能够显示动态视频的集视听为一体的MP4、MP5上市后，大学生趋之若鹜，有的大学生为了拥有一部MP4省吃俭用，甚至借买学习用品之名向父母伸手要钱；手机的最初功能是打电话和发短信，但现在大学生

---

① 曾文星：《文化与心理治疗》，北京医科大学出版社2002年版，第4页。

② 蔡骐、蔡雯著：《媒介竞争与媒介文化》，复旦大学出版社2007年版，第62页。

都渴望拥有一部可以上网的手机，随时登陆互联网，玩在线游戏或在线聊天。在媒介技术的控制下，大学生的价值观受到扭曲，一味追求高科技，追求更高级的感官刺激，花费金钱购买层出不穷的新产品，将享受、快感视为生命价值的实现，工具造成了人的异化和情感的荒漠化。有的学生一天都听着 MP3，鲜与其他人交流；有的同学一回寝室就急着打开电脑，对其室友、身边事都漠不关心。现在，有的大学生 iPhone、iPad（mini）不离手，与同学却没有共同语言。调查中，在回答问题“您热衷于前卫技术、崇尚最新产品、追求最新的技术体验吗”时，分别有 7.17% 和 22.76% 的大学生选择了非常热衷和比较热衷。这说明有不少同学受到传媒文化视听化的消极影响，过分强调技术性和高级的感官刺激。

二是商业化发展趋势。改革开放以来，我国传媒业越来越发现自身巨大的市场潜力，呈现出蓬勃发展的势头。经过市场经济的一番洗礼后，一些媒体也在残酷的市场传媒下开始奉行功利主义和实用主义，走上商业化道路。在商业利润的驱使下，传媒文化产品诉诸人的各种欲望，尽可能去赢得更多的消费者，在文化工业的生产线上输出大众欢迎的文化产品，传媒文化与商业化的逻辑、消费主义的观念不谋而合。为吸引大众目光，传媒不惜用戏剧化的表现手段体现当代社会中的冲突，用媚俗的方式讨好大众，各种炒作、虚假的信息漫天飞。这种传媒文化现象被称为“媒体奇观”，它包括媒体制造的各种豪华场面、政治事件，也包括用“突发新闻”的标签来吸引受众的事件。[①] 道格拉斯·凯尔纳在《媒体奇观》中说道：“在日常生活领域，媒体文化也被用来推销体现高消费理念的名人符码、消费快感、高技术和种种崭新的身份形式。技术资本主义已经发展到令人目眩神迷的信息/娱乐社会阶段。媒体巨头之间的合并和重组方兴未艾，传媒愈演愈烈。在这样的背景下，媒体制造出一个又一个‘奇观’来吸引观众，这些带有浓厚广告色彩的节目旨在刺激庞大消费机器的启动。”[②] 传媒文化的商业化支配着人们的无意识心理，大学生在其巨大的辐射效应下，享受着一切激发欲望的快感，然而沉迷于各种传媒景观后，是内心无尽的空虚，是丧失了对自己真实生活的追求。一些大学生因此在生活、学习中感到迷失和困恼，对他们未来的身心发展产生不利影响。

三是娱乐化发展趋势。当代传媒文化的娱乐化浪潮愈演愈烈。英国哲学家赫伯特·斯宾曾指出，人类在完成维持和延续生命的主要使命后，尚有剩

① 道格拉斯·凯尔纳：《媒体奇观》，史安斌译，清华大学出版社 2003 年版，第 2 页。

② 道格拉斯·凯尔纳：《媒体奇观》，史安斌译，清华大学出版社 2003 年版，第 9 页。

余的精力存在，这种剩余精力的释放主要是通过娱乐。新闻、文学、影视文艺、网络、广告等文化样式中的娱乐化倾向十分明显，实际上这和传媒文化的商业化走向不无相关，是“受赤裸裸功利意识驱使出现的五光十色的流变”。[①] 传媒文化的娱乐化走向使得温良恭俭让、仁义礼智信的五德五常传统道德规范和大众的审美文化以及主流的精英文化遭到戏谑、颠覆、恶搞以及排挤，取而代之的是快餐式的、符号化的、消费化了的各种热现象，这种热现象转瞬即逝，同时又如雨后春笋般前仆后继。[②] 一些媒体过度地娱乐化，大众传媒的责任感因而被忽视，迎合受众口味的娱乐性信息遮蔽了对重大新闻的报道。若不加以引导，传媒文化将走向媚俗。

四、传媒文化对大学生心理健康影响的基本状况

大学生受到传媒文化的影响，是通过大学生使用传播媒介的不同类型和使用方式等呈现出来的。传媒文化对大学生的影响涉及方方面面，但是对心理健康的影响是其影响中的重要方面。传媒文化对心理健康的影响当然首先表现在积极的方面，有必要进行调查研究。

本研究采用调查研究方法。调查问卷设计都是选择题，关于大学生对大众传媒的认识及使用状况的调查内容涉及大学生与大众传媒接触的时间、对不同大众传媒的使用频率和重要性、大众传媒对其生活的积极影响和消极影响、如果缺失某种传媒的感觉如何等。

本次调查研究的时间从2010年9月到2011年1月，调查对象是全日制的在校大学生，调查中随机抽取了中山大学、暨南大学、华南师范大学、广东外语外贸大学、广州广播电视大学等5所高校，发放问卷1000份，回收875份。根据调查要求，实际有效问卷是725份，调查问卷有效率为72.5%。在填写有效问卷大学生当中，本科生占89%，专科生占11%；来自农村的学生占42%，来自城镇的学生占58%；工科学生占19%，理科学生占28%，文科学生占53%；男生和女生各占一半；一年级学生占30%，二年级学生占25%，三年级学生占34%，四年级学生占11%。

先将有效问卷的数据录入计算机，利用Excel统计软件进行数据分析。然后采用描述性分析方法和对比分析方法，根据研究的需要制作不同的图表。

通过对调查数据分析发现，大学生在使用大众传媒时的一些基本情

① 应天常:《新闻娱乐化，“化”向何处?》,《新闻爱好者》2004年第10期。

② 刘婉君:《网络“哥”“姐”热与传媒社会责任的缺失》,《学理论》2010年第28期。

况为：

第一，大学生平均每天与大众传媒的接触时间。通过数据分析，描述出大学生平均每天与大众传媒的接触时间的人群分布（图 6.1）。28.42% 的大学生平均每天与大众传媒的接触时间是 1 ～ 3 小时；25.93% 的大学生平均每天与大众传媒的接触时间是 3 ～ 5 小时；极少部分的大学生几乎不接触大众传媒；平均每天与大众传媒的接触时间长达 5 小时以上的占 34.34%，这个数字还是比较大的，说明有不少大学生每天接触传媒时间较长，传媒活动占据其生活学习的不少时间，这部分大学生受传媒文化的影响更深。

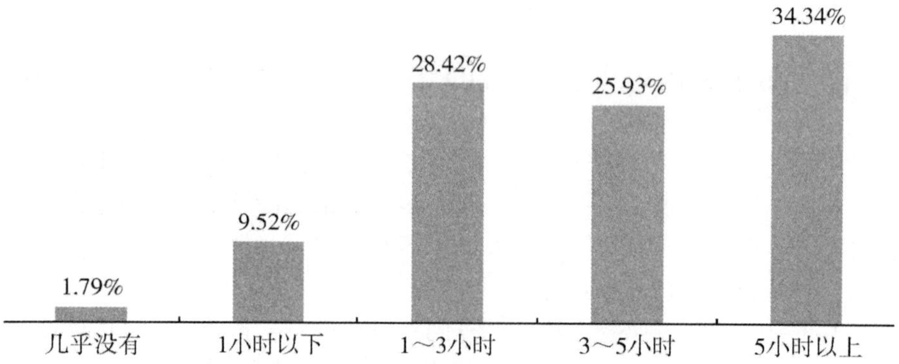

图 6.1　大学生平均每天与大众传媒的接触时间

第二，大学生平均每周使用大众传媒所花费的金钱数目。在大众传媒商业化迅速发展的今天，收看有线电视要交费，使用互联网要收费，购买图书、报刊也要花费一定数目的金钱等。因此，大学生使用大众传媒的同时，不可避免要花费金钱。经过数据分析，大学生平均每周使用大众传媒所花费的金钱数目（图 6.2）为：34.78% 的大学生平均花费 5 ～ 20 元；其次是 20 ～ 50 元的，有 23.91% 的大学生；每月花销大于 100 元的只有 4.35%。这说明大部分大学生每周使用大众传媒的花销在 50 元左右。大学生在读书期间，自身还没有经济能力，不能承受过高的消费；但随着大众传媒商业化运作的加快，付费传媒产品的增加，使得大学生不得不支付超出其经济承受能力的金钱。其后果，一方面可能使部分家庭困难的大学生在使用大众传媒上力不从心，与其他同学拉开距离，因为传媒信息获取的不平等造成实际人际关系的不平等，造成心理上的负担和自卑感；另一方面，也加大了大学生的消费压力，不利于大学生正确消费观的形成等。

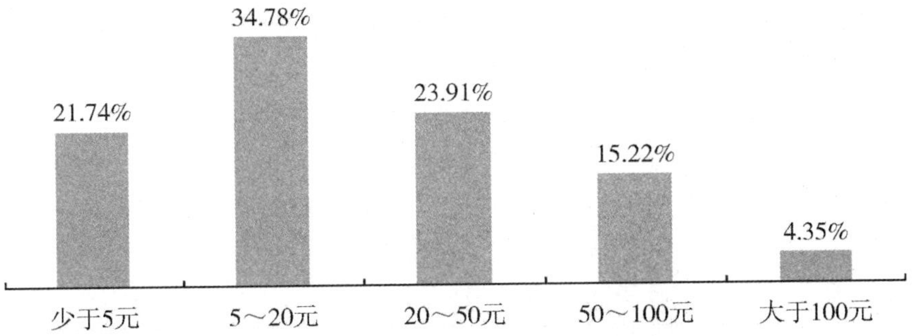

图 6.2　大学生平均每周使用传媒花费的金钱数目

第三，大学生接触传媒的主要目的。大学生接触传媒的目的很多，但主要目的表现在如下几个方面（图 6.3）：大学生利用传媒的动机为获取新闻、资讯的最多，占 75.23%；其次是为了学习及自我增值，为 63.08%。可见，大部分大学生接触传媒的出发点是好的，但是结果怎么样，要看大学生是否正确使用传媒工具，以及传媒提供的传媒内容是否真实、客观。同时，传媒在人际交往方面带来了便捷，有 55.61% 的大学生选择以人际交往为目的。例如，利用网络聊天、手机简讯在大学生生活中已是习以为常，使得人际交往变得更加方便、快捷，打破了空间和时间的限制。只有 14.95% 的大学生选择了被动接触。这部分学生从内心里并不是很愿意使用传媒工具，接触传媒文化，但是由于其身处在一个现代传媒迅速发展的社会，他们不得不使用传媒。这类大学生不能主动地使用传媒，往往限于被动的状态，在使用传媒时心理状态不是很稳定。21 世纪是传媒快速发展的世纪，若是不愿或不会使用传媒，将无法享受传媒带来的便捷，更可能无法适应现代社会带来的各种挑战。

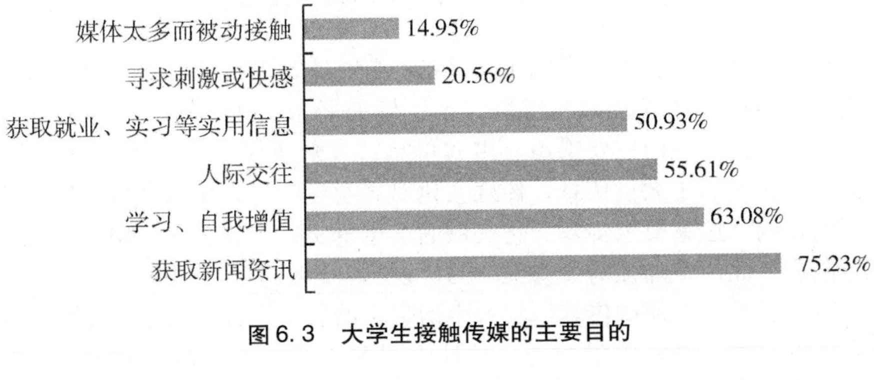

图 6.3　大学生接触传媒的主要目的

第四，大学生使用大众传媒的频率。根据对大学生使用哪种大众传媒频率最高的调查，总体来看，频率最高的前两位是手机和网络，而广播是大学生最少使用的媒介。对比大一新生和大四毕业生的数据，会发现一个有趣的现象（图6.4）：大一新生最常使用手机，有40.87%的学生把手机作为最常使用的媒介；大四学生最常使用网络，有52.17%的学生把网络作为最常使用的媒介。这说明大学生接触媒介存在着年级差异，接触网络的人数与年级成正相关。大一新生许多人是人生第一次离开家人，不免感到孤独寂寞，于是常常通过手机与家人和朋友保持沟通；另外，他们因为在网络上花费的时间较少，从而有更多的时间花费在报刊、图书上，各方面比较均衡。随着年级的升高，越来越多的大学生接触了网络，上网时间较多。大体上看，低年级学生在各种媒介的使用上也较高年级平均些。这说明大学生在校接触最多的媒介间有相当大的差别，各种媒介影响的深度和广度各不相同。网络对大学生的成长的影响很大，报纸、电视、杂志次之，而广播的影响相对较小。因此，网络媒体的影响越来越大，要加强对大学生上网行为的管理，提升大学生抵制各种有害信息的能力。

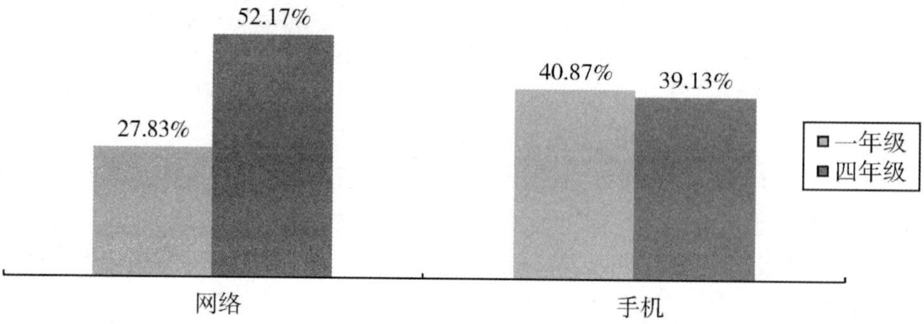

图6.4　大学生使用不同大众传媒的频率比较

第五，大学生获得信息的主要渠道。“在网络文化对大学生心理健康的影响”一章中，调查显示，网络、报刊与图书、老师和同学、电视和广播是大学生获得信息的主要渠道。由此可见，大众传媒为大学生的日常学习、生活和工作提供了大量信息，传媒文化对大学生学习、生活和成长有着非常重要的影响。这就要求传媒文化提供的信息真实、可靠，并且坚持正确的价值导向。因此，应加强对传媒文化的建设和管理。

第六，大学生使用传媒给学习生活带来的影响。许多大学生是第一次离开自己的家人，进入大学校园独立地学习和生活，刚开始可能会有些不适应，在大学生活中会遇到各种各样的问题。经过数据分析发现，当他们在日常生活中遇到烦恼或不快时，40. 03% 的大学生会偶尔主动地使用传媒，只有 10. 49% 的同学会非常主动地通过传媒寻求帮助（图6. 5）。这反映出大学生对待媒体的主动性问题，以及大学生媒介素养能力的问题。这就要求我们探究如何尽量发挥传媒在大学生的学习、生活中的积极作用。

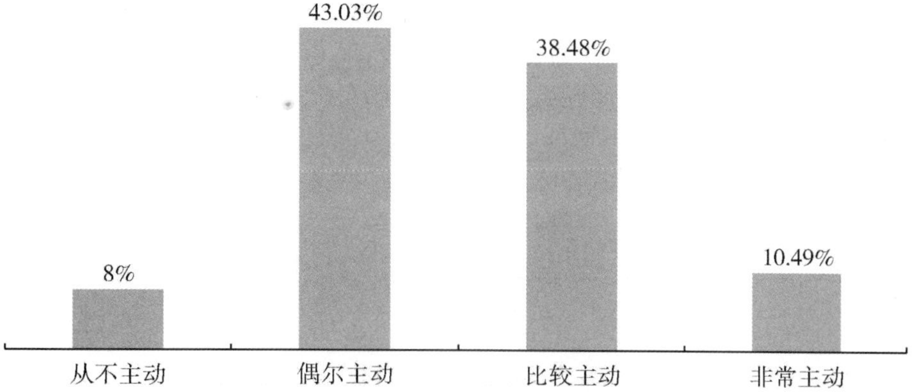

图6. 5　大学生在学习、日常生活中遇到烦恼或不快时，是否主动通过传媒寻求帮助

不同的人使用媒介带来的影响是不同的。有些大学生受消极影响比较大，有些则受积极影响比较大。总之，传媒文化对大学生的影响是双重的。如表6. 1 所示，55. 03% 的大学生认为媒介可以帮助自身各方面素质的提高，64. 69% 的大学生认为媒介扩大了社交面和社会参与度，69. 38% 的大学生认为媒介有助于缓解压力，这是媒介对大学生的积极影响。但也有 20. 97% 的大学生认为媒介使自己与他人的距离逐渐疏远，21. 66% 的大学生认为媒介使人沉迷于自我的世界，18. 48% 的大学生认为媒介使人变得容易浮躁焦虑，29. 66% 的大学生在媒介影响下容易或不自觉地逃避现实，27. 45% 的大学生在媒介影响下走向过分追求享乐和自我感觉，等等，这是媒介对大学生的消极影响。并且从数据上我们发现，虽然积极影响的频率大于消极影响，但消极影响的频率并不低，也不容忽视。

表6. 1　“您认为使用媒介会给您的学习生活带来的影响是”（$N=725$）

选　项	频数	比例/%
帮助自身各方面素质的提高	399	55. 03
扩大社交面和社会参与度	469	64. 69
缓解压力，放松身心	503	69. 38

续表 6.1

选　项	频数	比例/%
与他人距离逐渐疏远	152	20.97
沉迷于自我的世界	157	21.66
容易浮躁焦虑	134	18.48
希望或不自觉地逃避现实	215	29.66
过分追求享乐和自我感觉	199	27.45
改变思维方式	226	31.17
增加消费压力	18	2.48
其他	5	0.69

五、传媒文化对大学生心理健康的积极影响

当代大学生生活在强大的传媒文化之中，生活中已然离不开现代传媒，如报纸、电视、书籍、杂志、互联网、电影、广告、手机、电话、传真、可视电话、广播、短信等。传媒文化在大学生的生活中发挥着巨大的作用，为大学生的学习、生活带来了积极的影响。

根据调查显示，大部分大学生认为传媒文化对自身的积极影响是比较大的，其中认为传媒文化的积极影响很大的占18.64%，认为积极影响比较大的占62.21%（图6.6）。这说明，大多数大学生在日常生活中深切感受到并且承认传媒文化对他们有积极的影响，并且认识到其影响程度比较大。只有2.20%的大学生认为没有积极影响，这部分学生没有正确认识传媒文化，对传媒文化的认识比较偏激。

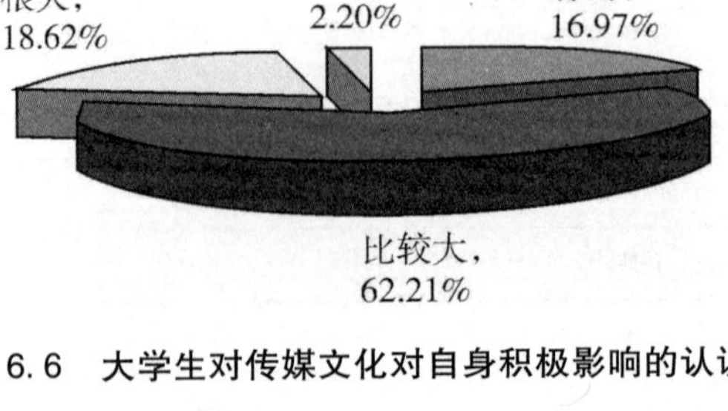

图6.6　大学生对传媒文化对自身积极影响的认识

传媒文化给大学生带来的积极影响有哪些呢？针对“大众传媒对您生活的积极影响”这一问题的调查发现：有82.48%的大学生认为扩大了他们的知识面和眼界；有72.41%的大学生认为促进了人际交往，拓展了人际交往的深度和广度；有81.66%的大学生认为大众传媒提供了丰富的学习生活所需要的信息；还有54.62%的大学生认为消费传媒文化产品或参与传媒活动帮助他们排解了负面情绪（表6.2）。传播学先驱拉斯韦尔早就证实，传媒具有四大功能：环境监视、社会协调、知识传承、文化娱乐。在大众传媒时代，这些功能都得到了充分的拓展。因此，传媒文化对大学生心理健康的积极影响可以总结为四个方面：

表6.2　“大众传媒对您生活的积极影响有”（$N=725$）

选　项	频数	比例/%
扩大知识面和眼界	598	82.48
促进人际交往	525	72.41
获取学习生活所需的资讯	592	81.66
排解负面情绪	396	54.62

第一，有利于开阔大学生的视野，激发其创造性。当今，传媒文化产品种类繁多，层出不穷。各种音像制品、国内外电视剧、广告、电影、电视节目和报刊杂志填满了人们的日常生活。网络、报刊与图书、电视和广播这几种大众传媒成为大学生获得信息的主要渠道。特别是网络媒体的出现，带领我们进入了信息网络时代。在信息网络的环境中，信息海量生产、更新速度快、查询检索方便，在开阔大学生视野、丰富知识方面起着举足轻重的作用。调查数据显示，75.23%的大学生利用传媒是为了获取新闻、资讯，63.08%的大学生是为了学习及自我增值。可见，大学生将传媒视为开拓其视野的重要途径之一。

传媒文化不仅开阔了大学生的视野，丰富了他们的知识，同时还激发了他们的创造性。开放的传媒文化为大学生发挥创造性提供了有利条件，培养了他们的创造能力。建设性的后现代主义者大卫·格里芬曾指出：“从根本上说，我们是‘创造性’的存在物，每个人都体现了创造性的能量，人类作为整体显然最大限度地体现了这种创造性的能量（至少在这个星球是如此）。"①每个人都想追求新鲜的体验和新奇的事物，人的最根本的本性就在于他的创造性，创造性是人类社会不断进步的最根本的内因。大学生是否具有创造力，是其是否具备良好的心理素质的重要因素之一。开放多元的传媒文化一方面满足了大学生的好奇、追求个性自由的要求；另一方面，由于网络传媒的便捷，大学生可以在浩如烟海的信息资源里随时找到自己所需要的资源。因此他们不再看重记忆，可以部分摆脱记忆对他们的束缚，因而有更多的时间和精力去创造和运用新知识。同时，一些新兴的传媒文化产品如网络播客和微博也越来越重视使用者的主体性和创造性。大学生可以以自己为主角，展示各种创意。例如"后舍男生"的走红，源于两个普通男大学生在寝室里录制的几段搞笑视频放在网上后引发了网民的热烈追捧。在自由、宽松的网络传媒环境中，大学生有充分的空间激发自身的创造性思维，最终使他们成为拥有主动精神和旺盛创造力的生命个体。随着博客、播客和微博等自媒体的发展，越来越多的大学生通过对自媒体的灵活掌控，积极发挥主动性和创造性，增强了自信心，活出独特的个性。

第二，有利于大学生的社会化。所谓社会化，指人一生中在与他人及社会的接触和互动中形成个性，获得并履行社会行为规范以及社会角色，以不断适应和参与社会生活的过程。人是社会的人，是一切社会关系的产物。任何人不能脱离社会的存在而发展。随着人的发展，人与社会的联系越来越紧密。怀特说："每个人都降生于先于他而存在的文化环境之中。当他一来到世界，文化就统治了他，随着他的成长，文化赋予他语言、习俗、信仰、工具等，总之，是文化向他提供作为人类一员的行为方式和内容。"②当今的大学生就处在大众传媒文化环境中。

现代化的大众传媒、丰富的传媒文化产品为大学生社会化获取社会信息、参与社会互动提供了多样的途径和形式。无论是作为传统媒体的报刊、广播、电视，还是作为新媒体的互联网、手机等，都负载和传达着各种各样的社会信息，大学生思想观念不可避免地受到影响。特别是随着网络、手机新媒体的诞生，大学生加入网民这个大群体中，随时可以了解世界各地发生的大事，并用鼠标和众多网民一起改变着世界。例如，汶川大地震后，大学生在网络上迅速发布信息，组织捐款，奔赴灾区援助灾民；奥运火炬在海外传递时，大学生通过互联网和媒体报道密切关注圣火传递，了解到奥运火炬遭到了藏独分子和西方所谓"人权组织"的干扰，以及西方部分媒体的歪

---

① 大卫·格里芬：《后现代精神》，王成兵译，中央编译出版社1998年版，第3页。

② 转引自鲁红艳：《大众传媒对大学生社会化的作用》，《江汉大学学报》2001年第4期。

曲报道，很多当地的大学生和华人迅速聚集起来，高举大红旗和支持北京奥运会的标语保护火炬传递等情况，也引起了他们的强烈反响，他们在网上和现实中都用自己的行动表达着热爱祖国的心。

在对大学生为何参与社会公共事务的调查中，有75.72%的大学生认为在一定程度上是受到大众传媒的影响，有16.69%的大学生认为自己是受到大众传媒的直接影响，而只有7.59%的大学生认为受到大众传媒的影响不是很大。可见，大众传媒影响到大学生参与社会公共事务并为之提供了多种途径和形式，这些都大大提高了大学生的社会适应能力。社会适应能力是指个人处理日常生活能力与承担社会职责达到了他的年龄和所处社会文化条件所期望的程度，也就是指个人适应自然和社会环境的有效性。① 《中共中央国务院关于深化教育改革　全面推进素质教育的决定》中指出：针对新形势下青少年成长的特点，要加强学生的心理健康教育，培养学生坚忍不拔的意志和艰苦奋斗的精神，增强青少年适应社会生活的能力。社会适应能力是心理素质的核心内容之一，也是社会对人才素质的基本要求之一。社会适应能力是心理健康的重要内容。第三届国际心理卫生大会上提出的心理健康标准中，其中一条是“适应环境，人际关系良好”。国内外众多学者在论述心理健康的含义时也无不例外地提到了社会适应的重要意义。大学期间是大学生学习科学文化知识的重要时期，也是他们为即将进入社会做好准备的关键时期。大学生能否顺利社会化，提高社会适应能力，关系到他们能否在毕业后迅速适应当今竞争激烈的新环境。因此，高校要重视利用大众传媒，充分发挥其在大学生社会化过程中的积极作用。

第三，有利于丰富大学生的精神生活。传媒文化是伴随着社会物质财富迅速增长而发展起来的，它改变了人们的日常生活。原本在日常生活另一端的，专业领域的艺术作品，包括电影、戏剧、音乐、美术、艺术展览等，也改变了它们的存在方式，变成图片、文字或音像、视频出现在人们的日常生活中，丰富了人们的精神生活。传媒文化为大学生的精神生活编织着新的渴望。在紧张的学习之余，大学生需要放松和调剂自己的生活。20世纪80年代出生的大学生可能会说：录像厅是我们看世界的窗口。当时，随着录像机逐渐进入普通家庭，租录像带在家看电影是那个时代许多年轻人的休闲方式。20世纪90年代出生的大学生则会说，网络才是我们看世界的窗口。今天的大学生多么幸运，无数电视台开通了电影频道，在家可以轻松看电影。随着电脑的普及和网络技术的发展，大学生可以想看什么就点击什么、下载什

① 宋专茂、丁霞：《大学生心理健康测量与导向》，暨南大学出版社2005年版，第45页。

么，在线影院和BT下载有无数电影资源。下载电影到MP4上，让大学生还可以“电影随身看”。目前，几乎每所高校的校园网都可以用极其廉价的费用甚至免费获得上千部电影。大学生利用传媒丰富课余生活，既方便自由，又经济实惠。其中，影视剧颇受大学生的欢迎。大学生与社会接触的机会比较少，影视剧含有丰富的社会信息，能够使他们间接了解社会，为他们今后走向社会打下基础。特别是优秀的影视作品，其中塑造的榜样或人物能让大学生产生共鸣，激励处于迷茫中的大学生，成为大学生的精神良药。例如，电视连续剧《士兵突击》就在大学生中引起很大的反响，甚至在大学校园中掀起了爱国从军的热情。《士兵突击》展现了和平年代一个普通士兵，在任何情况下，都不抛弃自己的理想，不放弃自己的信念，以一种“不抛弃、不放弃”的精神对待事业、对待友情、对待生活，使生活变得更有意义。这部电视剧让许多大学生领悟到没有笨学生、只有懒学生的道理，对待学业和理想只要有执着的信念——“不抛弃、不放弃”，就一定能成功。优秀的影视作品能丰富大学生的思想，陶冶他们的情操，让大学生在闲暇时能真正地接受到真、善、美的教育和艺术的熏陶，使大学生的身心和综合素质得到提高。① 再如电视节目，形式层出不穷。今天打开电视，上百个频道的各式节目让人眼花缭乱，娱乐、新闻、购物、旅游等分门别类，受到年轻人的欢迎，丰富了他们的精神生活。最典型的当属2005年的“超级女声”，15万人报名参赛。4亿电视观众翘首观看，创造了国内电视节目的神话。为何这个节目吸引了全社会青年的广泛参与？出生于20世纪八九十年代的一代，自我意识增强，渴望实现自我价值，在追捧平民偶像的过程中，把他们看作自己的一个“镜像”，在支持、捧红他们的同时获得自己塑造偶像的快感，反映了年轻人对清纯梦想的追寻和对美好未来的想象。

第四，有利于大学生缓解压力，放松身心。今天的大学生面对着越来越大的压力。随着高校扩招，大学生不再是“天子骄子”、“香饽饽”，“毕业就失业”的现象开始出现，大学生要面对激烈的社会竞争和残酷的就业压力、竞争压力、考试压力等。一些大学生在情感、人际、学业、环境适应、家庭等方面都存在一定的心理困扰等，造成一些负面的情绪。这些负面情绪若不能合理有效地释放，则会影响他们的学习和生活。在近乎同一时期，我国的传媒文化也逐步向娱乐化过渡，其源头要追溯到20世纪90年代初。其时，中国社会进入急剧的转型期，即经济转型、社会转型、思想转型、文化转型等。我国的传媒体制也发生了根本变革，从过去的事业单位转变为事业

---

① 胡艳杰：《传媒文化在大学生素质教育中的作用》，《新闻知识》2008年第9期。

单位的企业化管理甚至转制为企业，即传媒开始走向在竞争中求生存的市场化道路。从那时起，娱乐与消费等观念渗入传媒文化产品中。因此，大学生的一些负面情绪通过消费娱乐性的传媒文化产品可以得到很好的宣泄。在问卷调查中，回答“哪一类电视节目会令您产生愉悦的情绪”，有 58.76% 的大学生选择了大众娱乐节目，有 10.62% 的大学生能够从肥皂剧中获得愉悦的情绪体验，有 24.97% 的大学生是从新闻资讯类节目获得愉悦的情绪体验（表 6.3）。总之，以大众娱乐节目为首的传媒文化产品带给了大学生美好的情绪体验，一定程度上排解了他们的负面情绪，放松了身心。

表 6.3　“哪一类电视节目会令您产生愉悦的情绪”（$N=725$）

选　项	频数	比例/%
新闻资讯类	181	24.97
大众娱乐节目	426	58.76
广告	46	6.34
肥皂剧	77	10.62

同时，传媒文化还通过提供不同的途径和形式扩大大学生的交往范围。通过手机、MSN 和 QQ 等通讯方式，大学生可以随时与朋友或亲人，甚至是陌生的网民沟通，宣泄负面情绪，寻求他人的帮助，倾诉内心的苦闷。多样的沟通形式也使一些大学生避免了面对面交流的尴尬。高校心理教育工作者应当多多利用传媒的各种优势，拓宽心理健康教育的路径。

六、传媒文化对大学生心理健康的消极影响

传媒文化是把双刃剑，它不但给大学生心理健康带来积极影响，同时也给大学生心理健康带来消极影响。根据调查显示，大学生对传媒文化的消极影响有一定程度上的认识。在回答“大众传媒对您生活的消极影响”时，有 4.14% 的大学生选择了“很大”，有 21.24% 的大学生选择了“比较大”，有 64.55% 的大学生选择了“有点”，只有 9.79% 的大学生选择了“没有”。这说明，大部分大学生都认识到传媒文化对自身造成了一定程度的消极影响。

同时，大学生也认为大众传媒自身也存在许多问题。有 69.52% 的大学生认为大众传媒审美趣味日益低俗，有 40.28% 的大学生认为传媒文化主要“追求视觉上的狂欢”，有 70.48% 的大学生认为传媒产业过于商业化，还有

58.34%的大学生选择了娱乐主义消费主义盛行，等等。实际上，传媒的这些问题加剧了传媒文化对大学生的消极影响。只有从根本入手，整治传媒文化，营造一个良好的传媒文化环境，才能消减其不良影响。新世纪的大学生，多数在改革开放后出生，在社会转型中成长，伴随他们成长的，从小霸王游戏机到国外卡通片，从港台流行歌曲到各式肥皂剧，从偶像海报到时尚杂志，传媒文化渗透到他们生活的方方面面，大学生在传媒文化中受到了双重影响。

（一）传媒文化使部分大学生的价值观呈现扭曲

传媒文化改变大学生的价值观是通过大众传媒携带的大量信息，这些信息携带着社会价值观念，充分介入大学生的日常生活。开放的传媒文化必然带有多元的价值观念，经过多次的宣传强化，一些错误的价值观念容易对大学生产生潜移默化的影响，造成大学生价值观的扭曲。通过调查显示，72.28%的大学生认为“丰富多彩的传媒活动和内容对个人价值观产生影响”，能够充分认识到传媒和传媒文化在塑造自身价值观方面有重要影响；但仍有27.71%的大学生认识不到这个事实，不能正确认识到传媒文化在其价值观形成过程中的消极影响，因此可能对传媒文化中的一些错误价值观放松警惕。

今天的大学生无法想象偷偷收听美国电台的日子，英语老师鼓励他们收听外国电台，以提高英语听说能力；如果不知道 *China Daily*（《中国日报》）或《新经济人》，可能还会被同龄人讥讽；他们可以在网上、街边报刊亭或学校图书馆接触到各式各样的国外原版杂志或期刊；美国电视节目、韩国和日本电视剧等在电视上的热播，更是引起年轻一代的狂热追捧，一些人成为国外明星或动漫的铁杆粉丝，出现哈韩、哈日、哈美等各种群体。《越狱》、《绝望的主妇》和赚取众人眼泪的《蓝色生死恋》似乎成为当今大学生的另类标签，一些大学生以此标榜自己乐于接受新鲜事物，与时代同步，不落伍。目前在校的大学生，大多是处于18～25岁的青年时期，这是一个人的世界观、人生观、价值观形成的关键时期。青年时期的特点是好奇心重，可塑性大，求知欲强，渴望接受新事物，了解这个世界。面对各种传媒的包围，他们往往很容易接受这种图文声并茂、形象生动、具有很强隐蔽性和欺骗性的传播，从而不由自主地使用和接受其所持的价值观。

自20世纪90年代开始，我国传媒文化开始了现代转型之路。一方面，传媒文化产品出现了前所未有的“百花齐放”，国内外传媒文化产品竞相出现；另一方面，我国传媒文化从过去的封闭、单一，逐渐到借助互联网信息技术，形成各种信息文化相互激荡、相互交融、相互冲突的局面。而在信息技术方面占有绝对优势的西方国家趁势将他们的价值标准、意识形态、社会文化及生活方式等信息大量迅速地向我国传播，抢占我们的思想文化阵地。大学时期正是青年人树立世界观、人生观和价值观的关键时期，传媒文化中的错误价值观对于大学生的影响极为明显。因此，在不良的思想观念、意识形态面前，他们的思想很容易出现问题，甚至会走上歧路。同时，商业化的传媒文化处处体现着拜金主义和消费主义的倾向，如电视剧里的男女主角穿着时髦的衣服、体育明星拥有的香车美女、广告里的香水豪宅等。在这种价值观的影响下，部分大学生的人生价值观发生迷失或偏离，被金钱扭曲，享乐主义、拜金主义和民族虚无主义肆虐。大学生的人生价值观沾染上消费主义和物质主义气息，引导着大学生追求物质享受和感官刺激。例如，不少大学生越来越崇拜富贵和金钱，把金钱的多少当作成功的标准；一些大学生盲目攀比、跟风，讲究去高档餐厅消费、穿名牌衣服和鞋子等；还有一些大学生抱着这样的想法，即大学文凭仅仅是用作上升的跳板，人生价值的实现在于能够出人头地、谋取金钱地位；甚至一些大学生在金钱的诱惑下不择手段，个别人甚至还走上赌博、偷窃、抢劫、杀人等犯罪的道路。如果大学生对传媒文化不加选择地接受，不仔细辨别的话，将对他们价值观的形成产生各种误导。

（二）传媒文化使部分大学生的认知呈现被动浅显的状态

传媒文化愈来愈演变成一种“暴力文化”。通过不断为大众提供各种各样的信息，在大众生活中逐渐占有举足轻重的地位，传媒不仅告诉我们应该关注什么，甚至还告诉我们应该怎么想。

一是传媒文化左右部分大学生的认知。在20世纪20年代，传播学早期的研究中提出过一个理论，为了说明在当时信息极其有限的背景下，某些拥有少数信息特权的少量媒体很容易获得权威的地位，从而导致人们对它的迷信和崇拜。这就是流行于西方的“魔弹论”（Bullet theory）。所谓“魔弹论”，即媒介信息就如同“子弹”一样，击中受众的每只眼睛和耳朵，对人类的思想和行为产生直接、迅速、一致的因而也是巨大的影响。所以大众传媒具有巨大的骇人威力。受众则是受其本能驱使、人数庞大且缺乏教养、既无独立见解又无个性的群体。他们彼此隔离、很难沟通，大众传媒是其与社会发生关系的重要依靠。依“魔弹论”看来，受众好比射击场里固定不动的靶子或护士面前昏迷不醒的病人，完全处于消极被动状态，只要枪口对准靶子，针头对准人体的某一部位，子弹或注射液定会产生神奇的效果。无论是被“魔弹”击中的靶子或是病人，对外界的反应都不会有任何自己的选择，仅仅是一个被动的承受者。[①]“魔弹论”作为一种经验理论，它的形成有特定的时代背景。而在当今传媒文化下，媒介类型多样化，人们获取信息的渠道越来越多样化。有人会说，也许情况并没有那么糟糕。让我来举个事例，在美国“9·11”事件中，世界贸易大厦中的许多职员在第一次撞击后准备撤离时，却从媒体得知消息，大厦不会有危险，于是不少人停止撤出，又返回了办公室，失去了逃生的机会。[②] 实际上，在大众传媒时代，人们接受的大部分信息是经由传媒加工、整理的。人们依靠传媒获取社会生活各个方面的知识，往往对传媒提供的信息不假思索地全盘接受。然而可怕的是，大众传媒提供的信息并不是百分之百真实可靠的。大学期间，是个人的认知发展的关键时期，它包括感知、记忆、思维和想象的发展。这一时期，大学生喜欢主动地感知，从一定的背景知识出发去感知有关事物，求得更完整地认识事物。一旦大学生对传媒内容不加思考地全盘相信，情况就会变得被动而不利于大学生的心理发展。还有不少大学生越来越不去记忆知识，依赖于传媒检索信息的便捷。据心理学研究，人的记忆力发展的高峰年龄是 18 ～ 29 岁，大学生恰好处于这一年龄阶段，是记忆的黄金时期，如此一来错失了锻炼自身记忆力的好时期。

二是传媒文化使部分大学生思维碎片化、简单化。传媒文化的视觉走向，带我们进入一个视觉中心的时代。从摄影、电视、电影到数码成像、网络影像合成等，随着摄像技术的发展，一个影像的世界在不断扩大，渗透到生活的每个角落。传媒文化倾向于用图片和影像的方式刺激人们的视觉，是因为视觉具有相对其他感官的优越性。西塞罗说过，“视觉是我们最敏锐的感觉”，而影像技术的发展给“看”提供了最大的可能性，试图把一切东西变成可见的。影像的直观性和真实感成为传媒文化推崇它的理由。但是，图片或影像一旦取代了文字，变成主导，人们在“看”中只能获得视听的快感而丧失了“读”的理性思考的空间。大学生们是否爱看图像远胜于文字呢？43.45% 的大学生选择了“相比文字信息，更倾向于图片或视频格式的信息”（表 6.4）。

---

① 金雁等：《传媒时代：人类认知新概念》，中山大学出版社 2007 年版，第 135 页。

② 曾庆香：《媒介神话化——从〈泰坦尼克〉神话看传播致效》，《新闻与传播研》2002 年第 2 期。

表 6.4　“相比于文字信息，您是否更倾向于图片或视频格式的信息”（$N=725$）

选项	频数	比例/%
是	315	43.45
否	259	35.72
不清楚	151	20.83

传媒文化的视觉化转向，实际上对大学生的思维方式、理解能力和行为习惯产生了影响。调查发现，有一半以上的大学生认为大众传媒的读图时代改变了自身的思维方式、理解能力和行为习惯（图 6.7）。有研究发现，人们看电视超过半小时以后，大脑皮层便会呈现人类在浅睡眠时的脑电波。虽然影像对人们思维能力的长期影响还有待进一步观察和科学证明，但许多人都普遍认为过度依赖影像会破坏思维的深度，思维趋向简单化、碎片化，理解能力随之下降，并且对文字性的东西缺乏耐性，心智减弱到近乎懒惰的程度。

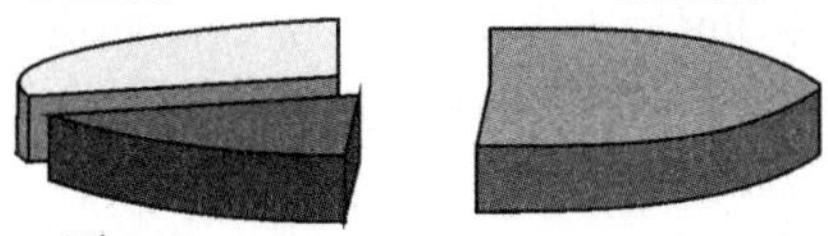

图 6.7　传媒带领我们进入读图时代，您认为这是否对您的思维方式、理解能力和行为习惯产生影响

在大众传媒时代，大学生的阅读习惯也发生了改变。回答“您平时如何阅读网络新闻”时，选择“标题或图片引起我的兴趣”的最多，有 45.52%（表 6.5），说明大学生比较倾向于图片信息，注意力往往最先被图片吸引。

表 6.5　“您平时如何阅读网络新闻”（$N=725$）

选　项	频数	比例/%
有意识地浏览信息	244	33.66
标题或图片引起我的兴趣	330	45.52
点击一个后会不断查看相关链接	77	10.62
粗略浏览标题和导语，注重信息量	74	10.21

传媒文化追求以最快的速度展示这个变化莫测的世界。大众传媒用图片和影像将现实世界以碎片化的方式呈现给人们，传媒文化的产品变成了快餐消费，时间被新闻热点分割成碎片。杰姆逊曾说过，当代社会系统开始生存在一个永恒的当下和一个永恒的转变之中，把曾经需要保存的传统抹掉，我们忘记了历史。综观当今传媒文化，不断制造、翻新热点，从超女到花儿朵朵，从芙蓉姐姐到犀利哥，只有当下没有历史，只关注流动的现象，一切在飞速流逝，碎片般的认知无法在脑中存留多久。

传媒文化在传递内容的过程中越来越讲究速度，从电视上一闪而过的画面到网络上不断翻过的页面，人们无法凝视只能浏览，而“具有思想的思维的展开本质上是与时间紧密相连的”①。实际上，速度和深度之间始终存在一个速度和深度的权衡问题。如果过分强调速度，就会失去深度，因为思想、意义和内涵这些会被速度挤压掉深刻思考的时间。正如乔治·瑞泽尔所说：“速度，尤其是知识和信息的沟通已经制造了一个令人迷乱的、肤浅的图像世界。”② 传媒文化的娱乐化，每天快速制造出大量时评、快讯、搞笑和娱乐，有多少是真正有思想的？这是传媒文化走向快餐文化的危机，它使得人们更多更快地感知到事物，却不能帮助他们更好地理解事物。不断强调及时性，直播新闻用不连续的叙述方式播放各种离散的事件，导致人们思维的碎片化，简单化。大学生处于逻辑思维和辩证思维高度发展的生理阶段，思维的敏捷性较高。但是由于知识面相对来说还比较窄，特别是缺乏实际的生活经验，大学生的思维方式具有单一或垂直的特点，类比思维和发散思维的发展不太成熟，在分析问题时，缺少新意和深度。传媒文化无疑会导致大学生思维方式走向简单化，不利于大学生逻辑思维和发散思维的发展，从而影响大学生的智力发展。

（三）传媒文化导致部分大学生不良的情绪体验和行为

“情绪”这个词对生活中的每个人来说，都是非常熟悉的。但是，人们对自己情绪的认识却不一定很深刻。什么是情绪呢？我国心理学界大多沿用苏联心理学界的观点，认为情绪是人对客观事物态度的体验。这是一个笼统的概念。美国心理学家德弗雷认为情绪是由身体各部位发生变化而带来的有机体的一种复杂状态，在精神上，它伴随着强烈的情感和按某种方式去行动时的冲动；同时，它也包含着生理的和行为的变化。良好的情绪有利于健

---

① 布迪厄：《关于电视》，许钧译，辽宁教育出版2000年，第28页。

② 乔治·瑞泽尔：《后现代社会理论》，谢立中等译，华夏出版社2003年版，第193页。

康，有利于学习，有利于成功；不良的情绪则有害于身体，有碍学习，有碍进步。因此，防止情绪危机，提高调节情绪的本领是大学生学会心理保护的必修课题。

大学生的情绪活动具有非常明显的特点，如丰富性和复杂性、波动性和两极性、激情性和冲动性、阶段性和层次性、内隐性和外显性。传媒文化会引起大学生情绪波动吗？如表 6.6 所示，有 4.83% 的大学生承认他们的情绪很容易被传媒内容影响，还有 31.58% 的大学生选择了“比较容易”。可见，传媒文化在一定程度上会对大学生的情绪产生影响，程度的深浅则因人而异。同时，如表 6.7 所示，五种传媒现象都会使得部分大学生出现反感或恐慌等负面情绪。

表 6.6　“您的情绪是否容易受到传媒内容的影响”（$N=725$）

选　项	频数	比例/%
很容易	35	4.83
比较容易	229	31.58
不太容易	426	58.76
不受影响	35	4.83

表 6.7　“以下哪些传媒现象会影响您的心情，产生恐慌或反感等负面情绪”（$N=725$）

选　项	频数	比例/%
虚假信息的误导	395	54.45
不良信息的流毒	360	49.66
电子病毒的侵袭	344	47.45
个人攻击的肆虐	367	50.62
“网络暴民”等语言暴力	326	44.97

因此，传媒文化会引起大学生某些负面情绪已是不争的事实。这些负面情绪主要有以下几种：

一是焦虑问题。焦虑是一种常见的情绪反应，是由模糊的危险刺激所引起的一种强烈的、持久的、不愉快的情绪体验或心理状态，主要伴以紧张、恐怖的情绪，并引起相应的生理变化。它可以是正常的情绪反应，如个体发现自己很容易紧张，并且知道这种轻微的紧张能提高注意力集中的程度，个体能够把紧张转化为专注，这是轻微怯场的积极意义；它也可以是病理情绪反应，不愉快的焦虑可能升级成明显的焦虑，甚至升级为惊恐，成为焦虑障碍。大学生产生焦虑的原因有很多种，有的是因为刚进入大学校园不适应新的大学生活，有的是因为人际关系紧张，有的是因为学习压力过大，等等。传媒文化之所以能引起大学生的焦虑情绪，主要是因为高速运转的传媒提供了海量的信息，但个体处理信息的实际能力有限，巨量的信息超出了人能承受的极限，造成大学生对信息反应的速度远远低于信息生产和传递的速度，无法进行有效的取舍、判断和控制；同时，大学生在心理上又焦虑地感到必须跟进传媒文化传递信息的速度，才不会与这个世界脱节，才有可能抓住可能的机遇。一些大学生因此患上信息焦虑症。

二是技术追赶中的恐慌问题。在当今社会，网络这种新媒介主要是以电子技术为依托。网络媒介具有信息含量大、信息搜索自主的优势。调查表明，大学生接触网络的时间越来越多，对网络的依赖越来越大。在电子媒介中，传媒文化主要依托技术设备，如电视机、电脑等。传播技术的迅速发展，迫使人们必须不断地掌握和使用新的信息技术，否则容易在心理上产生恐慌感或者是不能适应新技术变革的压抑感。这种现象最常出现在来自农村的大学生，在进入大学校园以前，他们没有接触过多少传媒文化，在他们生活的世界出现得最多的是广播、电视、报纸等；他们对新媒体网络、3G手机等相对感到陌生，一旦进入传媒文化影响深刻的校园，技术上和心理层面上则感到压迫和不安，被动地受驱使融入传媒文化的这股技术推进浪潮中。有些大学生不断更新硬件，学习使用更新的软件，投入了大量时间、金钱和精力。一些大学生甚至互相攀比手机、电脑的先进程度，在一定程度上引起贫困大学生的自卑感。

三是身心俱疲问题。很多大学生反映，常常因为学习任务而上网找资料，只要鼠标一点，便一个网页链接又一个网页，一条信息链接又一条信息，几乎可以永无穷尽。没有传统媒体的空间和时间限制，如同浩瀚无际的汪洋大海一般，容易在各种纷繁的信息中迷失自己，到最后发现时间过去了，学习任务一点没有完成，于是产生内疚的情绪。更为可怕的是，一旦这种负面情绪不及时正确地释放疏导出来，就会不断产生恶劣影响。有的学生说自己明明是想放松一下，但是往往不能把握好时间，自控能力差，所以在放松之后更加疲惫。可见，利用网络已经成为大学生放松身心的一种重要方式；但实际上，上网时间如果过长，人反而会更加疲惫。学校应该为学生多提供体育锻炼的机会，这才是健康的放松方式。

四是色情、暴力模仿问题。不管是关于黑社会老大的电视剧还是直白的现场采访，或是案发现场的真实照片，这些充满血腥和暴力的报道、图片或影视剧所展示的色情与暴力文化都对大学生的心理造成了很严重的影响。很多校园刑事案件的犯罪手法是大学生从影视剧里或新闻报道里学来的。班杜拉把学习分为两种类型，一种是天生的，另一种则是模仿。传媒内容中色情、暴力内容容易导致大学生在现实生活中不自觉地模仿。当今传媒文化对女性身体消费的倾向越来越明显。有 56.83% 的大学生认为大众传媒上某些女性图片或视频带有强烈的性暗示（图 6.8）。这都对大学生正常的身心发展造成不利的导向。政府应该规范传媒文化，禁止含有色情和暴力元素。

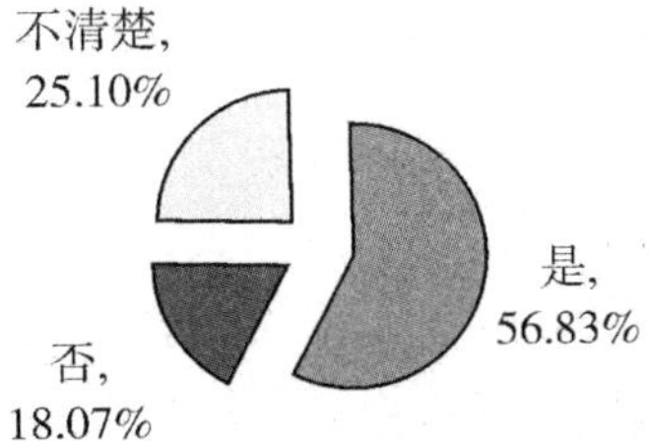

图 6.8　您是否认为大众传媒上某些女性图片或视频带有强烈的性暗示

五是怀疑问题。传媒文化信息量大，内容丰富。由于监管不力、传媒从业者素质良莠不齐等原因，各种传媒特别是报纸和网络上的虚假信息非常多。例如，信息在传播过程中，会出现逐渐走样的现象。如果源头的信息是道听途说，那么经过传播链，以讹传讹，这样的道听途说会被一步步放大。这种放大效应在网络传媒中尤为明显。一些信息的发布者其信息来源本身就不可靠，掺杂着谎言和水分，而不明真相的传播者在将信将疑之间，又添油加醋，添枝加叶，如此经过千百人的“改头换面”，谎言的膨胀效应不知扩大了多少倍。大学生的社会经验还不足以去一一鉴别真伪。因此，不少大学生开始怀疑传媒的报道，情感变得冷漠，甚至对各种悲惨事件和人物也表现出怀疑和冷漠。前段时间一个乞丐被网友拍照上传后，竟有大学生专门跑过去找他，只是为了和这名网络红人合个影，对其没有表示出丝毫同情。若是传媒的这股不正之风不止，大学生识别真伪的能力不提高，那会是多么可怕的后果。因此，一方面，我们要监督传媒发布信息的规范性和真实性；另一方面，学校要重视培养大学生识别真伪信息的能力和警惕性。

如表 6.8 所示，大部分大学生已经对传媒提供的信息采取半信半疑的态度；只有 6.07% 的大学生完全相信，这个数值是非常低的。当务之急是规范传媒文化的发展，提高传媒文化的公信力。①

表 6.8 “您对媒体提供的信息和观点采取的态度是”（$N=725$）

选　项	频数	比例/%
完全相信	44	6.07
半信半疑	482	66.48
比较怀疑	176	24.28
不相信	23	3.17

六是孤独感问题。通过表 6.9 可以看出，事实上，大众传媒减少了大多数大学生与人的自然亲近和当面交往。而人是群居动物，这种因为大众传媒造成的人与人的交往方式的改变，是产生孤独的主要原因。人们不再需要与他人的自然亲近，因为使用传媒可以满足结伴与结群的需要。这通过两种途径得以实现：第一，人独处时可以打开电脑、电视机或收音机，“给自己找个伙伴”，通过接受传媒提供的材料，我们可以了解里面的人物或角色，仿佛他们成为自己认识的人；第二，了解一定的传媒内容或产品，我们可以在外界的人际交往中获得便利。于是，传媒把人与人隔离开来，现实生活中的交流转变为人与屏幕、与文字和图片的交流。很多大学寝室里，一到晚上，大学生都各自坐在电脑前，共居一室却鲜有对话。同学之间当面交流的机会减少了，人与人之间的感情冷漠了。

表 6.9 “使用各种媒介，你与他人的当面交往和自然亲近”（$N=725$）

选　项	频数	比例/%
基本没有了	25	3.45
减少了很多	83	11.44
减少一些，必要时才当面交流	302	41.66
保持和以前一样	192	26.48
增加了	123	16.97

① “公信力”一词采用了港台学者的译法，在英语中对应的单词为 credibility，其核心要素为：“可信度”，还可延伸出“权威性”、“影响力”等。

每个人的情绪都是有波动的，大学生应该主动摆脱不良情绪。要保持愉快的情绪，必须提高道德修养，树立远大理想，适应外部条件的变化，自觉运用积极情绪克服消极情绪。提倡大学生多开展体育锻炼，这也是消除、减轻精神压力和消极情绪的有效方法。

第七，导致“传媒依赖症”。在大众传媒时代，大众传媒深度介入人们的日常生活，人们被引入了一个大开眼界、感觉无法离开的强力认知磁场；同时，多种媒介传递着大量资讯，人们时刻被围裹在各类传媒织就的信息网络之中。人们对事物的认识、判断和决策几乎完全依靠传媒发出的信息，一部分人对传媒表现出极强的依赖心理。这种传媒依赖心理在大学生中也不少见，其中一部分人有“传媒依赖症”。在问卷调查中，有一半多（54.34%）的大学生承认无法忍受没有手机的日子。可见，传媒已经深入大学生的日常生活，成为不可替代之物。这也印证了传播学鼻祖施拉姆在20多年前的话语：“今天，由于大众媒介到处都有，人们除了工作和睡觉以外，用于大众媒介的时间超过其他任何活动。”人们深度地依赖大众传媒，接触各种传媒并通过它获取信息已经成为生活的常态。对于当代大学生而言，“对于社会的基本认识，对游戏规则的把握，甚至人生观、价值观的形成，90%以上的影响来自传播媒介”①。调查显示，有40.41%的大学生认为自己对传媒产生了依赖感，还有21.52%的大学生不清楚。

有学者提出一个理论——“传媒系统依赖论”。按照这种理论，在一个被传媒包裹的环境里，人们不得不依赖传媒来寻找各种信息。德弗勒和罗基奇（DeFleur & Rokeach）把个体与传媒之间依赖关系的形成概括为三种主要途径：首先，传媒提供的信息使我们能够了解世界，当然它是在“自我理解”的层次上给我们提供关于自身的信息；其次，我们在行动（如决定继续减肥，或在选举中投票）或交往（如怎样应对社会情境）上可能需要传媒的帮助来定向，也就是要看看媒体怎么说；最后，传媒给我们提供游玩的机会（如单独放松，或像看电影这样的娱乐活动）。②

当今大学生所处的社会环境已经不同于“魔弹论”产生时期的社会环境。由于交通和通讯高度发达，使世界变小，加上信息社会发展迅速，大学生对各类信息的需求更加迫切，这一时代的大学生对传媒的依赖更为凸显。媒体已经成为人延伸了的视觉神经和大脑思考的神经元，成为我们认知结构中不可缺少的一部分。

---

① 喻国明：《传媒：现代潘多拉盒》，河北大学出版社2001年版，第55页。

② 樊葵：《媒介崇拜论》，中国传媒大学出版社2008年版，第17页。

七、传媒文化对大学生心理健康不良影响的调适

调查数据显示：传媒文化给大学生的心理健康带来了一定程度的影响，其中其不良影响不可忽视。传媒文化的建设关系到年轻一代的发展，关系到祖国的未来。如何消减传媒文化对大学生心理健康的不良影响是高校心理健康教育的一大课题。

（一）倡导中国特色的传媒文化

未来学家阿尔温·托夫勒在《权力的转移》中说："世界已经离开了暴力与金钱控制的时代，未来世界政治的魔方将控制在拥有信息强权者的手中，他们会使用手中掌握的网络控制权、信息发布权，利用英语这种强大的文化语言优势，达到暴力和金钱无法征服的目的。"① 在大众传媒领域，西方资本主义国家借助其技术优势，不断将资本主义的意识形态和价值观念渗透到发展中国家。当前，越来越多的大学生在收看国外电台，欣赏好莱坞大片，听着欧美流行曲，翻阅国外杂志报纸……在这种潜移默化的影响下，越来越多的人，特别是年轻大学生开始推崇西方文化，对本国和本民族的文化缺乏足够的耐心和信心，有的大学生甚至丧失了民族自尊心和自豪感，这严重威胁着中国未来的发展。因此，我们应该重视传媒文化的建设，倡导中国特色的传媒文化，必须用社会主义先进文化占领传媒文化阵地。

占领文化阵地，必须发挥社会主义先进文化的引领作用。所谓先进文化，就是符合人类社会发展方向，体现社会生产力发展要求，代表社会成员最根本利益，反映时代发展潮流的文化。1997 年，江泽民同志在中共十五大报告中指出："建设有中国特色社会主义的文化，就是以马克思主义为指导，以培育有理想、有道德、有文化、有纪律的公民为目标，发展面向现代化、面向世界、面向未来的，民族的科学的大众的社会主义文化。"② 传媒文化是中国特色社会主义文化的重要组成部分。在激烈的国际文化竞争中，我们必须占领传媒文化发展的制高点，倡导中国特色的传媒文化。

传媒文化要倡导社会主流价值，弘扬真善美，鞭笞假恶丑，要充分发挥社会主义先进文化的引领作用，坚持面向现代化、面向世界、面向未来的，民族的科学的大众的发展方向，坚持主旋律与多样性的统一，坚持马克思主

---

① 阿尔温·托夫勒：《权力的转移》，刘江等译，中共中央党校出版社 1991 年版，第 465 页。

② 《十五大以来重要文献选编》（上），人民出版社 2000 年版，第 19 页。

义指导思想上的一元，坚持以邓小平理论、“三个代表”重要思想和科学发展观为指导思想，坚持为人民服务、为社会主义服务的方向，体现出社会文明进步的要求，体现时代精神和民族精神。同时又要注意表现形式上的多样化和思想内容上的多样化。在传媒的各个阵地上创造出百姓乐于接受的、形式多样的文化产品，使传媒文化在党的宣传战线上发挥出更大的作用，散发出勃勃生机。

要坚持马克思主义指导思想，倡导中国特色社会主义共同理想，提倡以爱国主义为核心的民族精神和以改革创新为核心的时代精神，宣传以“八荣八耻”为主要内容的社会主义荣辱观。中国特色社会主义传媒文化的建设与管理离不开社会主义先进文化的引领，以此帮助大学生树立正确的世界观、人生观和价值观，培养大学生健康的价值取向、积极向上的精神状态和高尚的道德情操。

（二）建设高校传媒文化教育平台

建设良好的校园传媒文化，首先要坚持正确的舆论导向，用马克思主义的观点和方法，正确地反映舆论，并且还要影响舆论，引导舆论向着积极正确的方向发展，为大学生的成长提供丰富多彩、健康向上的精神食粮；其次，要充分运用校园的各种传媒，加强传媒与学生的互动机制，让学生自己在传媒战线上做宣传，使更多的学生接受校园传媒的引导；其次，要营造健康向上的文化氛围，加强对传媒的监督和管理，通过政策和技术严管信息渠道，不让有害信息进入校园毒害大学生，促进大学生的全面发展和个性发展。[①]

当今社会将报刊、广播、影视、网络称为四大大众传媒。大体上说，我国高校都拥有校报（刊）、校园有线广播、校园有线电视和计算机网络等校园主流媒体，在宣传党的方针政策、传播先进文化、推动高校改革、促进学校发展等方面发挥了重要作用。校园传媒作为学校的思想阵地、教育阵地和宣传舆论工具，承担着把握正确的政治方向和舆论导向、服务高校思想政治工作和稳定工作、积极推进学校的改革和发展、沟通学校各方面的联系、塑造学校的良好形象、提高师生的文化素质与文化修养等职责。校园传媒传播的文化内容对师生造成了不可抗拒的影响，若利用得好，将是一个全方位的心理健康教育平台。

调查显示：当前几乎所有高等学校都有自己的校报或校刊，有的学校的

---

① 曹南燕：《试述高校传媒文化的功能》，《学校党建与思想教育》2003 年第 5 期。

一些学生团体也会出自己的报纸和刊物；校园广播覆盖全校范围，广播响起时，不论你走在哪个校园角落，都能听到广播声；校园电视没有普及到每个寝室一台，但在学校食堂基本上保证了有线电视的配置；每个学校都有校园网，有的学校分校内网和校外网。校内网不需要链接外网就可以上，主要是浏览学校的网页和下载校内的共享资源；校外网则是付费后可以使用的互联网。除此之外，学校图书馆的藏书丰富，在阅览室里有大量中文和外文的杂志、报纸。这些传媒资源可以充分运用到心理健康教育工作中，搭建一个传媒心理健康教育平台。

学校要坚持以学生为主体，鼓励学生积极参与传媒文化活动。高校传媒中设立的大学生通讯社、大学生记者团已广泛吸引学生参与，使其从传媒文化中获取更多的知识、信息和服务，展现自己的能力和才干；学校要结合大学生自身的特点和兴趣，在学校的广播台和电视台播放宣传、体现中国优秀传统文化和社会主义核心价值观的节目，把心理健康教育融入整个校园传媒环境之中；在校园网开辟具有本地方和本校特色的红色网站，宣传优良革命传统，多放一些体现主流价值观的影视剧作品，使大学生有更多的渠道获取优秀的心理健康教育资料，加深对中华民族文化和社会主义先进文化的认同感；学校图书馆在订购外文图书和杂志时要把好关，不能让一些暗藏资本主义腐朽价值观的报刊进入大学校园内部流通。

建立校园传媒心理健康教育平台，可以说是最大限度地发挥传媒文化对心理健康的积极影响，最大限度地消减传媒文化的消极影响，充分利用校园传媒开展大学生心理健康教育活动。每一个人不论心理状态是否健康，了解一些心理学都有好处。特别是大学生情绪的两极化非常明显，其中一极对情绪的自我控制和调节能力较差，若不加以疏导，很容易导致严重的心理问题。利用校园传媒文化平台，可以把过去仅仅局限于只接受课堂教育的学生带入一个更为广阔的天地。要对大学生普及心理学知识，可以充分运用校园广播、校园电视台、校园网、校报及校刊等。例如在校园网上建立心理健康教育窗口，有利于大学生上网学习心理学知识、网上心理咨询和治疗，这样就避免了有些大学生不敢或不愿当面进行心理咨询或治疗的问题；在校报上专门开辟一个心理健康的版块，提供心理疏导的方法或心理案例的解说；特别要利用校园广播和电台覆盖面广的优势，在校园电台和广播里开通普及心理健康知识的节目，可以保证在校的每一位学生都能接受到心理健康知识，大大提高了实效性。高校可以充分利用多样化的媒介，使大学生系统地掌握心理学知识，了解自身心理发展变化的规律与特点，学会心理保健的方法和进行心理自我调节，学会自觉调控情绪和自我完善，从而帮助大学生形成健康向上的传媒文化心理。

（三）重视大学生媒介素养培养

通过调查发现，大学生在使用媒介时存在诸多不当的行为（表 6.10）。其中，有 68.83% 的大学生承认使用媒介的时间过多，接触媒体占用了他们很多时间，这可能影响他们的学习和生活；有部分大学生会因为使用时间过多而感到内疚和自责。另外，分别有 40.41% 和 45.52% 的大学生承认自己容易在信息海洋中迷失和常常不加思考地接受传媒内容。还有 20.83% 的大学生的情绪容易受到传媒影响产生，波动较大，等等。总之，不少大学生都存在某种程度上的媒介使用不当，这就需要高校加强大学生的媒介素养教育。

表 6.10　“您是否有以下使用媒介的不当行为”（*N*=725）

选　项	频数	比例/%
使用时间过多	499	68.83
容易在海量信息中迷失	293	40.41
常常直接使用未经自己思考加工的信息	330	45.52
情绪容易受到传媒内容的影响产生较大波动	151	20.83
过于关注传媒而忽视自身的现实世界	133	18.34

媒介素养培养是由英国学者于 20 世纪 30 年代最先提出的，当时提出的是“文化素养”的概念，目的是维护传统价值观念和精英文化，反对以电影等大众传媒为载体的流行文化。经过几十年的发展，学者们对于其定义和内涵的描述尚未统一。但是，几乎所有学者都认同媒介素养是一种“能力”，是信息化时代背景下，作为“地球村”的“村民”所必须具备的一种基本素质。传媒文化所引发的大学生心理健康问题，很多是由于大学生缺少这种媒介素养能力。以下调查的数据如实反映了大学生所具备的媒介素养能力状况。在回答“使用媒介时，您能否主动、专心地找到所需内容，不受其他纷杂信息的干扰”时，有 52.14% 的大学生回答有时可以（表 6.11）。也就是说，一半多的大学生并不自信自己完全能在纷繁复杂的传媒环境中主动地获取信息，大学生常常受到各种信息包括不良信息的干扰或骚扰，注意力不能集中在要做的事情上，行动和思维被打乱，从而被信息所控制。在回答“您对传媒内容的分析判断能力”时，只有 14.62% 的大学生回答很好，

47.31%和33.38%的大学生分别属于较好和一般（表6.12）。这反映出当前重视大学生媒介素养培养是非常必要和急需的。其实，不管是从良好心理健康的维护还是从作为社会高层次人才所必备的素质，当代大学生都必须掌握这种能力。

表6.11 “使用媒介时，您是否能够主动、专心地找到所需内容，而不受其他纷杂信息的干扰”（$N=725$）

选　项	频数	比例/%
经常能做到	183	25.24
有时可以	378	52.14
较少能做到	129	17.79
不能，常被影响	35	4.83

表6.12 “您对传媒内容的分析判断能力”（$N=725$）

选　项	频数	比例/%
很好	106	14.62
较好	343	47.31
一般	242	33.38
比较差	27	3.72
很差	7	0.97

大学生媒介素养培养的目的具体说来有以下三个方面：首先，要帮助大学生正确认知媒介，包括媒介性质、功能以及媒介与社会政治、经济、文化等诸多因素互动关系的正确评价，理智地辨别媒介环境和现实环境，了解传媒内部运行机制对信息生产、加工和传播活动的制约，等等；其次，帮助大学生成为自主、积极的媒介使用者，对传媒文化中的负面影响的自觉“抵御者”，能积极主动地使用媒介，而不被其控制；最后，培养大学生运用媒介，有效地创造和传播信息的能力。这样，使大学生能利用媒介很好地为个人生活、学习和个人成长服务，能主动地、有效地利用媒介，从而促进个性的发展和个人心理素质的提高。①

---

① 张开：《媒介素养概论》，中国传媒大学出版社2006年版，第112页。

参考文献：

1　杜雄柏. 传媒与犯罪［M］. 北京：中国检察出版社，2005.

2　陈龙. 传媒文化研究［M］. 北京：中国人民大学出版社，2009.

3　蔡骐，蔡雯. 媒介竞争与媒介文化［M］. 上海：复旦大学出版社，2007.

4　刘康. 文化·传媒·全球化［M］. 南京：南京大学出版社，2006.

5　郑岩. 传媒文化的异化现象批判［M］. 北京：中国广播电视出版，2009.

6　蒋晓丽. 传媒文化与媒介影响研究（上、下）［M］. 成都：四川大学出版社，2009.

7　虞岚兰. 现代媒介文化——批判的基础［M］. 台北：三民书局，2006.

8　白传之，闫欢. 媒介教育论［M］. 北京：中国传媒大学出版社，2008.

第七章　休闲文化对大学生心理健康的影响

科学技术对人类做出的最重要的贡献之一，是将人类从繁重的体力劳动中解放出来，使大部分人都开始有了充裕的休闲时间，休闲成为人们生活中必不可少的一个部分。不言而喻，休闲是一个国家生产力水平高低的标志，是衡量社会文明的标尺，是人类物质文明与精神文明的结晶，是人的一种崭新的生活方式、生命状态，是与每个人的生存质量息息相关的领域。

在现代社会，经济的飞速发展、科技的不断创新、信息技术的突飞猛进为人类社会带来了巨大的物质财富，却也空前地加剧了人的精神压力和心理压力。心理科学研究结果显示，20 世纪末人们感受到精神压抑的概率是 20 世纪 50 年代的 10 倍，到了 21 世纪，这个数字则更加惊人。人们的精神状态经常处在紧张与松弛的矛盾之中，人们更加渴求自由与闲适、宁静与和谐，在这样的情况下，休闲理念和休闲精神便慢慢融入了现代工业文明与商业文明的演进过程，并逐渐在休闲的基础之上形成了一种特殊的文化——休闲文化。休闲文化作为一种特殊的社会亚文化现象，随着社会经济、政治、文化的日益迅速发展，已经逐步发展成为自觉、稳定而有特点的文化体系，并以其特有的魅力和影响渗透进人们的生活，逐渐成为一种文化热潮。

一、休闲文化及其相关问题研究综述

当代大学生由于社会的竞争压力不断加大，学习、工作和生活节奏也越来越快，导致许多长期积累的心理压力得不到缓解，产生了大量的心理健康问题，甚至有许多悲观厌世的悲剧发生。不能否认，大学生心理健康问题已经成为最受关注也是最棘手的问题之一。休闲放松，是人类与生俱来的本能，是人类保护自身并得以不断发展的重要手段。因此，从休闲这个让人身心放松的最直接的路径去关注大学生的心理，分析休闲文化对大学生心理健康的影响及其应对方法，对于促进大学生心理健康教育将有着十分重要的意义。

近年来，随着国内外学者对休闲学的研究不断深入，有关休闲文化的研究自然得到了更多的关注。但从总体看来，对休闲的研究主要集中在休闲经济、休闲消费、休闲行为等方面，对休闲文化研究得不多，也不够深入，这不能不说是休闲理论的一个缺口，有待继续深入探究。因此，在新的时代条件下，产生了新的休闲意识、休闲观念和休闲方式。以此为基础，从休闲文化的角度来探讨大学生心理健康问题是对当前休闲与大学生心理健康所提出的理论问题的积极回应，具有较强的理论意义。

（一）休闲文化思想发展的历史走向

“休闲”虽然是人类社会到了近代才提出的一个概念，可是休闲的观念和思想却古已有之。拥有闲暇是人类最古老的梦想，在社会生产力极其低下的时代，人们为了生存而不得不整日在土地上劳作。那个时候，人们便梦想着从无休止的劳作中解脱出来，享受片刻的宁静，希望能随心所欲，以欣然之态做心爱之事。当然，那个时候人们对于闲暇的理解只是从时间概念上反映了休闲的部分特征，并没有完全表达出休闲的全部内涵，但已经代表了休闲思想的起源。中华民族的文化源远流长，有着五千年光辉灿烂的历史，在休闲文化方面也有着独特的理解方式和行为方式。几千年前的中国圣贤们，对“休闲”文字就有着极其精辟的阐释。“休”是指人依木而休，强调人与自然的和谐；“闲”是娴静、清闲与安宁：从词意的组合上，表明了休闲所特有的文化内涵和价值意义。

在我国，早在几千年前，先哲们就已经对“休”和“闲”两个字赋予了极其精辟的诠释。从字面上来理解，“休”就是人倚木而息，可见，先人们在造此字时，就已经把人与自然巧妙地融合在一起了。“休”在《康熙词典》和《辞海》中被解释为“吉庆、欢乐”的意思。《诗经·商颂·长发》中有“何天之休”之句，在这里“休”即吉庆、美善、福禄。“闲”字从字面理解，就是房中存木，有闲余、闲置等含义，此外，“闲”还通“娴”，有娴静、安宁之意。因此，把“休”和“闲”组合成一个词，则形成了休闲本身所固有的精神特质和文化内涵。这使得“休闲”不同于普通的“空闲”、“闲暇”、“消遣”等，它更加体现出人的一种心性、心境和生命状态，“表达了人类生存过程中劳作与休憩的辩证关系，又喻示着物质生命活动之外的精神生命活动。人倚木而息，使精神的休整和身体的颐养得以充分融合，使人与自然融为一体，赋予生命在良好的生态境遇中善和美的价值和意义”①。

① 章海荣、东方起：《休闲学概论》，云南大学出版社 2007 年版，第 61 页。

在对休闲问题的认识上，思想解放的先驱是著名学者于光远。他曾经说过一段引人深思的话：“玩是人生的根本需要之一，玩是人的一种本能；它是人处于放松和自由的一种状态。”“玩是人类基本需要之一，要玩得有文化，要有玩的文化，要研究玩的学术，要掌握玩的技术，要发挥玩的艺术。”[1] 在这里，于光远不仅把休闲与人的本质联系在一起，更加强调了游戏与休闲的文化性，“玩得有文化”是相对于那些内容低俗、低级趣味的“玩”而言的。他认为只有在“玩”的过程中，使人感受到自由和愉悦，并且产生一种美好的感觉，那样的“玩”才是真正意义上的“玩”，而这里的“玩”也就是指的“休闲”。

随着社会的不断进步，人们对于休闲的研究逐渐深入，从不同的角度看休闲也会得出不尽相同的结论。同样，对于“休闲”一词的概念，我国的学者有着不同的见解。著名休闲学者马惠娣认为，休闲绝不是任何单一层面的存在，它是情感、理智、意志、生理、价值文化及所有组成行为感知领域的一切，是一种后天习得的行为、态度和价值观。[2] 刘耳认为，休闲既是自然的和本能的，也是文化的和意识的，是二者相互作用的产物。[3] 因为从人的本性和本能上看，人从玩要中练出求生的能力，人在悠然自得、无拘无束的玩要中学会了许多生存的本领，然后才逐渐成为人的自觉的、有意识的文化活动，并随着语言文字的形成和发展，文字乃至其他各种符号的意义才成为休闲活动的重要内容。李仲广、卢昌崇认为，休闲是以自身为目的的自由活动，休闲是人们在自由时间里所自发选择的生活方式之一，休闲是一种人类行为，它发生在个人的自由时间里，并在个人内心本能所喜爱的心态驱动下平和而平静地进行着。[4] 楼嘉军则认为“休闲是个人休闲时间和自由活动的总称，也是人们对可自由支配时间的一种科学合理的使用，休闲活动是人们自我发展和完善的载体”[5]。总之，国内的学者们在尝试从不同的角度对休闲的概念进行界定，这也给休闲的研究打开了广阔的视野。

在西方，关于休闲的思想也是源远流长。从休闲英译 leisure 的词源关系上讲，其源于拉丁语 licere 和法文 losir，前者表示允许的意思，后者的本意是指人们摆脱生存劳动后的自由时间和自由活动。公元前 3 世纪，被西方休闲学家奉为“休闲学之父”的亚里士多德在他的著作《尼各马可伦理学》

---

① 于光远：《论普遍有闲的社会》，中国经济出版社 2005 年版，第 38 页。

② 马惠娣：《休闲：人类美丽的精神家园》，中国经济出版社 2004 年版，第 118 页。

③ 刘耳：《休闲：一种文化价值观的转变》，《自然辩证法研究》2005 年第 5 期。

④ 李仲广、卢昌崇：《基础休闲学》，社会科学文献出版社 2004 年版，第 98 页。

⑤ 楼嘉军：《休闲新论》，立信会计出版社 2005 年版，第 46 页。

和《政治学》中阐述了什么是快乐、幸福、休闲、美德和安宁的生活。亚里士多德认为休闲是需要人们终身奉行的美德，是一种不需要考虑生存问题的心无羁绊的状态。他认为，休闲即古希腊哲学家所推崇的沉思、从容、宁静和忘我。他把休闲誉为“一切事物环绕的中心”。亚里士多德的思想对西方人的休闲传统产生了极大的影响。自亚里士多德以后，西方的学者们对休闲也进行了多层次、多角度的探讨，可以说对休闲概念的界定也是仁者见仁，智者见智。法国社会学家杜马哲迪尔认为，休闲是指人们从工作、家庭、社会的义务中摆脱出来，为了休息、转换心情、增长知识而自发性地参与可以自由发挥创造力的任何社会活动的总称。在他看来，休闲应是现代社会人类生活的一部分、一种文化价值系统。他提出了著名的休闲三要素理论，即认为休闲：一是放松，放松是休闲的开始，因为人需要克服疲劳；二是娱乐，提供休闲的转移功能，使我们脱离自我以及所关注的事情；三是个性发展，它是休闲最为持久的组成部分，使我们作为个体得以扩展，使视野得以开阔，生命更有意义。① 德国哲学家皮柏对休闲做了如下定义：“休闲乃是一种心智上和精神上的态度——它并不只是外在因素的结果，它也不是休闲时刻、假日、周末或假期的结果。它首先是一种心态，是心灵的一种状态。”② 皮柏阐明了休闲的三种特征：第一，休闲是一种理智的态度，是灵魂的一种状态，休闲意味着一种静观的、内在平静的、安宁的状态；第二，休闲是一种敏锐的沉思状态，是为了使自己沉浸在“整个创造过程”中的机会和能力；第三，既然休闲是一种庆典，那么“它就与‘努力’直接相反，与作为社会职责的劳动的独特观念相对立”。③ 显然，在这里，休闲被看作一种心灵的状态，是一种心理上的享受和情感上的释放。美国著名学者杰弗瑞·戈比在考察了各种休闲定义之后，认为：“休闲是从文化环境和物质环境的外在压力中解脱出来的一种相对自由的生活，它使个体能够以自己所喜欢的、本能地感到有价值的方式，在内心挚爱的驱动下行动，并为信仰提供一个基础。”“休闲行为不止是寻找快乐，也要寻找生命的意义。从根本上说，休闲是对生命意义和快乐的探索。”④ 这一定义被我国许多学者所认同和引用。美国休闲学家约翰·凯利在《成为人的自由》中指出，休闲是一种“成为人”的过程，是一个完成个人与社会发展任务的主要存在空

---

① Joffre Dumazedier, *Toward a Society of Lesure*, New York: The Free Press, 1967, pp. 16-17.

② 约瑟夫·皮柏：《节庆、休闲与文化》，生活·读书·新知三联书店 1991 年版，第 116 页。

③ 约瑟夫·皮柏：《节庆、休闲与文化》，生活·读书·新知三联书店 1991 年版，第 41 ～ 43 页。

④ 杰弗瑞·戈比：《你生命中的休闲》，康筝译，云南人民出版社 2000 年版，第 14 页。

间，是人的一生中持久的、重要的发展舞台。“成为人”意味着摆脱“必需性”的自由，探索和谐与美，承认生活的理性与感性、物质精神的统一，与他人一起行动，使生活充满朝气，并促进自由与自我发展。休闲是以存在与“成为”为目标的自由——为了自我，也为了社会。在这里，休闲成为了人类自由、全面发展的必经之路，休闲对人类的意义较之前几种解释有了更进一步的深华。

马克思主义历来认为，社会生产的目的，是要最大限度地满足人民群众日益增长的物质和文化生活的需求。在当今社会，由于人们的物质生活水平得到了极大的提高，所以更多的人开始把注意力转移到了精神文化领域。休闲，已经成为我们这个时代最重要的特征之一。在马克思著作的英文版中，休闲一词为 free-time，而在中国的译著中通常译为“自由时间”；西方的休闲学研究者通常将 free-time 等同于“休闲”（leisure），但在概念的外延方面略有不同。在马克思眼中，休闲一是指“用于娱乐和休息的余暇时间”，二是指“发展智力，在精神上掌握自由的时间”。马克思曾经高度评价自由时间对人类文明发展的基础性作用，并指出：“整个人类的发展，就其超出对人的自然存在直接需要的发展来说，无非是对这种自由时间的运用，并且整个人类发展的前提就是把这种自由时间的运用作为必要的基础。”① 马克思对社会主义和共产主义做了这样的描述：“在个人全面发展和他们共同的社会生产能力成为他们的社会财富这一基础上”实现“个性自由”，“我们的目的是要建立社会主义制度，这种制度将给所有人提供健康而有益的工作，给所有人提供充裕的物质生活和闲暇时间，给所有人提供真正的充分的自由”。② 可见，建立在自由时间基础上的个人自由全面发展是未来理想社会的基本内容，休闲对于个人的自由全面发展和社会的全面进步来说都有着不可取代的重要作用。在对共产主义社会进行设想时，马克思曾经做过这样一段经典的描述：“在共产主义社会里，任何人都没有特定的活动范围，每个人都可以在任何部门内发展，社会调节着整个生产，因而使我有可能随我自己的心愿，今天干这事，明天干那事，上午打猎，下午捕鱼，傍晚从事畜牧，晚饭后从事批判，但并不因此就使我成为一个猎人、渔夫、牧人或批判者。”③ 在这里，休闲不仅是一种存在方式和生活方式，更是一种衡量人类进步的标准，是人的价值存在的一种表现形式。当然，马克思对自由时间的

① 《马克思恩格斯全集》第 47 卷，人民出版社 1979 年版，第 216 页。

② 马克思：《政治经济学批判》，人民出版社 1979 年版，第 206 页。

③ 《马克思恩格斯选集》第 1 卷，人民出版社 1979 年版，第 37 ～ 38 页。

获得和实现共产主义社会的思考都是建立在社会生产力极大发展、社会物质财富极大丰富的理论假设基础之上的，再对照今天的现实，我们不得不佩服这位伟大思想家的洞察力和前瞻性。因此，系统地考察马克思休闲思想对指导我们的理论探索有着重要的意义。

（二）休闲文化研究综述

目前国外学术界对于休闲理论的研究成果丰盛，且起步较早，国内对于休闲理论的研究起步较晚，但近年来也取得了不少成绩，这些成果为本书的研究提供了坚实的理论基础。从国外来看，有“休闲社会学之父”之称的凡勃伦在1899年发表了著名的《有闲阶级论》，建立了以社会地位功能为标准的休闲理论，被视为西方近代休闲研究的起点。而德国哲学家约瑟夫·皮柏的著作《休闲：文化的基础》被认为是现代休闲理论研究的经典之作。皮柏认为休闲是一种心灵的态度，也是灵魂的一种状态，可以培养一个人对世界的关照能力。里斯曼的《孤独的人群》和伯格的《休闲社会学》是20世纪50—60年代在美国非常有影响的两本涉及休闲理论的著作，两位作者分别在书中明确提出了“大众消费”和“大众文化”的新观点，并将休闲问题的研究纳入文化社会学的范畴。法国社会学家杜马兹迪埃在《法国的休闲社会学》中对人类休闲行为造成的巨大社会影响进行了进一步的系统分析。2000年，由云南人民出版社出版的一套休闲丛书（5本），比较全面地体现了美国休闲研究的学术成果。其中约翰·凯利在《走向自由——休闲社会学新论》一书中，融合了存在主义和结构主义的方法，采用了解释性和实证性的分析模式，创建了一种全新的休闲研究方法。杰弗瑞·戈比在《21世纪的休闲与休闲服务》一书中，则从未来学的角度对休闲的经济影响进行了重点阐述。除此之外，托马斯·古德尔和杰弗瑞·戈比的《人类思想史中的休闲》、杰弗瑞·戈比的《你生命中的休闲》、卡拉·亨德森等的《女性休闲——女性主义的视角》等其余三本书也从不同的角度对休闲进行了深入论述，可以说为休闲理论的进一步深入研究做出了极大的贡献。

从国内来看，著名学者于光远在20世纪80年代初起就开始关注并倡导对休闲文化的研究。1985年，邓志伟在《生活的觉醒——漫话生活方式》一书中，根据我国当时社会生活所发生的实际变化，对休闲、休闲时间和休闲活动等内容分别进行了比较充分的论述。1992年，王雅林、董鸿扬主编了《闲暇社会学》一书，借鉴苏联和东欧国家的研究思路，从社会学视角对闲暇做了较为深入的研究，开启了中国休闲学研究的先河。李仲广、卢昌崇的《基础休闲学》（2004 年）可以视为国内第一部对休闲学基础理论进行较为系统研究和阐述的著作，作者在分析了休闲学科中的基本概念、范式和相应的逻辑关系的基础上，通过对休闲、休闲活动、个人休闲、社会休闲、休闲资源与组织等问题的论述，大致勾勒出了与休闲学基础理论研究相关的若干范畴。2005 年，楼嘉军的《休闲新论》和章海荣、方起东的《休闲学概论》相继出版。在这两本书中，作者开始对休闲文化给予关注，不但对休闲文化的概念进行了界定，还从休闲文化对人的社会化、人的身心健康的影响的角度进行了阐述，可以说对休闲及休闲文化的研究更进了一步。除此之外，2005 年国内休闲理论的研究还出现了一批令人欣慰的成果。中国经济出版社出版了由于光远、成思危、龚育之主编的“中国学人休闲研究丛书”，它是 1995 年以来中国 10 年休闲学研究的学术积累。这套丛书初步探讨了有关休闲的理论与实践问题，对于什么是休闲、为什么要休闲、如何休闲等问题做了多层面、跨学科的思考。值得一提的是，2010 年由社会科学文献出版社出版的《2010 年中国休闲发展报告》（《休闲绿皮书 No. 1》）是国内第一本有关休闲发展的绿皮书，这本书是我们了解国内休闲发展前沿的重要读物。学术界对于休闲理论的研究成果为休闲文化对大学生心理健康的影响的研究和探讨提供了丰富的理论资源和理论指导。

学术界对于休闲文化对人类心理健康的影响这一课题研究较少，只是在极少数专著和论文中稍微有所涉及。虽然国内外已有一大批关于休闲学研究的著作和论文，并且在休闲的各个领域都已经取得了相应的研究成果。但是，这些研究大多集中于休闲基本理论、休闲经济、休闲消费行为、休闲旅游、休闲空间规划及设计等方面，而对于休闲文化的关注并不多。虽然近年来已经有一些以休闲文化为主题的论文陆续发表，但是专门研究休闲文化的著作却仍未见到，休闲文化大多只作为休闲相关书籍中的一个章节出现。关于“休闲文化与心理健康”这一问题的探讨则更少见，只有在近几年发表的一些论文和专著中偶有提及，如冯铁蕾、黄辉的论文《大学生休闲行为与心理健康关联性分析》和楼嘉军的专著《休闲新论》。休闲作为一种社会文化现象，不但会对人的日常生活结构、社会结构、产业结构产生深刻影响，对人的思维方式、生理和心理健康也有着不可忽视的作用，对于前者的研究学术界已经取得了许多成果，对于后者的研究还有待加强。

大学生心理健康教育的研究成果是比较丰富的，无论是专著还是论文的数量都非常可观，但是很少有学者从休闲文化的角度来关注大学生心理健康问题。其实，大学生在学校除了学习之外，参与最多的应该就是休闲活动了。休闲文化作为与大学生成长与发展息息相关的一种亚文化形态，总是在潜移默化中影响着他们的行为、思想和价值观念，也直接影响着他们的心理健康状况。因此，有必要把大学生心理健康与休闲文化结合起来，从社会学、教育学、心理学、休闲学等多学科角度，对这一问题进行多层次、多角度的探讨，这有助于分析和了解大学生休闲过程中带来的诸多理论和实践问题，从而为大学生心理健康教育找到更多的、有效的路径。除此之外，研究休闲文化对人，特别是对大学生这个特殊群体究竟产生什么样的影响，也会为我国休闲文化的建设指明方向。

由于国内休闲研究的起步较晚，休闲理论的研究尚未成熟，所以对于休闲的心理机制、休闲与心理健康的关系等问题还很难获得有力的理论支撑。目前在国内关于休闲问题的大量研究中，占主流部分的是对休闲活动、休闲行为、休闲服务等方面的实证研究，这些研究描述了休闲的种种现象，也收集了大量的一手资料，在一定意义上推动和启发了休闲学理论的构建。但是，这些理论并不是完整的、系统的理论，它们不能完全解读休闲的复杂性。正如休闲对人类的心理健康的影响这一问题，首先必须掌握休闲的心理机制，因为休闲是一个心理体验的过程，在这个过程中，人们的心理会产生什么样的感受、发生什么样的变化都是我们分析和研究的关键。也就是说，对于这一问题的探讨，如果没有一定的心理学理论作为支撑的话，那么研究就很难开展下去。经过仔细的资料查找发现，在国内除了李仲广、卢昌崇的《基础休闲学》与章海荣、方东起的《休闲学概论》这两本书引入了相关的心理学讨论之外，其他的专著中很少提及这一关键性的问题。在有关论文中，除了胡炳正的《论大学生休闲的心理机制及其教育促进》之外，也几乎没有对这一问题的研究成果可以借鉴。

以往人们对于大学生心理健康的研究也大多是从学习生活环境、人际关系、外界压力、内心矛盾等角度入手，很少关注大学生日常的生活方式会对心理健康产生什么影响。其实休闲除了是一种文化现象之外，它本身也是一种生活方式，它可以将人的生活带入精神层面，即让人们脱离物质主义的束缚，从而得到心理上的缓解和释放，寻求精神上的进一步完善，使人的生活同社会和自然达到一种和谐的状态。研究休闲文化对大学生心理健康的影响，不但需要认真解读大学生这个特殊群体所特有的心理状况，更加需要在时代特征与时代精神的视野下，理性把握休闲的表征方式，进而通过这些表征去分析大学生对休闲及休闲文化的选择、体验和感受等。只有这样，才能正确把握形成大学生休闲文化选择和休闲体验的各种社会因素，从而更好地认识和探索休闲文化对大学生心理健康的影响以及应对的措施。

二、休闲文化的结构功能与心理影响机制

休闲随着人类社会的变迁而不断变化，在漫长的人类社会发展过程中，已经演变成为了一种人类文化。休闲具有丰富的人文性和文化性，它使人们在精神的自由中历经审美的、道德的、创造的、超越的生活方式，它是有意义的、非功利性的，在放松身心、享受愉悦的同时留给我们一种文化的底蕴，支撑着我们的精神。这里，有必要理清如下三个问题：休闲文化的内涵、休闲文化的功能和结构、休闲文化的特点与心理影响机制。

（一）休闲文化的内涵

将休闲上升到文化的范畴是指人的闲情所致，一种休闲的文化方式，并表现为文化创造、文化欣赏的一种生存状态或生命状态。它通过人类群体共有的行为、思维、感情，创造文化氛围，传递文化信息，构筑文化意境，从而达到个体身心和意志的全面、完整的发展。休闲之事古已有之，它伴随着人类的诞生而出现。休闲文化是随着社会生产力的发展和人类休闲活动的丰富，在休闲生活中形成的一种特有的文化方式。休闲文化是人类文化的重要组成部分，对人类的生存和发展有着极其重要的影响。21 世纪，随着社会经济水平的快速提高，休闲在人们的生活中居于越来越重要的地位，不仅是人们放松身心的首要选择，而且成为了促进人的素质全面提升的重要途径。

文化不但是当今人们津津乐道的话题，更是各国学者关注的焦点问题，而文化的定义多达 300 多种。在我国，文献记载中的“文化”有两千多年的历史。西汉刘向在《说苑·指武》中指出：“圣人之治天下也，先文德而后武力。凡武之兴，为不服也；文化不改，然后加诛。”这里的“文化”主要指“文治教化”，是与“武力教化”相对应的。在西方，“文化”一词起源于拉丁文 cultura，本意指耕作、培养、教育、发展、敬神等。近代以来，学者们从各个不同的角度对文化进行了界定，有的侧重历史性，有的侧重规范性，有的侧重心理性，有的侧重结构性，有的侧重传承性。其中，最有代表性的是英国学者泰勒在 1871 年出版的《原始文化》一书中的观点：“文化是一个复杂的总体，包括知识、信仰、艺术、道德、法律、风俗，以及人类作为社会成员所获得的所有能力和习惯。”人们不厌其烦地定义文化，深度挖掘文化的内涵，尝试从不同的角度阐述文化，无不充分说明了文化之于人与社会的密切关系。一方面，人们探寻文化与人的发展的内在逻辑联系，揭示文化对于每一个人的权利、自由以及生存状况的关注；另一方面，人们探寻人在社会生活中与文化产生这种关系的逻辑链条。人类文化发展的历史表明，休闲是具有重要价值的文化现象，是人的本体论之所在，是人“成为人”过程中的重要舞台，是人类通往美丽精神家园的适宜途径。从古至今，休闲作为一种特殊的亚文化形态始终承载着主流文化，并且以直接、亲切、自由、富于情趣、人性化的力量渗透在人的生活方式和行为方式中。休闲，不仅给予人以生物性的帮助——恢复体力与精力，而且，人们可以通过有意义的休闲生活结出美丽的硕果——升华精神品格，释放人性和创造力量。①

“休闲文化是将休闲上升到文化的范畴，指人在闲暇时间内，为不断满足人的多方面需要而处于的一种文化创造、文化欣赏、文化构建的一种生命状态和行为方式。”② 这是著名休闲学者马惠娣给“休闲文化”下的定义，其中突出了休闲所暗含的精神文化的意蕴，体现了整个人类对文化精神的执着追求。文化是人化自然的成果和结晶，休闲则是人类在自然的人化过程中的消遣休憩活动，休闲本身也是人类长期改造自然的过程的成果。因此，休闲本身也是一种文化，它拥有文化的本质，蕴涵着丰富的文化底蕴。从人类有史以来，休闲就是文化的重要组成部分，休闲文化作为人类精神财富的一种特殊的表现形式保存下来，并且随着人类社会的向前发展而不断获得新的形式和内涵。近年来，随着西方休闲学研究的兴起，我国学术界也开始对休闲进行了多角度、多层次的深入研究，其中，休闲文化及其定义、结构等逐渐被人们所广泛关注。楼嘉军则认为：“所谓休闲文化，一般是指人们在工作、睡眠和其他必要的社会活动时间以外，将休闲时间自由地用于自我享受、调整和发展的观念、态度、方法和手段的总和。”③ 除了这两种观点之外，章海荣也对休闲文化进行了界定，他认为：“休闲文化是指与休闲相关的一切人类活动及其表现，它包括休闲的内容与方式、休闲的功能、休闲的历史走向和休闲的民族特色等，其核心是休闲这一社会现象所蕴涵的文化意义。”④ 虽然，学者们对于休闲文化的理解和界定各不相同，但是大家都肯定了休闲文化的意义及其对于人类生存、发展的重要作用。

休闲文化作为一种亚文化形态在人类文化的发展史中占据着重要的历史地位，它往往通过渗透、感染、熏陶、融合等形式影响人们的生活和行为方

---

① 于光远、马惠娣：《休闲与文化——关于休闲问题对话之二》，《洛阳师范学院学报》2009年第3期。

② 马惠娣：《休闲：人类美丽的精神家园》，中国经济出版社2004年版，第102页。

③ 楼嘉军：《休闲新论》，立信会计出版社2005年版，第119页。

④ 章海荣：《旅游文化学》，复旦大学出版社2004年版，第270页。

式，从而直接对人们的心身健康起到促进或阻碍的作用。从某种意义上说，休闲就好像是随风入夜的细雨，哺育和滋润着文化的成长。很难想象一个没有闲暇且不懂从容生活的文化何以走得长远，何以创造出璀璨的精神遗产供后人受用。休闲文化是人生享受的文化，是人们对于自己所创造出的物质文明和精神文化成果的充分的享受和品尝。在感受休闲文化的过程中，人们才能感受到生活的价值，才能领悟生命的意义。

（二）休闲文化的结构和功能

休闲文化随着休闲生活的不断丰富和发展而日益成为一个特殊的文化形态，从“结构—功能”这一哲学角度来把握休闲文化，对于全面认识休闲文化具有重要意义。

休闲文化的结构。所谓结构，就是指不同类别的事物或相同类别事物的不同层次按程度多少的顺序进行有机排列。要全面认识客观事物，就必须对该事物的结构有一个清晰的理解。同理，对休闲文化结构的剖析有助于我们更好地认识休闲文化，以及更好地把握其功能和特点。在对休闲文化功能的研究上，我国学者楼嘉军从休闲文化的层次结构和空间结构这两个角度进行了分析和探讨，并提出了自己的休闲文化结构论，而这一观点也为国内大多数人所认可和接受。楼嘉军认为，休闲文化结构可以从两个角度进行分析：从层次结构上理解，休闲文化可以分为社会公共休闲文化、高雅休闲文化和大众娱乐文化三个层次；从空间结构上分析，休闲文化可以分为家庭、社会公共场所和网络虚拟空间三个区域。①

休闲文化的层次结构主要包括三个层次：一是大众娱乐文化。大众娱乐文化主要是指能够满足人们浅层的感官享受和精神娱乐的文化活动方式，如今最常见的大众娱乐文化即快餐文化和流行时尚文化这两种形式，其传递的主要是一种通俗的艺术表现样式和文化活动方式。大众娱乐文化包括一般通俗读物（如报纸、杂志等）、流行音乐和舞蹈文化、影视文化这几种类型。二是社会公共休闲文化。社会公共休闲文化通常是指政府或各类社会组织为人们所提供的、由人们公共享有的休闲文化样式，如展览馆、博物馆、图书馆、纪念馆、公园等。它在休闲文化中占据主导地位，代表着城市休闲文化最普遍的样式，是人们日常休闲文化活动的主要渠道，也是休闲文化发展的重要内容。三是高雅休闲文化。所谓高雅休闲文化是指“那些具有实验性、示范性、民族代表性的艺术精品；那些表现重大题材，具有较高思想性和艺

---

① 楼嘉军：《休闲新论》，立信会计出版社 2005 年版，第 125 页。

术性的文艺创作；那些传播科学文化知识的影片、著作”[①]。高雅休闲文化包括典型的艺术文化表现样式，如交响乐、歌剧、芭蕾舞以及具有民族特色的京剧、昆剧等，它所体现出来的是一种高尚的休闲文化形式。

休闲文化的空间结构主要包括家庭、公共休闲场所和网络。家庭是社会最基本的组成单位，是休闲活动的基本空间，是人们日常生活的基本空间，也是人们从事休闲文化活动的基本空间。由于参与休闲活动也是需要花费一定成本的，而并不是所有的人都能够有条件到外界去享受高层次的休闲，所以对于大部分人来说主要的休闲活动都在家庭这一空间里进行。公共休闲场所是休闲活动的延伸空间，主要包括社区休闲场所和公共娱乐活动场馆两个方面。社区是构成休闲文化场所的主要空间节点，它旨在提高人们的公共意识，加强社区成员的交流沟通；公共娱乐活动场馆主要指能够提供人们进行各种休闲娱乐活动的酒吧、咖啡馆、茶馆、影剧院、保龄球馆、高尔夫球场等场所。网络是休闲活动的虚拟娱乐空间。网络技术的迅猛发展极大地开阔了人们的眼界，人们不再受制于血缘、地缘、业缘等因素的影响，而能够通过虚拟的网络世界触碰到无限宽广的娱乐空间。电脑网络的出现，使人类的休闲理念和休闲方式产生了革命性的变化，网络交友聊天、网络电视、网络游戏等休闲娱乐形式的出现，极大地拓展了休闲活动的空间。[②]

首先，休闲文化具有多层次性的特点。随着社会经济的快速发展，人们的生活品质也逐渐提高，休闲已经成为人们生活中不可缺少的部分。休闲文化是在人类的休闲过程中产生的，它是人类文化的重要组成部分，并且在无形中对人们的生活和行为产生极为重要的影响。因此，对休闲文化的功能有一个清晰的认识，能使人们在休闲的过程中更加自觉、更加理性，从而实现自身的自由全面发展。休闲文化有层次之分，高雅的休闲文化能给人们带来积极影响；反之，低俗的休闲文化将会带来消极的影响。因此，我们主要是从积极影响方面来探讨休闲文化的功能。第一，休闲文化促进人的身心健康。绝大多数人参加休闲活动的目的是想让自己从繁重的工作或其他强制性活动中解放出来，以缓解身心压力，让身心得以放松。美国心理学家奇克森特米哈伊在 1990 年出版了对休闲心理学影响深远的专著《畅：最佳体验的心理学》（*Flow*：*The Psychology of Optimal Experience*），从心理学角度对休闲体验的性质做出了深入的研究，从心理学的角度提出了一个休闲快感的概念“畅”。他认为：当一项活动或任务既不太难，也不是特别容易的时候，人

---

① 郑欣森：《社会主义文化新论》，中国青年出版社 1996 年版，第 122 页。

② 楼嘉军：《休闲新论》，立信会计出版社 2005 年版，第 176 页。

们往往能够体验到更多的快乐。太难的活动会让人感到紧张和焦虑；太容易的活动则会让人感到厌烦；只有当活动所带来的挑战与参与者的自身技能水平大体平衡的时候，他才会让自己全身心地投入，人们就可能获得这种“畅”的快感。其实，在这种体验“畅”的休闲过程中，人们的心理、性格、行为等也会受到休闲文化所带来的潜移默化的影响，并且这种影响会随着人们休闲时间的延长而增强。“在一个相对较长的时间内，人们参与的休闲活动是高尚或庸俗，身处的休闲环境是文明有序或杂乱无章，对其今后心理和人格的发展会形成深深的烙印。”① 对人们而言，越是处在高雅的休闲文化氛围中，就越有利于形成健康的心理构架，越有利于塑造高尚的人格特征；反之亦然。休闲的本质是一种有益于个人健康发展的内心体验，而高雅的、积极的休闲文化对促进人的身心发展有着不可替代的作用。第二，休闲文化促进人的自我完善。马克思认为自由时间就是“不被生产劳动所吸收的时间”，人们拥有了自由时间，就具备了促进个性自由发展和自我完善的客观条件。马克思提到：“个性得到自由发展，因此，并不是为了获得剩余劳动而缩短必要劳动时间，而是直接把社会必要劳动缩短到最低限度，那时，与此相适应，由于给所有人腾出了时间和创造了手段，个人会在艺术、科学等方面得到发展。”② 可见，个人的自由全面发展要求必须要有一个基础条件——自由时间。人们只有拥有了足够多的自由时间，才能在休闲的过程中获得广阔的发展空间，才可能去参与那些有利于促进自我发展、自我完善的活动。对此，恩格斯写到：“在所有人实现合理分工的条件下，不仅进行大规模生产以充分满足全体社会成员丰裕的消费和造成充实的储备，而且使每个人都有充分的闲暇时间从历史上遗留下来的文化——科学、艺术、交际方式等等——中间承受一切真正有价值的东西；并且不仅仅是承受，而且还要把这一切从统治阶级的独占品变成全体社会的共同财富和促使它进一步发展。”③ 历史的发展也证明了这样一个观点：人类社会的进步和发展同休闲与休闲文化有着十分密切和必然的联系。休闲文化所带来的这种促进或完善功能可以直接从那些参与休闲活动的人身上体现出来。例如，在休闲文化的感染和熏陶中，越来越多的人会选择去参与那些对于自身有价值和有意义的活动。某些人喜欢读书，喜欢用知识来充实和提高自己，那么他们便去阅读那些信息性强的、能提高自己水平的、有教育意义的和有价值的书；

① 楼嘉军：《休闲新论》，立信会计出版社 2005 年版，第 177 页。

② 《马克思恩格斯全集》第 46 卷（下册），人民出版社 1972 年版，第 218 ～ 219 页。

③ 《马克思恩格斯选集》第 2 卷，人民出版社 1972 年，第 478 ～ 479 页。

某些人喜欢艺术，希望通过学习声乐、绘画、舞蹈等来完善自己，那么他们便会在休闲过程中安排较多的时间去参加这方面的学习和培训；某些已经有了工作且事业有成的人，他们会选择在闲暇时间去接受继续教育，从而充实和完善自己。第三，休闲文化促进人的社会化。所谓社会化，就是指人们获得个性和学习社会或群体习惯的过程。休闲作为人的生命的一种状态，是一种“成为人”的过程，而这种“成为人”的过程也就是人的社会化的过程。在现代社会，随着社会流动速度的加快、社会交往范围的扩大和大众文化传播内容的丰富，人们的社会心理、社会性格和社会活动方式也都发生了相应变化，人们越来越容易受到外部环境的影响。休闲文化作为一种特殊的社会文化现象，极易与相应的社会环境形成一种合力，对人们的社会化带来不同程度的影响。休闲是一种“成为人”的过程，是一个人完成个人与社会发展任务的主要存在空间，休闲不仅是寻找快乐，也是在寻找生命的意义。[①] 有学者认为：人总是依赖于少数“重要的他人”；同时，特别是在学习并内化规范性秩序方面，文化总是强调团体内部的卓有成效的联系。[②] 休闲文化的产生和发展会为人们提供社会化的机会，人们总是在休闲文化的影响中进行着休闲活动，从而结成一个又一个不同类型的团体，并在这些团体中按照不同的规则扮演着不同角色。只有当人们能够自觉地接受各种符合社会共同认可规范的行为时，才能成为共享一种共有的休闲环境的社会群体成员，才能在一种彼此心照不宣的社会共识中从事各种自由自在的休闲活动。同样地，一个人要想成为合格的社会成员，就必须使自己的行为符合一定时期约定俗成的社会行为规范，而这种学习的过程除了在学校正式的课堂教育活动以外，主要是通过休闲活动的社会化过程来完成的。

（三）休闲文化的特点与心理影响机制

休闲文化作为一种与人们日常生活密切相关的亚文化，往往以渗透、感染、熏陶等形式影响人们的生活方式和行为方式。休闲文化伴随着休闲的产生而逐渐形成，它除了拥有文化本身的普遍特征之外，还有着自己独特的文化特点。

首先，休闲文化具有多层次性的特点。随着社会的快速发展和进步，休闲已经成为人类社会活动中的重要组成部分，休闲文化可以说已经渗透到人

---

① 马惠娣：《休闲：人类美丽的精神家园》，中国经济出版社2004年版，第85页。

② 章海荣、方起东：《休闲学概论》，云南大学出版社2004年版，136页。

们的日常生活之中，而个人的休闲生活总会自觉或不自觉地服从于休闲文化所带来的巨大的文化驱动力。但是，由于休闲绝不是单一层面的存在，所以休闲文化具有多层次性的特点。1980 年，史密斯曾经把休闲划分为感官休闲活动、情感皮层休闲活动和智力皮层休闲活动三个层次。他认为能够使人产生感官愉悦的休闲活动有饮食、玩耍、体育运动等，这些活动都能给人带来由本体感受器感受到的快感；情感皮层的休闲活动是人们的感官和智力因素共同起作用的一种活动，它包括作画、品酒、摄影等，在这类活动中，人们运用创造性思维来进行某种能给人感官愉悦或者将感官享受附着在智力因素之上的活动；智力皮层的休闲活动指那些单纯基于智力行为而绝不涉及感官刺激的活动，在任何社会中，热爱智力皮层休闲活动的人都是整个社会的精英分子，他们是人们赞美的对象。[①] 可见，休闲活动也是有优劣层次之分的，而具体划分这种层次的标准却并不唯一，不过绝大多数学者赞成把与“身心健康”和“社会利益”相容的程度作为评价标准。也就是说，如果个体参与休闲的程度和创造性越高，人们通过休闲活动体验到自我发展的满足感也会越高，而对于社会进步的推动作用也就越大；反之亦然。因而，在不同层次的休闲环境和休闲活动的综合作用下，就会产生不同层次的休闲文化；不同层次的休闲文化产生之后，又会反过来作用于人们的休闲活动和休闲环境。

其次，休闲文化具有易传播性的特点。随着社会经济的飞速发展、科学技术的不断进步，休闲文化的传播在全球化的背景下变得更加迅速和广泛。一方面，由于人们的休闲时间增多，休闲的方式也在不断更新，人们对于一种新的休闲活动形式的好奇和追求，常常会给周围的人带来较大程度的影响，乃至成为一种潮流或时尚。特别是在当今社会生活节奏加快和学习工作竞争程度加剧的双重压力下，人们内心所出现的情绪反弹和情感宣泄的迹象更加强烈，也即对熟知的社会物质生活和精神生活存在一种积极的求变、求异的心态。另一方面，大众传媒的发展也在无形中积极地推动着休闲文化的扩散。以电视、广告、报纸等大众媒介为载体，依托其在全国乃至全球范围内的巨大辐射作用和传播作用，休闲文化所到之处无不让人们对新型休闲活动方式产生浓厚兴趣，并且在此基础上产生积极尝试和亲身体验的强烈愿望，从而最终在社会大环境的牵引下，在崇尚时髦的心理机制驱动下，形成相互感染、不断扩大影响的群体性休闲活动的高潮。可以肯定的是，在现代社会里，休闲文化通常以一种象征性和符号性的方式进行传播，它总

① 李仲广、卢昌崇：《基础休闲学》，社会科学文献出版社 2004 年版，第 219 ～ 220 页。

是与一定历史阶段的政治、经济、道德、伦理水平紧密联系、相互促进，它诠释着一个时代的生活形态，表达一种人们对未来生活方式的追求和向往。因此，休闲文化本身在感染力和吸引力上就占据着很大的优势。

最后，休闲文化具有建设性的特点。休闲文化的建设性主要表现在休闲文化对人的塑造、完善作用和促进人的社会化方面。休闲文化对人的塑造往往是通过有形和无形的方式体现出来的，而且是一个潜移默化的渐进过程。休闲能够使人们从社会责任的紧张中解放出来，使人们驱逐精神的劳顿，或安抚疲惫的心灵，使人们获得精神的解脱，或促进一次精神的升华，更重要的是它能够满足人们对内在价值的追求和情感的需要，并且在休闲的过程中实现自我的发展和完善。“杜马哲迪尔早就说过，休闲能使人们通过摆脱日常生活的单调乏味，在超越现实的世界里自由地补偿自己命运的价值，这些价值包括自我尊重、挑战、自由、成就、地位等等。如果这些价值要素不能通过休闲得到满足，那么人类将会在高度工业化和城市化社会的劳动环境、家庭环境的制约中备受无所不在的折磨和挫折。”[①] 除此之外，休闲文化还有一种对人社会化的整合功能。这种文化的整合功能是指在特定的社会大背景中，个体形成的适合于社会和文化系统标准的人格特征，掌握社会所认同的行为规范，采用社会所默许的生活方式，以及遵循社会所接受的价值尺度。这一文化的整合过程就是“人”真正“成为人”的过程，是人们真正成为“社会人”的过程。因而，休闲文化的建设性不仅表现在对个体的塑造和完善方面，也表现在促进人的社会化的过程之中。

休闲文化对人的心理有一定影响，而研究这种影响、探讨影响机制很有必要。一般来说，休闲文化对人的心理的影响主要是通过个体的动机、模仿、强化等内在、外在机制共同作用的结果，是多个因素协调运动的过程。目前，对文化影响心理的机制研究，大致有三种理论：

一是三元互动机制理论。所谓三元互动机制，是在借鉴著名心理学家班杜拉的“三元交互决定论”基础上，所提出的一种心理影响机制。20 世纪 60 年代，班杜拉在勒温模型研究的基础上，提出了著名的“三元交互决定论”。他认为人的行为、人的因素、环境的因素实际上是作为相互连接、相互作用的决定因素产生作用的，环境、人和行为的相互关系和作用，是一种交互决定的过程。在行为内部，人的因素和环境影响是以彼此相连的决定因素产生作用的，这个过程是三者交互的相交作用。休闲不仅是一种行为，它还是一个过程，是人们在休闲环境中、在休闲动机支配下采取休闲行为以追

---

① 章海荣、东方起：《休闲学概论》，云南大学出版社 2005 年版，第 69 页。

求或维持某种休闲体验的过程。休闲环境既包括休闲的文化环境，也包括人为营造的供人们休闲的场所等。休闲动机则是“指引起、引导和整合个人休闲活动，并导致该休闲活动朝向某一目标的内在心理过程”①，休闲动机是产生休闲行为的多个约束变量中最为关键的一个。休闲体验作为一种可以获得某种身心反映的心理状态性主观感受，需要一个过程，即个体需要花费一段时间来获得这种休闲感受；同时，作为一种主观感受，这种休闲体验是以个性化方式来进行的，没有一个绝对的标准，依休闲主体的个人体验而定。同理，“主体休闲体验是个体休闲行为本身及其造成的主体外环境变化结果，在人脑中形成的主观评判与情绪情感反应，而这种评判与反应又会引起休闲行为的调节与改变，进而造成新的环境变化，这种变化又再次反映到人脑中……依此循环，构成了个体休闲行为、休闲体验与休闲环境的三元交互决定过程”②。这即是休闲的基本心理机制，也就是我们所说的“三元互动机制”。从而可知，休闲是人们在闲暇的情境中，在付诸休闲行为的基础上不断生成主观体验，并对自己的主观世界不断地创造与释义的过程。在这一过程中，休闲本身意味着闲暇情境的变化，意味着人们的体验与休闲行为之间的交互作用。而需要了解的是，休闲活动并不一定会产生人们期望的休闲体验，由于休闲行为本身或者是休闲环境的影响，休闲活动的效果在体验上可能是期望的“畅爽”，也可能是不受欢迎的无聊感。所以，选择恰当的休闲方式和良好的休闲环境对个体主观幸福感、心理健康有积极的贡献，而不恰当的休闲行为（如过度上网、酗酒等）和不良的休闲环境则有可能会损害心理健康。

二是心理动力机制理论。心理上的稳定均衡状态是身心健康的表现，当某种需要出现时，动机系统中的非均衡感会随即产生，促使有机体做出相应的行为选择用以满足这种需要，从而达到新的均衡。就休闲本身而言，不同的休闲行为和休闲环境对需要的满足程度也是互不相同的。人的休闲动机既可以来自生理方面（如恢复体力），也可以来自心理方面（如体验畅爽）。就心理方面来讲，休闲是个体追求与享受休闲体验的过程，是个体自觉追求自我实现的过程，它具有明显的内部动机性质；通过休闲，人们的心理状态可以维持一定的平衡，这种平衡既包括认识上的平衡，也包括情感上的平衡。心理上若不平衡，人就会感到焦虑烦躁，无心正事，只有心理上获得了平衡，人才会平静知足，由此就会驱使人去从事休闲活动以恢复心理平衡。

---

① 李仲广、卢昌崇：《基础休闲学》，社会科学文献出版社 2004 年版，第 135 页。

② 胡炳正：《论大学生休闲的心理机制及其教育促进》，《文教资料》2010 年 5 月下旬刊。

J. L. 克罗姆顿认为，休闲的基本动机是“打破常规”，人们的休闲动机主要来自社会、心理和文化；贝维·德赖弗则认为休闲的动机主要有试验、个人发展、社会因素、自然欣赏、寻求改变。① 无论怎样划分，休闲的动机都无非是放松身心、社会交往、自我发展这几个大的方面。依据心理学的规律，动机强度与任务难度协调一致才能获得好的活动效果，也就是说主观动机的效果受客观条件的制约。例如，许多学生热衷于玩电子游戏，有的学生甚至到了痴迷的地步，许多人对此感到不解。为什么电子游戏会有如此大的吸引力?！其实，原因就在于电子游戏的设计恰好符合了学生的基本心理动机：“其任务往往设置了由低到高不同水平的难度级别，玩者一般是由易到难逐步完成各个级别的游戏任务，而这种由易而难的顺序主要诱发的是一种好奇的动机——一种偏低的动机水平，可以较好地完成难度逐渐变大的任务。”② “好奇” 成为了学生热衷于电子游戏的一大因素，绝大多数学生都是在好奇心的驱使下开始接触并逐渐喜爱上电子游戏的。除了好奇之外，刺激、挑战、享受、试验等也是不同类型的休闲动机，在休闲行为和休闲活动的选择过程中发挥着重要的作用。不同动机要与客观活动或任务保持相应的协调和一致才能取得良好的效果，就像马斯洛的需要层次理论一样，较高层次的需要——自我实现也是一种动机，它是心理健康者的表现，是满足了普通的、基本的需求之后更高层次的动机状态，是人潜能的充分展现与个性的充分追求。这种动机的实现与前面较低层次的需求相比，所需要完成的内容和难度则大不相同。由此可见，休闲生活是学生“存在”的生动展示，它主要是一种追求自我实现的过程，在休闲中进行心理健康教育具有得天独厚的心理动力性条件。

三是心理防御机制理论。“心理防御机制，又称为心理适应方式，是指当一个人在遭受心理挫折后，内心都有一种想摆脱痛苦、减轻不安、恢复情绪稳定、重新达到心理平衡的倾向。”③ 一般说来，心理防御方式可分为积极防御和消极防御两类，而休闲文化对大学生心理健康的影响也有着积极与消极之分。积极的心理防御是指把被压抑的情绪和自身的冲动和欲望，用符合社会要求的建设性方式表达出来的一种防御方式，而人们采用积极的防御方式所进行的休闲活动包括写诗、绘画、弹琴、种花、旅行、爬山、唱歌

---

① 李仲广、卢昌崇：《基础休闲学》，社会科学文献出版社 2004 年版，第 145 ～ 148 页。

② 胡炳正：《论大学生休闲的心理机制及其教育促进》，《文教资料》2010 年 5 月下旬刊。

③ 卢家楣、魏庆安、李其维主编：《基础理论及其教育应用心理学》，上海人民出版社 1998 年版，第 604 页。

等，由此抒发自己被压抑的感情，释放各种压力和不良情绪。例如，《少年维特之烦恼》就是歌德在遭受爱情挫折后，通过积极的心理防御方式来减轻痛苦而创造出来的作品。歌德通过在艺术上的创作来抚慰自己心灵的创伤，他并没有因为失恋而消极堕落出现心理障碍，反而他的心灵得到了拯救，精神也得到了极大的安慰。积极的心理防御是休闲文化运用一种积极、健康的方式，影响人们的身心。人们在参与休闲活动的时候，痛苦的注意力被转移而沉浸在悠闲、自在的氛围中，他们会为自己正在进行的活动取得良好的收效而信心倍增，从而会被欣喜、愉快和满足的感觉填充，自然就会慢慢抚平那些不好的记忆。消极的心理防御方式主要是通过否定和文饰不良的情绪和心态来进行。所谓否定，就是将已发生的令人痛苦或使人不愉快的事情完全否定，以求减轻心理上的苦闷，它是一种否定已存在或已发生的事实的潜意识心理防御方式，其实质是一种心理上的逃避。正如有的学生那样，为了逃避现实的压力和苦闷就用喝酒、上网、赌博等方式来麻醉自己，其结果不但不能减轻压力、缓解痛苦，反而会给学生自己的心理健康带来诸多消极影响。所谓文饰，是指个人遭受挫折或无法达到所要追求的目标时，用有利于自己的理由来为自己辩解，将面临的窘迫处境加以文饰，以隐瞒自己的真实动机或愿望，从而使自己得到解脱的一种心理防御方式。很多大学生把睡觉当作主要的休闲方式，认为睡着了就能够忘掉自己一切的烦心事，能够摆脱压力和束缚；其实这也只能暂时性地忘掉烦恼，一旦醒来，会发现其实矛盾和问题依然存在。所以，如果经常性使用或已成习惯地使用消极防御方式将会适得其反。

（四）休闲文化对大学生心理健康的意义

心理健康是指人在知、情、意、行方面的健康状态，主要包括智力正常、情绪稳定、行为适度、意志坚强、人格完善、性格良好、拥有和谐的人际关系等，是一种生活适应良好的状态。事实上，心理健康与否的界限是相对的，它并不像躯体的生理健康那样有着明显的界限，但是，仍然有心理健康的基本标准可以为我们提供参考。具体来说，大学生心理健康的标准大致应包括以下几个方面的内容：正常的智力发展水平、具有健全的人格、恰当的自我认识能力和评价能力、有较强的情绪调节能力、行为与社会角色相一致、能保持和谐的人际关系、心理行为符合年龄特征等。休闲文化作为人类在休闲过程中生成的一种特殊文化类型，不但给人们的生活带来了更加丰富的内容，也对大学生心理健康有着重要的作用与意义。

第一，休闲文化有利于塑造完善的心理和人格。人格是人的心理面貌的集中反映。心理卫生学认为，随着社会的发展，人类幸福生活将越来越多地取决于人类自身的人格健康状况，而且人格健康发展也是促进社会健康发展的一种重要力量。因此，培养大学生健全的人格和健康的心理是当前高等学校的一项重要课题。大学生都经历了从高中升入大学这一个过程，休闲时间与以往相比有了很大的延伸，休闲活动数量也较之以前大大地增加；因此，休闲对大学生的心理及人格的塑造作用将越来越大。尽管人的心理和人格模式也会受到许多自身的内在因素的影响，但是作为生活在集体之中的社会人，不可避免地会受到来自外在环境的影响。也就是说，在日常的休闲过程中，大学生必然会被周围的休闲文化氛围所感染，他们始终生活在这样一种文化环境中，其心理与人格必然会在潜移默化中受这种文化氛围的影响而变化、发展。可以说，在大学这个对于人生至关重要的阶段，大学生接触到的休闲文化是高尚还是低俗，身处的休闲环境是文明有序还是杂乱无章，对其今后心理和人格的发展会形成深刻的影响。“对于成长而言，越是高尚的休闲活动，越是文明的休闲环境，人的生物属性就趋向于越小，而社会属性就趋向于越大，对人们而言，就越能够有利于形成健康的心理架构，塑造高尚的人格特征。”[①] 可见，休闲文化与其所形成的休闲文化环境对于大学生完善的心理和人格的塑造有着极为重要的作用，这种心理和人格的塑造将影响学生们一生的发展轨迹。

第二，休闲文化有利于对良好性格和个性的培养。大学阶段是个体的性格特征在遗传和后天因素影响下基本形成的一个阶段。在这个阶段内，大学生的性格和个性会在内外因素的合力作用下逐渐趋向稳定。因此，休闲文化作为一个极其重要的外在因素，对大学生的良好个性与性格的培养有着重要影响。马克思指出，自由时间包括“个人受教育的时间、发展智力的时间、履行社会职能的时间、进行社交活动的时间、自由运用体力和智力的时间”，其中，“履行社会职能”和“进行社交活动”是人在闲暇时间内不可缺少的活动内容，是身心发展型休闲活动的重要组成部分。首先，大学生在休闲时间内从事球类运动、文艺活动等都是在与别人交往，都会帮助他们结成一定的人际关系。他们在尝试进行人际交往的同时，也试图发展这方面的能力并以此做出评估。他们会通过周围群体对自身的评价来调节自己，使自己的思想、动机、言行符合大多数群体的评价标准，从而在潜移默化中向有益于心理健康的方向发展。除此之外，通过休闲活动可以培养大学生活泼开朗的性格，他们在良好的休闲文化环境中积参与休闲活动，能够积极地发挥

---

① 楼嘉军：《休闲新论》，立信会计出版社 2005 年版，第 177 页。

自己的创造性和其他方面的特长，会愿意对周围的同学、朋友敞开心扉，会在得到周围人的肯定和赞扬之后更加积极向上。在进行休闲活动时，大学生可以自由选择自己活动的内容以及方式，这为他们提供了充分的自主选择机会，使得他们能够充分发挥自己的才能，体验到在自主休闲过程中的乐趣。

第三，休闲文化有利于调节情绪，缓解身心压力。“国际劳工组织曾发表的一份研究报告称，全球约有1/10的劳动者感到抑郁、焦虑、精神紧张或疲劳。‘由于抑郁症，美国每年损失两亿个工作日；芬兰50%的劳动者都有精神紧张症；德国7%的提前退休患者有抑郁症；英国1/3的雇员有精神健康方面的问题。’”① 最初，人们进行休闲就是为了从繁重的体力劳动中解脱出来，从而实现消除疲劳、放松身心的目的；直到今天，休闲仍然是人们解救疲惫心灵的家园。知识经济的特点、市场经济的运作、激烈的就业竞争等都给大学生带来了不小的压力，所以，大学生常常会出现由于压力过大而情绪不良的情况。这不但会对他们的心理健康状况带来不良影响，更甚者将会出现个别极端的情况。因此，休闲与休闲文化对于大学生来说必不可少。休闲文化对大学生的不良情绪也有着很大的调节作用，高雅的、健康的休闲文化能够培养大学生积极向上的性格和乐观的情绪，能够促使他们摆正心态，摒除消极的思想和态度，能够培养大学生良好的人际交往能力和营造良好的人际交往环境。在参与休闲的过程中，他们不但会更好地了解自己、认识自己；更重要的是，在自由、放松的空间里，他们更容易对生命、价值和意义进行深层次的思考和探寻。从中国文化看，休闲是一种本真的自由，休闲文化是一种寻求自由与放松的文化，在休闲的过程中，人们可以脱掉各种社会角色的装饰和面具，获得本来的面目，获得本真的自由。

三、休闲文化对大学生心理健康影响的基本状况

大学生休闲是指大学生在必要学习时间和生理满足时间之余而自主选择的符合个人兴趣，并从中获得身心愉悦、精神满足和自我实现与发展的活动方式。休闲文化作为人类在休闲过程中生成的一种文化现象，无时无刻不在影响着大学生的休闲认知、休闲行为和休闲方式。休闲活动是一种放松身心、实现人的全面发展的有益活动，尤其是在当今社会竞争压力空前增大，学习、生活压力不断加强的情况下，休闲文化对大学生心理健康的影响也显

---

① 楼嘉军：《休闲新论》，立信会计出版社2005年版，第161页。

得尤为突出。

通过采用随机抽样调查法，我们对中山大学、中国人民大学、武汉大学、广东省广播电视大学、广东省农工商职业技术学院等5所高等院校的大学生进行问卷调查进行研究，从中探索休闲文化对大学生心理健康的影响问题。

调查实际发放问卷820份，回收783份，其中776份为有效问卷。有效的调查对象中，男生370人，女生406人；一年级学生251人，二年级学生184人，三年级学生82人，四年级学生117人，研究生（硕士、博士）142人；文科类363人，理科类234人，工科类98人，医科类82人。全部问卷数据由调查员检查核实后输入计算机，采用SPSS 13.0统计软件包建立数据库处理和分析数据。现就有关基本情况归纳如下：

第一，大学生对休闲重要性认识的基本情况。随着科学技术的突飞猛进和社会经济的不断发展，人们将拥有越来越多的休闲活动时间。但是，由于经济发展程度和文化教育程度的差异，造成了人们对休闲活动作用认识的不同，由此导致人们参与休闲活动的态度也就存在着不小的差异。在本次对大学生的调查中，大学生对于休闲和工作重要性二者关系的认识也同样存在着差异。其中，有4%的学生认为休闲比学习工作更重要，有11%的学生认为学习工作比休闲更重要，有84%的学生则认为二者同样重要（图7.1）。由此可见，大学生对于休闲的价值与重要性有着深刻的认识，他们已经把休闲与学习、工作一起看作自己生活中不可或缺的一部分，较之以往大学生对待休闲与学习、工作的看法，当前大学生对休闲与学习、工作所持的这一态度，折射出大学生有关休闲生活价值观发生的可喜变化。

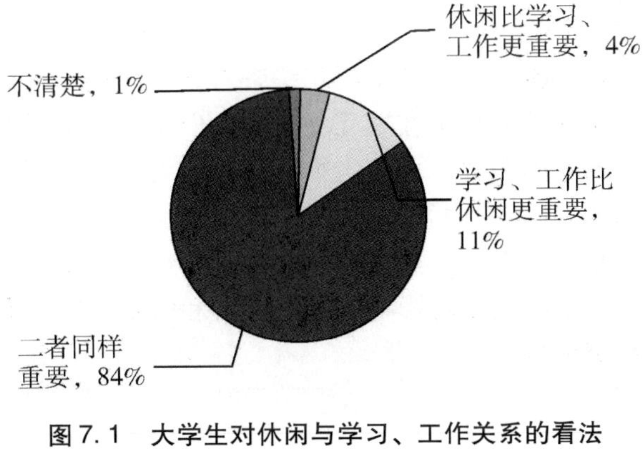

图7.1　大学生对休闲与学习、工作关系的看法

第二，大学生休闲时间分配的基本情况。大学生休闲时间主要指在校学习期间，每天除正常学业或基本生存活动、个人生活事务时间以外的时间。从图 7. 2 我们可以看出，周一至周五，大学生平均每天的休闲时间主要集中在 1 ～ 2 小时和 2 ～ 3 小时这个范围；在周末，休闲活动时间则要比平时长得多，休闲时间从 1 小时以下到 4 小时以上，人数是呈现显著的上升趋势的，其中，大学生平均每天的休闲时间主要集中在 3 ～ 4 小时和 4 小时以上这个范围。

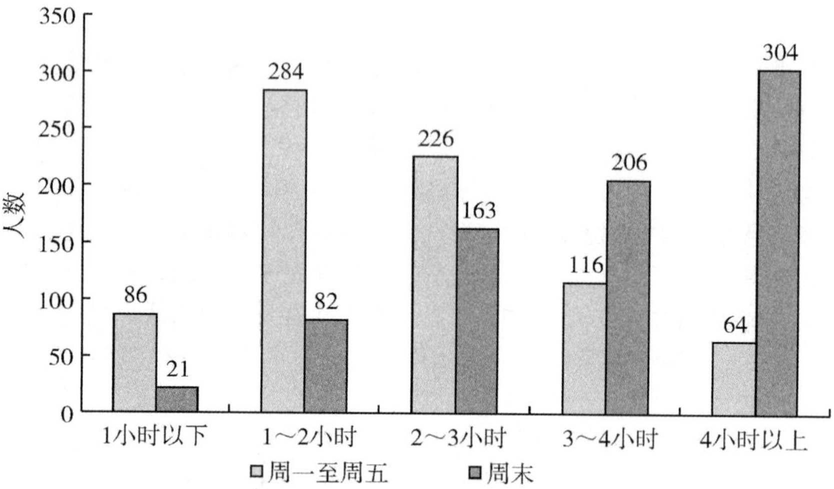

图 7. 2　大学生日常休闲时间

第三，大学生休闲活动类型的基本情况。通过图 7. 3 可以得知，大学生日常的休闲活动类型主要有上网、看影视、逛街购物、体育健身、业余学习、电脑游戏和棋牌游戏等。从不同年级来看，差异性并不显著，基本上各个年级学生的休闲活动都集中在这几种类型。但是，从不同性别来看，还是存在着一定差异的。因为男女大学生在生理、兴趣、爱好等方面有所不同，所以在休闲活动的取向上必然会存在一定的差异性。在大学生经常参与的休闲活动中，上网是男女大学生共同选择的主要的休闲类型。除此之外，男生在休闲时间里更多地倾向于看影视、体育健身和电脑游戏，女生则更多地倾向于业余学习和逛街购物。

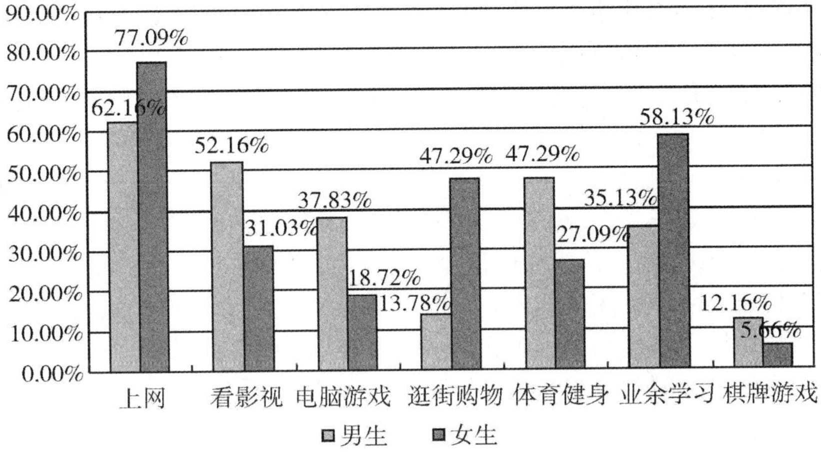

图 7.3　大学生日常休闲类型

第四，大学生休闲目的的基本情况。对大学生休闲目的的调查结果显示，大学生进行休闲活动的主要目的有放松身心、调节生活、开阔眼界、锻炼身体、加强人际关系、自我发展、审美愉悦、消磨时间等。其中，排在前三位的分别是放松身心（84.66%）、调节生活（67.01%）和开阔眼界（57.86%），排在最后一位的是消磨时间（34.92%）（图 7.4）。可见，大多数学生把休闲定位于有益于身体健康和全面发展的活动，他们对休闲已经具有比较深刻和全面的认识，他们不再把休闲仅仅当作打发无聊时间的简单意义上的消遣，更多的是看到了休闲对于身心健康和自身发展的重要作用，从而确立了比较科学的休闲的目的和动机。

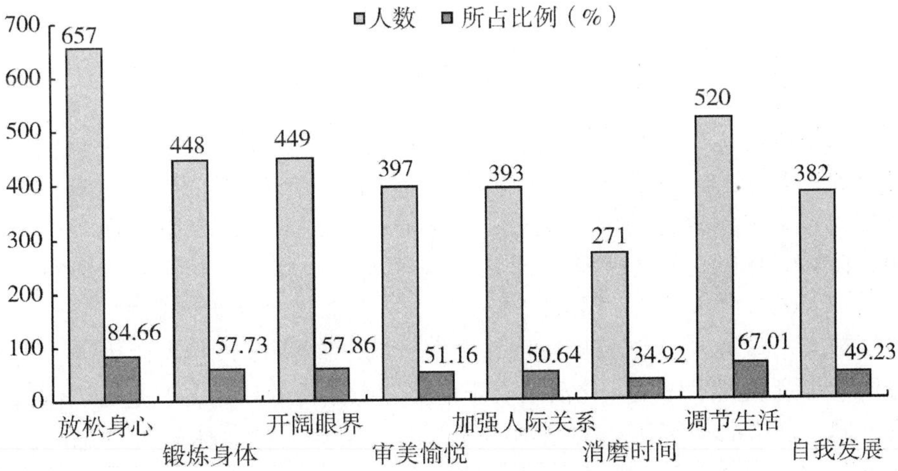

图 7.4　大学生休闲的主要目的

第五，休闲文化作为大学生日常生活的重要组成部分，不但能够缓解学习压力，为紧张的学习生活增加色彩，也对促进大学生的心理健康起着极其重要的作用。但是，由于大学生的休闲意识、休闲动机和休闲方式各不相同，休闲活动给他们的心理健康状况所带来的影响也是不同的。

一是休闲文化对大学生情绪的影响。如图 7.5 所示，有 37.76% 的人认为休闲能够缓解压力、放松身心，36.86% 的人认为休闲能够调节和控制不良情绪，24.10% 的人认为休闲使自己更加积极乐观，有 1.28% 的人则认为休闲会使自己更加沉迷于享乐。由此可见，大多数大学生在积极的休闲文化氛围中能够树立正确的休闲观念，从而在科学休闲观念的指导下真正体验到休闲的真谛，感受到休闲给身心健康带来的积极作用。

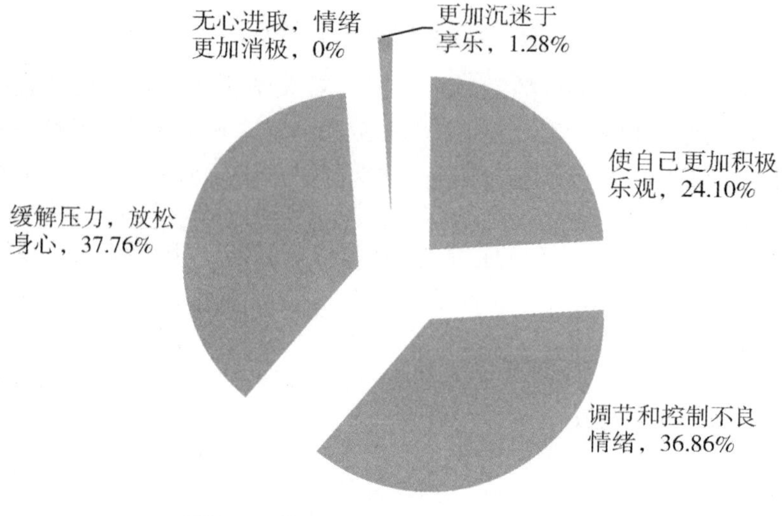

图 7.5　休闲给大学生带来的主要影响

二是休闲文化对大学生意志品质的影响。具有顽强的意志是大学生心理健康的一大标准。心理健康的大学生，学习生活有明确的目标与追求，敢于开拓创新，在意志行动中有主见，有恒心，专心致志，自制力强。在调查中，针对“休闲对意志品质的影响”这一项，9.92% 的人认为“影响非常大”，34.02% 的人认为“影响比较大”，41.37% 的人认为“影响一般”，只有少数人选择了“影响不大”和“没有影响”（图 7.6）。由此可见，大部分同学都意识到了休闲文化活动对于增强意志品质的作用，但是由于休闲观念不同、从事的休闲活动类型不同等原因，大学生对“休闲对意志品质的影响”这一观念的认识还有待进一步的深入。

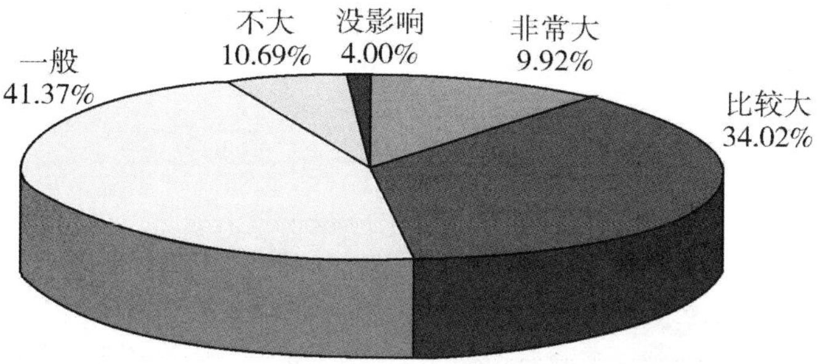

图 7.6 休闲对大学生意识品质的影响

三是休闲文化对大学生人际关系的影响。心理健康的大学生热爱生活，乐于交友，善于与人相处，拥有和谐的人际关系。大学生通过共同参与休闲活动，往往能够增进相互之间的沟通与交流。在“休闲是否让你的人际关系得到了改善”这一选项中，9.02%的人选择了“非常大”，44.59%的人选择了“比较大”，39.43%的人选择了“一般”，只有极少数人选择了“不大”和“没有影响”（图 7.7）。可见，大多数大学生都认可通过参加休闲文化活动可以改善人际关系，可以使自己更多地获得与他人交流的机会。

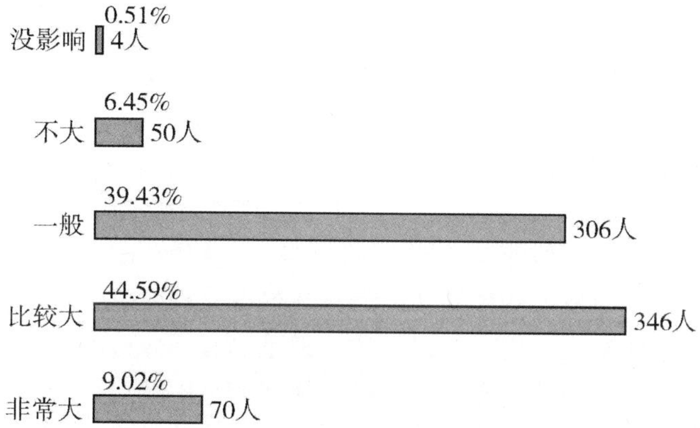

图 7.7 休闲文化对大学生人际关系的影响

四是休闲文化对大学生形成正确自我观念的影响。心身理健康的大学生对周围环境具有安全感，有正确的自我意识，能客观地、实事求是地充分了解自己，能做出正确的自我评价，接纳自我，并能不断地自我完善。根据调查显示，对“你认为休闲对更好地认识自我是否有影响”这一选项，9.28%的人认为影响“非常大”，43.04%的人认为“比较大”，39.82%的人认为“一般”，只有5.67%的人认为影响“不大”，2.19%的人认为“没影响”（图 7.8）。可见，认为通过参加休闲文化活动，能够更加全面、深入地了解自己的学生占了绝大部分，只有极少数的学生没有意识到这一点。

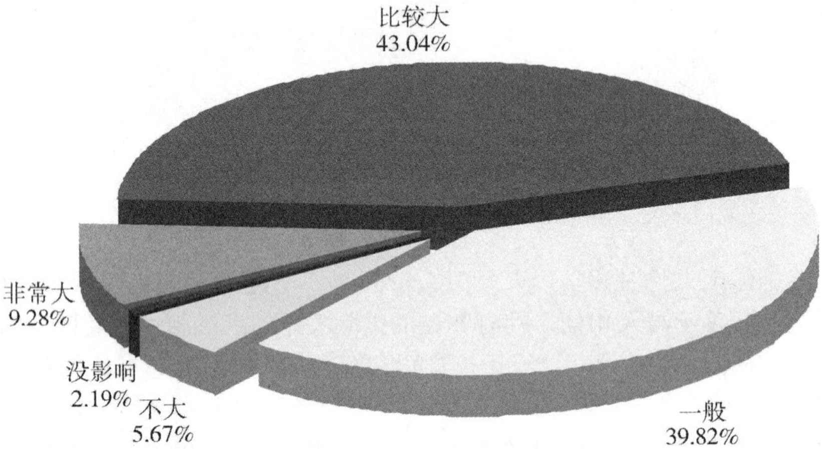

图 7.8　休闲文化对大学生形成正确自我观念的影响

休闲是个人为了放松身心、缓解压力、促进自身发展而进行的活动，它是一种“成为”状态的自由，是在生活规范内的自由活动，是个体利用闲暇时间自主选择的结果。大学生作为我国社会中文化层次较高的群体，一向被认为是最活跃、最健康的群体之一。然而，面临着越来越激烈的社会竞争，面对着越来越大的就业压力，许多大学生开始感到不知所措和迷茫困惑，从而产生了心理上的不适应。这时候，参与一些自由自在的休闲活动则显得非常重要，它不但能使大学生放松身心、缓解压力，还能起到调节情绪、促进身心健康发展的作用。结合上述数据分析，可以看出当代大学生对休闲的定位总体来说还是较为科学的，但是仍有部分人的观念存在偏误，他们不仅没有看到休闲的本质，甚至会对休闲产生误解，认为休闲只不过是消磨时间、打发无聊生活的选择，对于个人并没有多大的意义和作用。另外，绝大部分人对学习的重要性都没有忽视，没有因为休闲而放弃大学生的第一职责。

当代大学生都是经过高中的艰苦拼搏进入到大学殿堂。在高中，由于面临着巨大的升学压力，学习成为了学生生活的重心，除了必须的休息和睡眠之外，几乎所有的时间都花在了学习上，课余时间是很少的。但是，进入大学之后，由于没有那么强大的学习压力，大学生的生活领域大大拓宽，自由支配的时间也较之以前多了许多，体现出休闲时间充裕这一特点。调查结果表明，大多数的人平时都有比较多的空闲时间，特别是在周末，学生的休闲时间则更多，大部分人都在3～4小时或4小时以上，这为大学生参与丰富多彩的休闲文化活动提供了必要条件。

当前，大学生休闲活动的内容丰富多彩，既有追求自我发展、自我完善的能力培养、素质锻炼、知识扩充活动，又有满足精神和生理需要的恢复性消遣、娱乐活动等。调查发现，大学生在休闲活动的选择上呈现出多样性的特征。他们主要的休闲活动包括上网、看影视、逛街购物、体育健身、业余学习、电脑游戏和棋牌游戏等，休闲类型多样而且大多是易于参与的活动。进一步分析调查数据则可以发现，在众多类型的休闲活动中，占主要地位的是上网及看影视这两项，可见我国大学生的休闲仍处于放松身心的较低层次，休闲层次和休闲品位有待提升。

通过数据分析，大学生参与休闲活动的主要目的有放松身心、调节生活、开阔眼界、锻炼身体、加强人际关系、自我发展、审美愉悦、消磨时间等方面。他们或从休闲阅读、休闲培训等活动中收集有用的信息，扩大自己的知识面，开阔视野，提高审美能力；或从休闲运动、休闲娱乐、人际交往活动中，获得锻炼和提升，以获得发展自我、完善自我的机会。而这一切，都是大学生的发展动机在休闲活动中的表现。调查发现，大部分学生参加休闲活动的动机属于内在动机，大学生能通过休闲活动本身获得乐趣，还能从中获得自我完善和发展。

四、休闲文化对大学生心理健康的积极影响

休闲既是一种生活方式，更是一种文化存在。“休闲中的精神自由导致了文化娱乐活动的繁荣。随着人类对自然改造过程的深入，休闲活动越来越具有规模和品位，也日益成为一种完善的文化形态。”① 休闲文化是品位人生、享受人生的文化，这种在对人生的体验和感悟中逐渐发展起来的文化形态必然会给大学生的身心健康带来积极影响。

（一）休闲文化对大学生心理和人格的熏陶作用

瑞士著名心理学家荣格认为：“人格面具是我们经由文化熏陶、教育以及对物理与社会环境适应的产物。”② 在人格形成和发展过程中，除了自身

① 陈来成：《休闲学》，中山大学出版社2009年版，第279页。

② 斯坦门：《荣格心理地图》，朱侃如译，台湾立绪文化事业有限公司1989年版，第136页。

内在的因素之外，外界环境也起着极为重要的作用。众所周知，休闲是改善身心的过程，它可以促进人的身心发展。在休闲过程中形成并发展起来的休闲文化与休闲文化环境，也在潜移默化中对完善大学生的心理和人格模式起着必不可少的作用。从文化的渊源上说，中国人深受老庄哲学和禅宗思维方式的影响，喜爱淡泊明志、宁静致远的生命状态。所以，在我国古代的休闲中最崇尚自我心境与天地自然的交流与融合，推崇静观、独处等宁静的状态，以达到修身养性、提升人格的目的。随着时代的发展，现代大学生的休闲活动已经呈现出越来越多的内容和形式。如果说中国传统的休闲以静态为主，那么现代休闲则是静态与动态相结合，人们的休闲视野更加开阔，休闲方式也更加丰富。可是，无论休闲的形式发生怎样的变化，休闲所营造的文化氛围将始终影响着人们的心理状态和人格的塑造。有无数的事实可以证明：在赌场里泡大的人，形成的是赌徒式的投机、侥幸、贪婪的心理特征和畸形的人格症状；在竞技场里磨炼的人，具备的是渴望参与、追求公平、不惧竞争的心理和人格特征；积极参加集体活动、人际关系良好的人，拥有的是开朗热情、宽容豁达和自信机敏的心理状态和人格特征。可见，在不同的休闲文化和休闲环境中，人们会形成不同的心理和人格状况，先进的、高雅的休闲文化对形成健康的心理和完善的人格产生积极作用，落后的、低俗的休闲文化则会产生消极作用。

休闲活动是个体依照其意愿自主参与的、不受约束与控制的活动。在这种自主进行的休闲活动中，人们会感到摆脱了束缚，获得了自由，因而容易产生心理的满足，如成就感、好奇心、自我肯定等。近年来，随着休闲越来越成为人们生活中不可缺少的一部分，人们对休闲有了更加广泛的关注。特别是在休闲咨询和休闲服务领域，许多旨在促进个人身心健康的各种各样的休闲疗法被开发出来，如艺术疗法、音乐疗法、娱憩疗法、诗歌疗法、舞蹈疗法等。越来越多的人，包括许多学者和医生，都相信休闲对心理的益处不仅广泛存在，而且可以直接为人们所利用。其实，在1970年的《休闲宪章》中就明确指出："消遣时间是指个人完成工作和满足生活要求后，完全由他本人自由支配的一段时间，他为补偿当代生活方式中的许多要求创造了条件。它通过身体放松，竞技，欣赏艺术、科学和大自然，为丰富生活提供可能，还为人们提供了激发基本才能的条件。建立于闲暇时间基础之上的行为情趣，或者是休息、娱乐，或者是学习、交往等，它们都有一个共同的特点，即获得一种愉悦的心理体验与满足，产生一种美好感。"① 来自休闲活

① 马惠娣：《休闲：建造人类美好的精神家园》，《未来与发展》1996年第4期。

动的心理益处是不胜枚举的，包括：自由感、独立感、自治感，提高自我意识、认识自我价值、增强自信心和理解力，提高创造力、表达力和道德感悟力，提高对环境的适应力和自我调节能力，等等。这些都是休闲活动带来的益处。当大学生在学习、工作之余投入到这些活动中时，就会真切地体会到休闲给自身的心理健康所带来的不同方面的积极影响。

（二）休闲文化对大学生不良情绪的调节作用

在大学生活中，学生时常会因为学习、工作或人际关系等各种因素而产生焦虑、急躁、悲观等消极的情绪，这些不良情绪若得不到及时的调节，长期积累下来就会造成心理疾病，严重地影响到大学生的心理健康。所以当某种事情影响到人们的情绪时，最好的办法就是参与一些积极的休闲活动，从而不断向大脑输送愉快的信息，建立愉快的信息优势中心，有效地抵御不愉快的信息输入。休闲文化对不良情绪的调节作用主要通过两个途径得以实现：一是个体的自我调节，二是人际协调。自我调节就是当人们在受到不良情绪的影响时，喜欢外出散心，在欣赏景色的过程中感悟人生，以获得审美的愉悦，启发新的思考。例如在休闲的过程中，在休闲文化的熏陶和感染下，人们可以感悟到“人闲桂花落，夜静春山空”那种幽静、空灵的美景和恬淡、和谐的情趣，从而使精神顿觉清爽，焦虑烦躁顿时消除，这时一切不良情绪都会在这种情境中获得抚慰和平衡。人际调节则是指通过休闲过程中的人际交往而对不良情绪产生的调节和消解作用；在休闲过程中人们之间总会结成一定的人际关系，这种人际关系不同于平时的同学关系、师生关系或同事关系，它只是在闲暇过程中结成的一种没有利益冲突和竞争的同伴关系。因而，在这种轻松、愉悦的休闲文化氛围中，人们更容易敞开心扉，袒露心声，而不必有太多顾虑，人们可以向同伴尽情倾诉自己的不满与压力，可以释放长久以来郁积在心里的消极情绪。

休闲与每个人生命质量的高低密切相关，有思想、有品位的休闲更能够治愈现代人类精神与心理上的疾患。据有关专家分析，在当今物质生活逐渐富裕起来的情况下，心理问题却大量出现，其主要原因是竞争的日益激烈、失业的威胁、信息爆炸、冲突的增加等，而其实质就在于人的文化精神的失落和对生命意义的漠视。西方学者在休闲研究中强调休闲的价值在于：衡量人类进步的标准和人类生存的真正目的。也就是说休闲的价值不仅在于放松、减压、娱乐这一较为肤浅的层面，而更深层的价值在于对人类生存与生命意义的思考。“当代社会，在物质生活已经发展起来的地方，自由时间内的活动被‘包装’起来并得以合理化，它加速人们适应和追求增加物质商品消费档次的生活方式。以这种方式生活的人，其自由时间是令人怀疑的，因为这些活动只是被用来消遣的，而不是为了寻求自我完善。”① 休闲是通过自我认识和完善而获得自由并发现意义的渐进过程，休闲文化的最终目的是引发人们对于生命价值与意义的思考。休闲文化会把我们带入一种新的境界，在那里人们获得心灵的愉悦与安宁，心理摆脱了沉重的枷锁和束缚，世俗的纷争与烦扰被驱逐在外，人们返回到健康、平和、美好的状态。于是，吃喝、玩乐、享受的快感开始变得模糊，而对自我价值、自我实现的思考将逐渐清晰，究竟什么是生命的价值与意义、如何实现生命的价值与意义这一系列深层次的问题将会得到探究和分析。

（三）休闲文化对大学生精神和情感的陶冶作用

休闲文化发端于物质文明，物质文明又为休闲提供了条件，促进了人们对精神文化的不懈追求。无论在东方或是西方，人们都十分注重休闲文化对精神和情感的陶冶作用。在英国，闲暇时间人们会参观各种类型的博物馆，徜徉在知识的海洋里，感受人类文明的浸染和哺育。在俄罗斯，人们则把观看歌剧和芭蕾舞剧看作感受休闲文化熏陶和提升审美观念的重要途径。在中国，人们习惯于把休闲时间用于游历名山大川或是参与休闲体育，从而会不自觉地继承中国传统的文化审美心态，并将这种意识融入人们对人生境界的演绎中去。人之所以需要休闲，是因为“人性不能局限于生存层次的食欲与性欲，还要看到，人类具有人所特有的和超越生存的功能和热情。情感是人之为人更重要的方面，这不仅是指爱情与友情，而且指欢乐、团结、羡慕、憎恨等”②。大学生作为当前社会中最活跃的群体，也是最要求进步的群体，在越来越多的人认识到知识文化与精神文化并重的时候，那种死读书、读死书的观念早已被抛弃，取而代之的是对于休闲与休闲文化的认同与追求。不可否认，当人们在进行休闲活动时，休闲文化往往会以渗透、感染、熏陶等方式潜移默化地对人们的情感和精神进行影响，可能是一种情感上的深化，也可能是一种精神上的激励，而无论是以什么样的形式进行，休闲文化都是以休闲的方式对人类精神与心灵的熏染，是人类灵魂的驿站。

许多学者称休闲是一种“成为人”的过程，从而强调了休闲对人的社会化所起的重要作用。休闲文化是伴随着休闲的产生而出现的文化形式，它在对人的社会化产生整合作用的同时，也对人起到了一种塑造作用。当然，

---

① 章海荣、东方起：《休闲学概论》，云南大学出版社2005年版，第180页。

② 张炜：《弗洛姆思想研究》，重庆出版社1996年版，第50页。

这种社会化塑造功能，并不抹煞也无法抹煞人的个性化发展。在我国社会经济飞速发展的条件下，休闲文化使人们能把在越发工业化、机器化的现实中无法表达的情怀和感受得以喘息和释放，人们在放松身心的过程中能够寻找新的价值、意义和感动。对于大学生来说，在人生发展的阶段中正处于生活适应于心理发展的关键时期，不仅在心理方面面临着剧烈的转变，同时还要承受来自社会、学校、家庭等各个方面的压力，因此，进行科学的休闲活动显得十分必要，并且会对他们的身心健康造成诸多正面的影响。事实证明，在良好的休闲文化氛围中生活的学生，性格上更加积极乐观，情绪上更加趋向稳定，人际关系上更加丰富和谐；在不良的休闲文化氛围中生活的学生则恰好相反，他们往往性格上更加冷漠孤僻，情绪上容易起伏和波动，人际关系方面更加紧张。由此可见，休闲文化对大学生心理的塑造作用十分明显，我们平时倡导要充分发挥休闲文化对人的塑造作用，其实就是要用这种文化去丰富人们的感情世界，坚定他们对于真、善、美的信念和追求，从而使他们在休闲文化的熏陶中形成一种高尚与美好的气质。

（四）休闲文化对大学生人际关系的促进作用

马克思很重视闲暇与人的全面发展关系的研究。马克思在论述剩余价值的生产和消费之间的关系时，特意把论述转到人本身方面来：“培养社会的人的一切属性，并且把他作为具有尽可能丰富的属性和联系的人，因而具有尽可能广泛需要的人生产出来——把他作为尽可能完整和全面的社会产品生产出来。”① 在这里，马克思高度评价了有广泛需要的人是“完整的和全面的人”，全面的人需要具有“尽可能丰富的属性和联系”。实际上，在许多休闲活动中，与他人共处并交往是一种丰富人际关系的途径，也是人们获得快乐的源泉。事实证明，心理健康的学生往往具有良好的人际关系，而心理健康出现问题的学生，有很多人都是由于人际关系紧张而出现自闭、冷漠、孤僻的现象。对于大学生来讲，许多休闲行为都会为他们提供社会化的机会。生活中的许多事例表明，自由时间使得人们发现并认识许多新朋友，因而学生们必然会与其他人发生这样或那样的联系，因此也就必然会有沟通和交流。在这种休闲文化的氛围中，人们可以拓宽视野、接交朋友，为改善自身的人际关系提供了不可多得的机会。在新的群体中，这些情感联系既表现在人们彼此之间的信任和相互往来上，也表现在一种模式化了的、富有表达性的休闲活动上。具有丰富而和谐的人际关系是人的自由全面发展的一个重

---

① 于光远：《介绍马克思有关消费的两段精辟论述》，《消费经济》1995 年第 3 期。

要表现，也是大学生心理健康的一个重要标准。在休闲的过程中，人际关系的建立与调整都会受到休闲文化深刻而长久的影响。

五、休闲文化对大学生心理健康的消极影响

美国学者托马斯·古德尔和杰弗瑞·戈比在《人类思想史中的休闲》一书中曾经对“休闲活动存在优劣之分”这个问题进行过探讨。“当我问一些朋友‘最喜欢做什么’时，他们往往愧疚地低下头……终于，他们鼓足勇气告诉我，除了‘最喜欢吃喝外，几乎没有什么想做的’！其他朋友在面对这个问题的时候，也是先觉得不好意思，然后会告诉我，他们最喜欢做的事情就是坐下来闲聊……但是，没有一个人会愧疚地说：‘喜欢读书’。确实，没有人因为喜欢读书而感到愧疚。”① 显然，这里存在一个对“吃喝”、“聊天”、“读书”等不同的休闲活动的优劣评判。马克思也曾经写道：“如果音乐很好，听者也懂音乐，那么消费音乐就比消费香槟酒高尚。”② 可见，马克思在这里把自由时间区分为两个层次：一是较高尚层次的如“听音乐”的活动，另一种是类似于对吃喝有嗜好的较低层次的休闲方式。总体来说，休闲既包括积极、主动地发挥人的本质力量的较高级活动，也包括消极、被动的一些消遣活动。如果过多地接触一些消极的休闲活动，长期处于消极的休闲文化氛围中，那么就有可能会给大学生的心理健康带来消极影响。

（一）休闲文化容易导致大学生在盲目攀比中的过度消费行为

在闲暇时间内，人们的一个共同反应就是休闲需求。休闲是人的基本需要之一。休闲需要的满足具有不同的形式和手段，它既可以采取消费支出形式实现，如逛街购物等，也可以采取其他形式得以实现，如绘画、散步、棋牌活动等。随着我国经济的飞速发展，人们的收入水平不断提高，休闲消费已经成为一种时尚，甚至可以说是一种潮流。在调查中发现，逛街购物、唱KTV这些活动已经成为大学生主要的休闲活动类型。可见，休闲消费作为一种典型的休闲方式已经从所谓的“有产阶级”专属扩展到了大学生这个群体，并且对大学生产生了极大的影响。由于现代广播电视和大众传媒的发展更使得商品的“符号价值”发挥到了极致，广告通过华丽奇异的景象刺

---

① 托马斯·古德尔，杰弗瑞·戈比：《人类思想史中的休闲》，成素梅等译，云南人民出版社2000年版，第244页。

② 《马克思恩格斯选集》第26卷，人民出版社1979年版，第312页。

激人们的感官，调动人们内心的欲望，于是，越来越多的大学生也开始追求品牌、时尚，追求心理的满足和感官的享受，无形之中就形成了一种你追我赶的盲目攀比的心态和过度消费的行为。休闲本来应该有浓厚的精神旨趣，然而时下许多大学生的休闲动机却是物质性的，其主题就是吃、喝、玩、乐。休闲如果缺乏精神上的内涵而完全陷入物质上的满足，那么当生活富足、终于不再为填饱肚子而发愁时，大学生们在休闲中便只能寻欢作乐、纵情声色。这样一来，道德堕落和纵欲无度的颓废心理终将毁掉一个极有前程的人。

由于我国对大学生休闲教育的重视不够，再加上传统、陈旧的休闲观念的影响，导致许多大学生对休闲文化的认识与理解存在偏差。在消极的休闲文化的影响之下，他们不能科学合理地利用休闲时间进行有利的休闲活动，最终反而因为休闲给身心健康带来负面影响。大学生对休闲文化认知的偏差主要表现在以下三个方面：其一，休闲就是睡觉。许多大学生认为休闲是为了消除肉体的疲惫状态，恢复良好的身体技能而进行的活动，这种看法本身没有什么错。但是，有的大学生认为最好的休闲方式就是睡觉，因为睡觉是恢复精力的最有效、最简便的方式，所以他们一有时间就会选择睡懒觉。其实，这是一种错误的观念。应该说，睡觉是休闲的一种方式，但睡懒觉却与休闲相去甚远。睡懒觉多了，不仅没有达到休闲的目的，反而会影响身心健康。其二，休闲就是享乐。有的大学生认为所谓休闲就是“吃喝玩乐”，只要在休闲的时间内就可以肆无忌惮地吃喝和享乐，他们会把大部分的时间用于打牌、喝酒、吃饭等活动上。他们认为这就是闲暇时间里该干的事，至于看书、作画、学习等都是与休闲毫不相关的内容。结果由于享乐过度，他们整天头脑昏昏沉沉，不仅没有很好地使自己放松，反而会身心俱疲，最终影响身心健康。其三，没有时间休闲。有的大学生仍然停留在最初的、早期的休闲理念上，认为休闲是富人的专利，没有钱就根本无法进行休闲。所以，许多人每天都埋头读书，没日没夜地学习，从来不参与休闲活动。这样一来，他们不但没能以最好的状态投入学习和工作中，同时也失去了发展身心的平台和空间，于是出现了很多大学生忙忙碌碌却学无所成的现象。

（二）休闲文化容易导致休闲娱乐中的上瘾现象

休闲中的上瘾行为是指在个人生活中持久、频繁、反复发生的休闲行为，在一定意义上来说是一种心理疾病。休闲中主要的上瘾行为包括赌博、吃喝、上网、看电视、玩电脑游戏等。如果休闲行为本身所产生的快感可以让人们沉浸其中，甚至出现上瘾的现象，这就和使用药物、酒精等其他上瘾行为一样，会使其丧失时间感，反复循环，导致最后失去自制力而陷入无法自拔的境地。“上瘾者对某项休闲活动有一种难以控制的强烈需要或冲动，这种冲动使其不能从事别的活动，其注意力不能集中和持久、记忆力减退、对其他活动缺乏兴趣、为人冷漠等。例如，有研究人员对1.7万名上网者进行调查，10%的人表示，如果一段时间不能上网，就会感到空虚、无所事事；高达30%的人承认，上网已经成为自己逃避现实、寻求解脱的重要手段。”① 在此次对大学生休闲生活的调查中，对“您认为休闲生活给您带来的主要影响”这一问题，有47人选择了“会过度沉迷于自己的世界，不愿与他人接触”这一选项；对“您认为休闲对于你的气质、性情、品格的塑造是否有帮助”这一问题，有27人选择了“休闲会使人沉迷于玩乐，不利于人格发展”。可见，在平常的休闲活动中，大学生也存在着上瘾的现象，这种上瘾现象将对他们的心理和人格带来许多消极的、不良的影响。

“休闲是这样一种生活，它使人相对摆脱了文明和物质性环境所带来的外在压力，从而使得他能够‘由衷’地行动，而这样做是可以给他带来快乐的，他认为这样的行为有着直觉上的价值并能为他提供信息的基础。”② 如果一个人总是能够“由衷”地行动，并且，如果他在这样做的时候感到愉快，如果他认为自己所做的事情具有直觉上的价值并能为自己提供信念的基础，那么，人们就一定能够培养出自己的鉴赏力、兴趣，继而培养出技能并寻找到机遇。缺乏鉴赏力和兴趣的人可能会对世界构成威胁，但最大的不幸可能会在这个时候出现：一个人已经培养出了某种休闲鉴赏力和兴趣，但是他却没有相应的资源和技能去深化它们。就像大学生这个群体，他们也许有着许多高品位、高质量的休闲计划，但是由于自身经济条件或其他条件的限制，只能选择最普通的、最低层次的休闲活动。休闲资源包括很多内容，主要有自然资源与环境、历史资源、基础设施、文化知识等几个方面。大学校园是大学生生活的主要空间，由于资金、地域、空间等各种条件的限制，休闲资源并不是十分充足，特别是在一些办学条件较差的学校这种情况更加严重。因此，休闲技能与休闲资源的缺乏成为了阻碍大学生参与高雅休闲活动、进一步提升自己的重要原因，而且在这样的校园里成长起来的休闲文化必然不能满足大学生自我发展的需要。

---

① 李仲广、卢昌崇：《基础休闲学》，社会科学文献出版社2004年版，第225页。

② 托马斯·古德尔，杰弗瑞·戈比：《人类思想史中的休闲》，成素梅等译，云南人民出版社2000年版，第280页。

（三）休闲文化在休闲过程中产生的消极情绪

由于休闲活动有不同的层次之分，因此，越是处于高层次的休闲活动就越能够促进人们身心的健康发展，而越是处于低层次的休闲活动则越可能对人们的身心健康起到阻碍作用。在消极的休闲文化影响之下，有的学生会出现沉湎于声色、网络等而引起孤独和抑郁的情绪，会造成对家庭和朋友的冷淡，有甚者会出现消极逃避现实、厌世的情况。学习和工作，在大学生看来都是需要付出努力的过程，只要这些工作被他们接受而干起来，会有相当的时间都在面临着种种挑战，由此也就有了激情，能胜任者、有收获者必然会感到痛快。与此形成对照，在休闲中，人们更容易显得对什么事情都漠不关心，觉得自己很被动、没激情，过得乏味又不满意。于是，大学生便陷入了一种自相矛盾的局面之中：在工作中，人们会凭借自己高超的技艺去迎接挑战，因此会感到快乐、有价值、充满创造力而获得满足感；在自由支配的时间里，人们觉得基本上没有什么事好做，于是感到无聊、懒散、单调乏味而不满意。这样一来，休闲似乎又成为了人们消极逃避现实、无所事事的罪魁祸首。其实，休闲本来就是客观存在的一种生存方式，在休闲的过程中人们是否有所收获不在于休闲本身，而在于人们对休闲的认识、看法和态度，以及人们对于闲暇时间的利用方式。在此过程中，积极的休闲文化对人们的情绪会起着良好的调节作用，消极的休闲文化则会使得人们的情绪向更加不利于身心健康的方向发展。

当前，休闲文化的低层化也是导致休闲文化对大学生心理健康产生消极影响的一个重要原因。大学生休闲文化的低层化主要表现在三个方面：一是休闲观念的低层化。当前大学生群体的休闲文化生活方式主要是上网、看影视、逛街购物等，休闲的质量不尽如人意，远远没有达到促进精神文明建设和人的素养提高这一层次。通过问卷调查还可以看出，大学生进行休闲的目的主要是放松身心（84.66%）、调节生活（67.01%），自我发展（49.23%）的目的则排在了后面。可见，大学生的休闲观念仍然停留在较为初级的阶段，大学生休闲的内容仍然是比较平庸的。二是休闲技能的低层化。许多高雅的休闲活动如果没有一定的技能和鉴赏力是不能享受其中乐趣的，也就是说如果人们缺乏相应的休闲技能，那么将直接导致他们无法从休闲活动中受益。应试教育下成长起来的大学生，综合素质，特别是人文、才艺方面着实比较薄弱。因此，由于缺少相应的休闲技能，使得不少大学生只能享有较低层次的休闲活动，而无法参与更高层次的休闲活动。三是休闲品位的低层化。绝大多数的大学生平时几乎没有理智地、自觉地、主动地考虑过自己的休闲生活，许多人的休闲生活基本上还处于一种自发的状态，具有很大的临时性和随意性。此外，落后的休闲观念的影响和休闲技能匮乏、休闲场所的制约等因素，使得大学生群体的休闲品位呈现低层化的状态，主要以娱乐性的休闲活动为主，发展性的休闲活动则相对少得多。随着社会经济的不断进步、科学技术的迅猛发展、生活节奏的不断加快，人们的生存压力也空前增大，因此，寻找一种科学、文明、健康的生活方式便显得格外重要。

休闲文化是随着休闲生活的不断发展和丰富而形成的一种特殊的文化形态，它往往以渗透、感染、融合等形式影响着人们的心理和行为，从而直接关系到人的生活方式和生命质量。当代大学生正处于我国社会的转型时期，理想与现实的矛盾、传统与现代的冲突、压力与竞争的撞击、就业与前途的迷茫如一片浓黑的沉云压在他们的身上，在这样的情况下，由大学生心理问题而引发的校园悲剧频频发生。深入分析可知，大学生心理问题之所以出现的一个重要原因就是精神世界的单薄与贫瘠。休闲的作用是缓解压力，放松身心，促进人的全面发展。因此，要引导大学生树立正确的休闲观念、选择健康的休闲活动方式，用高雅的休闲文化去感染和激发他们。高雅而文明的休闲文化能够陶冶人的性情，锻炼人的意志，给人以精神上的享受，是促进大学生身心健康和全面发展的精神依托。

六、休闲文化对大学生心理健康不良影响的调适

休闲的价值不仅仅在于实用，而且在于文化方面。它使人在精神的自由中历经审美的、道德的、创造的、超越的生活方式。它是有意义的、非功利性的，它给我们一种文化的底蕴，支撑着我们的精神。研究休闲文化对大学生心理健康的影响及其调适，具有很强的现实价值和理论意义。休闲文化是人类在长期的休闲过程中形成的一种文化形式，它有积极与消极之分，积极的休闲文化能有效地增进人们的心理健康，消极的休闲文化则会起到相反的作用。因此，探讨如何通过休闲文化来消减大学生不良心理状况则显得十分重要。

（一）加强大学生休闲教育

早在20世纪初，美国联邦教育局就将休闲教育列为培养青少年的一条中心原则，将休闲教育作为引导青少年正确树立价值观的重要途径，指出休闲教育的目标是培养休闲行为价值判断的能力、选择和评估休闲活动的能力、决定个体目标和休闲行为标准的能力、合理利用闲暇时间重要性的理解

能力等几个方面。休闲教育不仅对培养学生正确的休闲观念和休闲行为有着极大的帮助，而且对培育积极的休闲文化及其心理也起着重要的作用。

加强大学生休闲教育，有利于培养大学生科学的休闲意识。作为现代大学生健康、活力生活的表征，科学的休闲意识绝非先天的承继、自然的演化即可获得，后天的习得在科学的休闲意识的培养方面发挥着更为重要的作用。关于教育对个体的塑造作用，也绝非现代社会意识的产物。早在古典时期，人类思想的先哲们已经从多种维度对教育的重要意义展开过阐述。古希腊著名的哲学家柏拉图在其代表性著作《理想国》和《法律篇》中已经阐发了教育的分类及其重要意义。柏拉图认为，一个人只有受过充分教育，天赋才智才能得到高度发展，才能见到“一切正义与优美的事物的源泉”——“善”的理念的人，才能“成为一个好的护国者”。[①] 更令人欣喜的是，柏拉图在总结古希腊教育经验的时候，提出了一个体育和音乐为中心的逐级淘汰的宝塔式的教育体系。当然，柏拉图意义上的教育实际上包括文化、艺术、政治理论和科学知识等方面，体育也不仅仅是现代意义上的竞技训练，而是包括衣食住方面适应环境能力的训练。但是撇开柏拉图思想落实为实践操作时的极权主义危险，在具体的指导思想方面，柏拉图关于教育的内容无疑与现代社会所倡导的素质教育具有相当的耦合性，并具有一定的指导意义。

在现代性的语境中，美国可以说是世界上最早重视休闲研究的国家，也是最早主张休闲教育的国家。美国著名休闲学研究专家杰弗瑞·戈比认为：休闲是从文化环境和物质环境的外在压力中解脱出来的一种相对自由的生活，它使个体能以自己所喜爱的、本能地感到有价值的方式，在内心之爱的驱动下行为，并为信仰提供一个基础。其实，休闲教育是培养大学生休闲文化素养的理想途径。所有这些研究休闲教育的成果，为我们从理论上厘清其概念，在制度上践行其机理提供了很好的启示作用。应该说，科学的休闲是要有一定的文化素养的，学习教育的程度是科学休闲的前提条件。休闲并不仅仅就是娱乐，它有别于一般意义上的娱乐活动；休闲有时呈现出一种自我超越的状态。正是在休闲中，人的潜能得以发挥，人的价值得以体现，人的自我完善得以更加符合社会规范。休闲绝非我们常识意义上的玩世不恭、贪图享乐，而是具有深刻学理内容和意义的一个学术概念。当前，由于意识的欠缺，我们的大学生虽然一直处于玩乐的状态，但是其生活行为和品质很难够得上休闲的层次。休闲及其活动需要较高的个人修养、相应的综合素质和

① 张焕庭主编：《西方资产阶级教育论著选》，人民教育出版社 1979 年版，第 536 页。

相关的技能等。所以，我们必须加强大学生休闲教育，帮助大学生树立科学的休闲意识。

早在20世纪初，美国联邦教育局就指出："每个人都应该享有时间去培养他个人和社会的兴趣。如果能被合理地使用，那么，这种闲暇将会重新扩大他的力量，并进一步丰富其生活，从而使得他能更好地履行自己的职责。如果相反，滥用闲暇时间将损害健康、扰乱家庭、降低工作效率，并破坏其公民意识。"① 可见，休闲教育具有重要性，也有必要性。目前大学生普遍缺乏休闲能力，需要学校进行必要的休闲教育。我们希望通过休闲教育使大学生更好地认识自我，有效地调节情绪，促进个性和谐，学会科学合理地进行休闲活动。

当前，还有相当一部分大学生的休闲意识仍然十分落后，或者说尚未完全理解和懂得现代社会休闲的真正内涵。选择休闲活动方式固然是个人的自由，但人们往往狭隘地抱住个人休闲生活"自由行"的观点，片面地理解为随心所欲，为所欲为；或是使自己的业余生活处在得过且过、无所事事的消极状态里。因此，要提高大学生休闲生活的质量，就必须加强对大学生的休闲教育，培养大学生科学的休闲意识。正确的休闲意识是搞好休闲教育的前提，是大学生身心素质获得全面发展的关键，休闲教育的重点在于让学生意识到休闲是生活中的重要组成部分，明确自我休闲意识的意义以及正确理解劳动、学习及休闲之间的辩证关系。大学生的学习只有变成了雅事、乐事，才会有真正的愉快教育；只有变成了他一生的兴趣，才会有真正的终身教育、创造性教育。

（二）用积极的休闲文化感染大学生

德国美学家席勒曾经提倡用审美教育来拯救人类的精神家园。席勒认为人一方面具有"感性冲动"，另一方面具有"理性冲动"，但是"感性冲动"与"理想冲动"都会受到客观条件限制。人若要达到最完满的境界，则需要把两者有机地结合起来，即超越有限以达到无限的自由。席勒认为这就是人身上的第三种冲动即"游戏冲动"。"游戏冲动"的深层内涵是指不受强迫和限制的自由活动，既超越了感性欲望的限制，又超越了理性法则的限制，达到一种自由的境界。席勒把这种境界称为"最崇高的人性的实现"。而这种"最崇高的人性的实现"并非自然而然地就能实现，它必须经过一定的教育，在教育的过程中人才能慢慢地提升自己、完善自己，这种教

① 李国忠、王帆：《高校体育改革与大学生休闲文化的养成》，《学园》2008年第3期。

育也就是休闲教育。①

大学生参与休闲活动的因素是个性化、多样化的，参与休闲有助于发展大学生的主动性和创造性，也有助于独立自主、自力更生等精神品质的形成，还可以提高交际能力、提高审美意识、开阔眼界和增长知识等。最近100年中，休闲对于人类社会的重要性不断提高，不仅人们可支配的自由时间大大增加，而且休闲活动项目和服务在质和量方面都有了较大增长；休闲不仅改变了个体价值取向，还成为推动人们积极向上、追求进步、超越自我的一种无形的动力。但是，值得我们注意的是：消极的休闲活动往往会使人堕落，甚至会危害社会。如吃喝嫖赌、整日流连网络、嗜睡、嗜酒等，这些消极性的休闲不但无益于人们的身体健康，更加严重的是会对人们的心理健康带来不良的影响，从而导致人格扭曲或者性格缺陷，最终会影响人的一生的发展。

在对大学生休闲生活状况的调查中发现，仍然有一部分大学生在休闲的过程中会感到容易沉迷于娱乐，容易产生逃避现实的想法，情绪容易低落。其实，这些情况产生的一个重要原因就是大学生在休闲过程中不能正确认识到休闲的作用与意义，不能科学地把握休闲的方式与时间安排，而把它仅仅当作一种消磨时间的工具，从而在毫无计划、毫无目的的情况下无节制地进行休闲，导致休闲生活质量低下，最终不利于身心的健康发展。因此，注重开展休闲教育，培养大学生的休闲能力将有助于大学生更加从容、更加有效地参与休闲活动，这不但有利于提高大学生的休闲品位，更重要的是能够形成一种积极的休闲文化氛围。在这种积极的休闲文化氛围和文化环境中，大学生更容易受到感染和熏陶，也更容易激发大学生的进取心和上进心。

休闲文化对大学生的感染作用和激发作用不是抽象的，而是以观念、行为、活动方式等为影响渠道。通常情况下，休闲文化对群体的影响往往是以社会阶层、年龄阶层或是心理阶层为范围进行划分的，所谓“物以类聚，人以群分”也就是这个意思。不同的休闲文化氛围会对人们的休闲心理和休闲行为产生直接的影响。人们生活在社会之中，免不了受到周围事物和环境的感染作用，“孟母三迁”就是一个典型的例子。同样，在大学生的休闲过程中，加强休闲教育，营造一种积极的休闲文化氛围和环境，让大学生在耳濡目染中受到感染和启发，真正从内心去接受那些积极的事物，这样才能从根本上解决问题。特别是要有效消减休闲文化给大学生带来的不良的心理影响，就更需要加强休闲教育，用积极的休闲文化去带领大学生走出消极心

---

① 席勒：《审美教育书简》，范大灿译，上海人民出版社2003年版，第2～12页。

理的困境，用美好的事物去激发大学生内心的真实的感情，从而站在促进人的全面发展的制高点去带动大学生的上进心和进取意识，这样才能有效抵制消极情绪和不良心理的蔓延。

（三）提高大学生的休闲技能

“即使在娱乐，也包含学习。”这是日本著名的管理学家土光敏夫的一句名言。日本社会学家加藤俊秀也曾说：“我们常把放假休闲看成是肤浅的娱乐。其实，休闲是有关人类如何生存下去的严肃人生课题。通过休闲，我们甚至可以开发自己，了解自己和发展自己。”① 到了21世纪，不但休闲娱乐是学习，而且学习也将成为一种休闲和娱乐。这不仅是因为人们通过学习可以体会到自我提升的满足，而且还因为在学习的过程中获得新知的感受本身就能给人们带来极大的乐趣。因此，为了避免大学生在低俗的休闲文化中受到消极影响，加强大学生的休闲教育、提高大学生的休闲技能则显得十分必要。其实，休闲并不是简单地打发无聊时间，休闲也需要储备一定的知识和技能，在休闲活动中，掌握休闲技能的人更能够体会到休闲的乐趣和感受到休闲带来的快乐。“布赖特比尔指出，如果我们想要休闲，应当先接受教育。如果不能学会以一种整体性的、脱离低级趣味的、文明的、有创造性的方式来享受新型的休闲，我们根本就不是在生活。当然这并不是说应当对休闲活动进行统一管理。”② 由此可见，要通过休闲文化来影响大学生的心理健康，必须加强大学生休闲教育，通过休闲教育来培养大学生的休闲技能和鉴赏能力，促使大学生更多地参与那些有利于身心健康的休闲活动。

休闲技能从广义上讲主要包括休闲评价能力、休闲选择能力、休闲鉴赏能力和休闲专业技能等方面，很多的休闲活动如果没有一定的技能是体会不到其中的乐趣的。例如歌剧、音乐、绘画、书法、芭蕾等高层次的休闲文化活动，只有反复地学习与接触才能够领略其中的奥妙。“当休闲越来越成为现代人生活的一个重要组成部分时，人们逐渐认识到有效利用休闲时间的重要性。我们需要职业技术培训以提高工作效率；同样，休闲技能培训对休闲来说也是十分有益的。”③ 休闲教育要提供的也并不单单是一种模仿性的技能，它更重要的意义在于引导大学生去发现休闲的价值和真谛，使大学生掌

---

① 张莉：《马克思休闲观与人的自由全面发展》，《改革与战略》2012年第10期。

② 章海荣、东方起：《休闲学概论》，云南大学出版社2005年版，第112页。

③ 克里斯·布尔，杰恩·胡思，迈克·韦德：《休闲研究引论》，田里、董建新等译，云南大学出版社2006年版，第242页。

握休闲知识，提高大学生的休闲能力，从而使大学生在休闲过程中能够自如地发挥自己的技能，自由地去创造、去开拓属于自己的领域和空间，这样才能够实现休闲的终极价值，即人的自由全面发展。

参考文献：

1　李仲广，卢昌崇. 基础休闲学［M］. 北京：社会科学文献出版社，2004.
2　于光远. 论普遍有闲的社会［M］. 北京：中国经济出版社，2005.
3　章海荣. 旅游文化学［M］. 上海：复旦大学出版社，2004.
4　马惠娣. 休闲：人类美丽的精神家园［M］. 北京：中国经济出版社，2004.
5　陈鲁直. 民闲论［M］. 北京：中国经济出版社，2005.
6　托马斯·古德尔·杰弗瑞·戈比. 人类思想史中的休闲［M］. 昆明：云南人民出版社，2000.
7　约翰·凯利. 走向自由——休闲社会学新论［M］. 昆明：云南人民出版社，2000.

第八章　大众文化对大学生心理健康的影响

文化是一个国家综合国力的重要构成要素，在未来的国家发展中占据着重要地位。大众文化作为一种亚文化，是一种相对独立的文化类型。因其大众化、通俗化而容易为大学生所接受。大学生作为思想活跃、接受能力强、潮流敏感性强的群体，受大众文化影响的程度非常大，大学校园就其“温度”、“湿度”来说，都适合大众文化的扎根与生长，而大学生的年龄特征造就了他们的辨别能力相对较弱、容易随大流的特点。因此，研究大众文化对大学生的影响，特别是对大学生心理健康的影响，是一个时代的课题。研究大众文化对大学生心理健康的影响，首先必须对大众文化有一个全面的了解，既要了解前人研究大众文化的成果，包括大众文化对心理健康影响的研究成果，又要研究现实的大众文化状况及其发展变化对大学生心理健康的影响。这样才能把握问题的全貌，做到重点突出。

一、大众文化及其对心理健康影响的研究综述

研究大众文化及其对大学生心理健康的影响之前，必须弄清楚大众文化的概念源流，必须涉猎国外、国内学者的研究成果，必须了解学者们关于大众文化对大学生心理健康影响的研究，才能在自己的研究中不会重复他人已做过的工作，力求有所创新。

（一）国外关于大众文化及其相关问题的研究

将大众文化作为一个学术上的概念加以研究始于西方国家。基于对高雅文化的尊崇，西方对大众文化研究的初期其实不是一种学术意义上的研究，而是进行激烈的批判。早在19世纪三四十年代，法国著名学者托克维尔在论述美国民主和工业化社会时，就分析了大众文化问题。他的分析主要集中在大众文化的社会基础和审美特征。他把大众文化与它赖以产生的生产技术基础即工业化联系起来，从艺术审美的角度把大众文化和高雅文化对立起来思考，揭示了大众文化的商业性、泛数量性等特征。尼采把大众文化和大众

联系在一起，从大众文化的需求思考大众文化，把大众文化的受众基础纳入大众文化内涵的思考当中，使大众文化的内涵明朗化。

明确提出并深刻讨论大众文化是从法兰克福学派[1]开始的。20 世纪 30 年代马尔库塞关于资产阶级肯定文化的论述和阿多诺关于流行音乐特别是爵士乐的论述拉开了该学派大众文化理论的帷幕。霍克海默和阿多诺认为，文化工业是生产让大众不假思索予以消费，想当然而无保留地接受下来的文化产品。其结果就是剥夺了大众工作的积极性、政治和反抗意识，使之盲目追求快感，甘心忍受资本主义的奴役。

对后世大众文化理论影响更为直接的是 F. R. 利维斯[2] 1930 年出版的《大众文明与少数人文化》。利维斯所处的时代，“大众文明” 和它的 “大众文化” 全面登陆，传统的价值观分崩瓦解。少数文化精英发现自己处于一个 “敌对环境” 之中。这就是利维斯所忧虑的。他的忧虑开启了一个传统，那就是大众文化批判中的利维斯主义。利维斯呼吁 “少数人” 武装起来，主动出击，抵制大众文化泛滥成灾。

美国大众文化批判理论家 D. 麦克唐纳 1944 年撰写了《大众文化理论》一文，他在比较民间文化与大众文化时说，民间文化发端于下层，它是民众自然而然的经验表达，不受高雅文化的恩惠，是为民众自享及满足自身的需要。大众文化则从上面下达，是为商人雇佣的技师制作，它的观众是被动的消费者，其参与程度就限制在买与不买的选择上面。大众文化将大众统一到高雅文化的低级形式之中。

20 世纪 70 年代，伯明翰文化研究中心负责人霍尔指出，首先，对于大众文化，拿最常用的含义来说，事物被称为 “大众的”，是因为成群的人听它们、买它们、读它们、消费它们，而且似乎也尽情地享受它们，这是这个概念的 “市场” 定义或商业定义；其次，大众文化指 “大众” 在做或者曾经做过的一切事情；最后，也是霍尔本人看好的定义，即用关系、影响、抗衡等绵延不断的张力来界定大众文化，集中探讨大众文化与统治阶级文化之间的关系。

英国学者托尼・本内特给自己与默塞尔（C. Mercer）等于 1986 年主编

---

① 法兰克福学派是由德国法兰克福大学社会研究所构成的学术团体。无论从代表人物的数量，还是从其成员理论建树的深度和广度来看，它都是 20 世纪最大的马克思主义流派，是西方人本主义马克思主义的主要流派之一，也是现代西方哲学的重要流派之一。

② F. R. 利维斯（1895—1978），英国文学评论学。1925 年起在剑桥大学伊曼纽尔学院任教，1962 年退休后曾任多所英国大学教授，1967 年在剑桥三一学院开设克拉克讲座，1978 年被授予荣誉勋位。

的《大众文化与社会关系》所撰题为《大众文化与“转向葛兰西”》的序言中，比较系统地阐述了葛兰西霸权理论对大众文化研究产生的影响。本内特指出，20世纪70年代后期以来，文化研究领域的论争经常是被锁定在结构主义和文化主义所代表的两极周围，先者是“外来输入”，后者是“土生土长”。在结构主义的视野中，大众文化经常被视为一种“意识形态机器”，其炮制俨如法律的规则，专横统治大众的思想，一如索绪尔专横统治具体言语行为的“语言”总系统。文化主义恰恰相反，经常是不作辨别、一味浪漫，赞扬大众文化是真实表达了社会受支配集团或阶级的兴趣和价值观。进而视之，这一看法来源于本质主义的文化观，即是说，文化是特定阶级或性别本质的化身。总之，大众文化的研究要么是落入结构主义套数，要么是落入文化主义套数。

当代英国理论家约翰·费斯克在其《英国文化研究与电视》一文中说，文化研究中的“文化”一词，重心既不在于美学方面，也不在于人文方面，而在于政治。他在其《大众经济》中说：“大众文化所属的权力领域大多是符号的领域，不过并非全是……它是一种质化、中心化和整合的力量，目的是维护中心的符号和社会权力。”①

后现代主义理论家在分析当代西方基本文化精神的过程中，自然不可能越过在当代西方社会颇具市场的大众文化。它们对大众文化的分析主要集中在大众文化的审美功能和社会功能方面，也透视了大众文化的概念界定问题。杰姆逊认为，所谓大众文化就是“诸如电视连续剧和读者文摘文化，广告和汽车旅店，夜间节目和二流好莱坞电影以及各种所谓的准文学……等等”②，他们是“品位低下”的“蹩脚货色”，是“媚俗艺术品”。哈桑认为，大众文化属于后现代世界的层面，是一种享乐主义、消费主义的文化，它不再和如何工作、如何取得成就相关，而只关心享乐和消费，大众文化就是时装、摄影、电视剧、广告等虚构的文化世界；这种大众文化的功能就是在其广泛渗透性的过程中欺骗大众，使他们对当下社会产生一种幻觉，认为自己所期望的大众文化所设定的生活状态轻易就可以获得。

西方学者对于大众文化的研究是从高雅文化、精英文化的角度对大众文化进行立论和批判，到将大众文化作为一种受大众喜爱的现实存在进行注释和研究。不少理论家成为国际学术界大众文化研究潮流的引领者。但是，所有这些研究中都没有涉及大众文化对大学生心理健康影响及其教育的研究，

---

① 吴士余：《大众文化研究》，上海三联书店2001年版，第140页。

② 王悦川、尚水：《后现代主义文化与美学》，北京大学出版社1992年版，第75页。

而他们关于大众文化的理论研究和比较研究，对于研究大众文化对大学生心理健康问题却具有借鉴价值和理论意义。

（二）国内关于大众文化及其相关问题的研究

大众文化这个概念出现在中国是在20世纪20年代。可见，大众文化这一概念在中国有很长的历史。在这一历史过程中，国内对大众文化的研究，在研究规模上呈现了由冷清到热门、在研究对象上由社会到校园的转变。

一是关于中国大众文化的发展与研究。对于中国大众文化产生发展的过程，学者金民卿认为可分为几个阶段：五四时期的平民运动是中国大众文化的播种时期，中国大众文化初次启动；20世纪30年代的中国大众文化讨论和实践是中国大众文化的萌芽时期，形成了毛泽东文化大众化的理论；20世纪70年代以来是中国大众文化的真正产生并蓬勃发展时期，有中国特色的大众文化逐步形成。[①]

在中国大众文化的播种时期，李大钊、陈独秀、鲁迅、周作人、茅盾等试图把文学改造成大多数人可以接受的文化形式，提出了“平民文学”、“国民文学”、“民众文学”等口号。如周作人在《平民文学》中指出：“平民文学是专做给平民看的，乃是研究平民的生活、人的生活的文学。”他们不仅从文学形式上而且从语言文字上进行了一系列努力，并取得了一定的成果。尽管平民文学并没有真正成为大众文学，没有最终催生中国文学、文化的大众化，但对日后中国大众文化的萌芽、产生、发展都有重要的意义。

20世纪20年代末关于文学的阶级性的论辩拉开了30年代文艺大众化讨论的帷幕。以陈西滢、梁实秋等为代表的资产阶级文化人和以鲁迅、瞿秋白等为代表的无产阶级文化人围绕文学是否有阶级性、是否和无产阶级的斗争实践相关、是否和无产阶级大众相关等问题展开了激烈的论辩。1930年左翼作家联盟（以下简称“左联”）的成立推动了文艺大众化的全面展开。“左联”将文艺大众化作为其主要工作之一，出版了《大众文化》刊物[②]。在“左联”的领导下，无产阶级文化人掀起了轰轰烈烈的文艺大众化运动。随着抗日战争形势的发展，文艺大众化运动超出了一般的文化争论，开始和具体的现实的大众抗日活动紧密接合起来，大众化从一种文化活动上升为抗日救国的政治性活动。抗日战争的爆发使文艺大众化进入更深刻的层面，围

① 金民卿：《大众文化论——当代大众文化分析》，中共中央党校出版社2002年版，第60页。

② 关于《大众文化》一刊，据资料显示为中国左翼作家王泊生1936年创办。参见《名人故事吧》，http：//www. gushiba. com/junshi/lieshi/25714. shtml。

绕着文艺服务方向这个核心问题，文化界致力于分析如何实现文学对大众的教育、动员、服务，结合当时中国社会大众的文化素质状况，关于文化在普及和提高大众文化素质中的作用、创建民族化大众化的文艺形式等问题成为讨论的热点。20 世纪 40 年代，毛泽东总结了中国社会发展的现状和当时的文化大众化理论，在《新民主主义论》、《在延安文艺座谈会上的讲话》等著作中提出了系统的文化大众理论，这个理论具体说来主要包括文化本质观、文化大众化观、文化大众观、文化指导思想观等。毛泽东的文化大众化理论在进步文化界产生了巨大的影响，一大批有思想、有内容的大众化文艺作品纷纷产生。

中国大众文化的真正产生和发展是 20 世纪 70 年代末，随着改革开放的深化，解放思想运动、商品经济和市场经济的建设、市民社会的出现和发展、文化教育事业的全面发展，为中国当代大众文化的产生和发展提供了充分的社会经济文化基础。

20 世纪 90 年代以来，随着工业社会发展到信息化时代，本土文化、港台文化、日韩文化、欧美文化的交汇，各种潮流的引领，使中国大众文化呈现出日益多彩的局面。在信息文化的推动下，文化的大众化获得了广泛而深刻的发展。大众文化的世俗化，大众文化的渗透化，大众文化对主流文化、传统文化的冲击，使学者们对大众文化的研究日益重视起来。因此可以说大众文化是工业社会的产物，90 年代学术界往往是以此时间为发端开始研究大众文化的。因而可以说，此时所谓的大众文化才是学术意义上的概念。

据中国知网，以“大众文化”作为标题的论文最早为 1985 年傅铿发表在《社会》的《大众文化与中学生社会化问题》。在中国知网上，通过“更新：全部数据”、“范围：全部期刊”、“匹配：精确”搜索，从 1985 年的《大众文化与中学生社会化问题》开始，截至现在，以“大众文化”作为核心词的论文可查条目较多。特别是改革开放以来，参与研究、讨论大众文化的著名学者有李泽厚、童庆炳、陶东风等，他们从学术上对大众文化进行了定义和注解。进入新世纪以来，关于大众文化研究的本土专著开始登场，有许文郁、朱忠元、许苗苗的《大众文化批评》（2002 年）、金民卿的《大众文化论——当代大众文化分析》（2002 年）、胡大平的《崇高的暧昧——作为现代生活方式的休闲》（2002 年）、陈昕的《救赎与消费——当代中国日常生活中的消费主义》（2002 年）、扈海鹂的《解读大众文化——在社会学的视野中》（2003 年）、王一川的《大众文化导论》（2004 年）、赵勇的《整合与颠覆：大众文化的辩证法》（2005 年）等。尽管这类论著谈不上丰产，但毕竟改变了国内在研究大众文化专著方面贫乏的尴尬。

二是关于大众文化对大学生心理及其相关影响的研究。随着大学生群体规模的扩大和个体社会化的日益深入，文化产业的从业者将大学生群体看作消费群体加以拉拢，大众文化对大学生的影响不断深化。大众文化对大学生性格、气质、情趣、学习、生活、各种取向的影响引起了学术界的关注。例如，聂在垠就大众文化与大学生审美教育发表了一系列的文章，还有王斌的《大众文化对青少年一代的影响》（《青年研究》2001 年第 1 期）、张秉福的《大众文化对大学生的消极影响及教育对策》（《教育与现代化》2004 年第 2 期）、姜华的《大众文化对青年大学生的价值观的影响及应对》（《道德与文明》2007 年第 4 期）等。这些研究多从大众文化对大学生价值观及大学思想政治教育方面展开研究。在学位论文研究方面，有薛玉华的《大众文化对思想政治教育的影响及对策》、杨海的《大众文化与高校思想品德教育》、姚迎春的《大众文化对青少年整体性的影响及对策》等。

在所有现有研究成果中，只有如下几篇论文涉及大众文化对大学生心理健康影响的研究：杨海的《论大众文化对当代大学生心理影响的两种方式》（《安徽理工大学学报》（社会科学版）2011 年第 2 期）、《试论大众文化的消费观念对大学生消费心理的影响及对策》（《求实》20012 年第 1 期），王健、胡云芳的《大众文化观念对大学生消费心理的影响浅论》（《学术论坛》2012 年第 10 期），汤宇华的《大众文化环境下大学生心理安全的三个关键点》（《毕节学院学报》2010 年第 12 期），杨文华的《大众文化的流行对大学生道德人格的挑战》（《现代教育管理》2010 年第 1 期），等等。所有这些研究成果，为研究大众文化与大学生心理健康问题，以及如何引导大学生学会客观、理性地对待大众文化，塑造自己的个性，保持心理健康等具有参考价值。

二、大众文化的概念和特征

大众文化是一个既区别于主流文化、精英文化，又区别于通俗文化、民间文化、市井文化的学术概念。作为一个学术概念，在西方学术界有 mass culture 和 popular culture 的争论，在中国学术界有对“大众”一词范畴的讨论。

大众文化的概念有一个发展的过程。大众文化首先是西方一些学者用于概括在工业社会、信息社会条件下而产生的文化现象而使用的概念。1985 年，傅铿的《大众文化与中学生社会化问题》分析了大众传播手段对大众文化的推动，指出大众文化“具有某种的社会同质性，它有一个最低限度的社会共同对象。大众文化必然要反映具有某种同质性的接受者群的共同情感、共同愿望、共同趣味和共同观念”①。童庆炳认为：“当代中国的大众文化是指那些通过科技手段生产出来的、可以无限复制的、适合大众口味的、通俗的流行的文化艺术产品。由于这种产品被纳入市场经济的运行机制，从而具有了区别于以前的产品的特征。我们可以把这些特征概括为商品性、娱乐性以及意义消解等三个特征。”②

1994 年 12 月 7 日《文艺报》举行了关于大众文化的专题研讨会，在关于这次会议的综述中写道：“对于‘大众文化’的称谓与概念使用还无统一说法，有将‘大众文化’作为与‘精英文化’、‘主流文化’并列的概念使用的；有将其与‘通俗文化’混用的；也有将它与我国四十年代以来提倡的文艺‘大众化’、‘民族的科学的大众的文化’相混同，认为‘大众文化’可以代替后者的。还有，‘大众文化’的一些变种称谓如‘市民文化’、‘市井文化’、‘娱乐文化’、‘商业文化’、‘消费文化’等也颇流行。”③

基于此，中国学术界在借鉴外来概念、结合本土现实的基础上对大众文化进行了探索性的定义。有学者认为：大众文化是反映工业化技术和商品（市场）经济条件下大众日常生活、在社会大众中广泛传播、适应社会大众文化品位、为大众所接受和参与的意义的生产和流通的精神创造性活动及其成果。④ 有学者认为：大众文化是以大众传播媒介（主要是电子媒介）为手段，按商品市场规律去运行的，旨在使普通大众获得感性愉悦并融入生活方式之中的日常文化形态。大众文化是当代通俗文化、传播文化、消费文化、商业文化的复合体。它既代表了以大众消费为中心的新的文化产业、文化工业的生产，又是现代社会创造出来的新的生活方式。⑤ 因此，大众文化是萌芽于工业时代，成长于信息时代，以传播技术为手段，以市场为导向和依归，以文化为载体，源于社会大众的日常生活，迎合、带动大众的趣味，通过生产、宣传、流通，使之成为社会大众接受、参与的精神、文化产品。它是相对于主流文化、精英文化而存在的。

大众文化已成为文化格局中不可忽视的一支文化力量，已成为大众的文化自觉形式。“正是由于它成为一种自觉形式，也就具备了独立形态，因而整个大众文化形成的过程就是一个明显的艺术大众化的过程。大众文化的创

---

① 傅铿：《大众文化与中学生社会化问题》，《社会》1985 年第 6 期。

② 童庆炳：《大众文化需要人文引导》，《东方论坛》1994 年第 1 期。

③ 宁逸文：《“大众文化”概念概述》，《文艺报》1995 年 3 月 25 日。

④ 金民卿：《大众文化论——当代大众文化分析》，中共中央党校出版社 2002 年版，第 34 页。

⑤ 扈海鹂：《解读大众文化——在社会学的视野中》，世纪出版社 2003 年版，第 44 页。

造者们为了使自己的文化产品被大众接受，实现与大众的话语交流，采取不同的大众化策略，从而产生了不同的大众文化样态。”① 尽管有不同的文化样态，但作为大众文化，它总体上具有大众性、商业性、娱乐性、导向性的特征。

大众性，顾名思义，即是指从大众中来、到大众中去的一种文化形式，它直接对应日常生活的世俗的、大众的文化。社会大众是一种在参与过程中意义不断生成和变化的文化，不同的大众对于同一的大众文作品会产生不同的意义理解，从而产生不同的文化意义。它是大众文化的直接的消费者、接受者，因而大众文化是一种受众最广泛的共享文化，它被各个阶层、不同年龄、不同领域的大众所广泛接受，并渗透到大众的日常生活中。

商业性，即指大众文化有别于主流文化的一个因素是政府操控的力度的大小，其有别于精英文化的一个因素是受众的规模。大众文化由于政府操控力度的相对较小，其运作发展是按市场经济规律来进行的，它的生产、推介、流通是以商业利润为目的。因而它必须不断地研究大众的需要，投大众所好，只有得到更多受众的喜好，才能获取更多的经济利益。于是，对一种大众文化产品推出前的宣传途径、投入，以及产品推出后的利润预期，成为一种商业运作。在大众基数不断扩大的情况下，大众对文化的需求也千差万别。例如，“青春偶像”的定位与宣传，就是针对青少年审美观还未成熟、喜欢模仿、从众的特点，打造或青春时尚或前卫或叛逆的形象，使青少年容易接受而变成追随者，从而获得长期的商业利益。

娱乐性，即从 20 世纪 80 年代始，中国大陆大众文化的勃兴，一方面反映了中国改革开放程度的加深，外来文化的输入；另一方面，是中国大众物质生活水平的提高，带动了对精神文化的需求。就大众来说，对精神文化的需求更多的是对娱乐的需求。在城市，日益紧张的工作、日益激烈的竞争，使都市人寻求放松、休闲与娱乐；在农村，出于对城市生活的窥视、对潮流的追随与自身的娱乐需求，人们需要大量的文化产品。“在快乐原则的指导下，大众文化内容中充斥着平面性、非历史性、无深度性，并使大众文化产品具有鲜明的消费性特征”②，从而满足着大众的要求。

导向性，是从引领社会发展而言的。大众文化的导向性有两个方面。一是生活潮流导向。大众文化从其作品形式、内容看，具有时尚型的特点。例如，饮食、服装、发型、化妆品、首饰等，它们总有一个一个的潮流，这些

---

① 许文郁、朱元忠、许苗苗：《大众文化批评》，首都师范大学出版社 2002 年版，第 106 页。

② 金民卿：《大众文化论——当代大众文化分析》，中共中央党校出版社 2002 年版，第 46 页。

潮流是某些所谓的设计师设计、由媒体推介而起作用的。基于商业前景的需要，文化传播者利用人们的审美意识的差别进行培养，进行审美意识导向。二是人生观导向，大众文化以其数量的巨大和日常性，成为大众日常生活中无法回避的一部分，大众文化产品中所宣扬的人生观，潜移默化地影响着大众的思想，使大众的总体思想产生变化。“一定的文化是一定社会的政治和经济在观念形态上的反映。”① 例如，某个积极向上的偶像，对社会产生正面影响的力量是巨大的；某个颓废的大众文化产品，对社会产生的负面影响是令人担忧的。

三、大众文化对大学生心理健康的意义

作为被大学生广为接受的文化样式，大众文化适应了工业文明和社会主义市场经济发展的要求，它体现了大学生精神世界与精神生活的不同方面。研究大众文化对大学生的影响，特别是对大学生心理健康的影响，具有重要的理论意义和实践价值。

第一，大众文化可以丰富大学生的精神生活，从而保持心态的稳定。社会发展的加快，使大学生的生活节奏随之加快，大学生对休闲娱乐文化的需求也跟着提升；经济的发展，使大学生对学习、生活的质量需求也随之提高；就业形式的严峻，使大学生容易产生不稳定感和焦虑情绪状态。这样，大学生就需要一种简单方便的文化消费来满足他们的各种需要。大众文化的一个基本理论和表现手法是强调文化艺术的娱乐功能，以满足人们对消遣和闲暇的精神需求。大众文化通过网络、信息、影视、流行音乐、时尚、服饰等方式，使大学生在学习之余得到消遣和娱乐。在文化走向多样化的今天，这种功能在大学校园愈加明显地表现出来。大众文化对大学生的情绪具有化解和舒缓的功能，可以使大学生在文化参与、文化欣赏、文化消费、文化接收中，使其紧张的神经得到放松、不良的情绪得到宣泄、忧愁的心情得到消除，从而保持自己良好而稳定的心态。“如果没有大众文化的填充，私人生活区域中的文化需求将不能满足，在社会中就有可能出现更贫瘠的文化荒漠。”② 人的现代化是整个社会现代化的核心。而大众文化的兴起，以其强烈的现代色彩和商品意识，涤荡、颠覆了封建文化的余毒，对大学生的现代性塑造起到了巨大作用。大众文化虽然不像精英文化那样具有强烈的使命感

---

① 《毛泽东著作选读》，人民出版社 1986 年版，第 384 页。

② 陈刚：《大众文化与当代乌托邦》，作家出版社 1996 年版，第 146 页。

和责任意识，但其中内涵的教育价值却是毋庸置疑的。这是因为大众文化所表达的是一些为大学生所最能普遍接受和认可的价值观念、思维方式和行为规范，这些文化产品在被大学生接受时，也会使大学生受到某种程度的教育。

第二，大众文化为大学生心理健康教育提供了重要的渠道。教育需要学校、家庭、社会“三位一体”，社会教育是一个不可或缺的渠道。社会的教化尽管没有像学校、家庭那样具有针对性与计划性，但其公共的教育规范是每个社会人必须认知且成为行为的实践指引。社会教育一方面将学校、家庭的教育现实化，另一方面补充着家庭教育、学校教育的盲区。大众文化具有的覆盖性、渗透性和对大众影响的潜移默化性等特点，使其能够作为大学生心理健康教育的渠道，关键在于如何引导好、发挥好大众文化的作用。大众文化可以在一定程度上弥补学校、家庭教育的不足，成为一条极其有效地进行心理健康教育的重要渠道。大众文化的表达方式多种多样，呈现的对象贯穿古今中外，形成了极其丰富的内容。在当今中国社会转型时期，大众文化中的某些内容适应了当代大学生学习、生活的发展需要。大众文化中内含的丰富的科学文化知识、现代价值观念、理想道德情操、民族历史知识等，能够为大学生提高认识能力，扩大知识面，特别是为大学生接触社会、理解社会、适应社会创造了条件。大学生在大学校园中面临的一系列心理问题，在社会中处处可见；大学生在校园中面临的困难和挫折，在社会中不值得一提。大学生可以通过大众文化了解社会的有关方面，架起连接学校和社会的桥梁，这对于大学生的心理健康意义非凡。大众文化的直接性、生动性、趣味性对大学生的吸引力拉近了大学生和社会大众之间的距离，极大地满足了大学生在娱乐、审美、心理等方面的需求。大学生通过大众文化认识世界、了解历史、感受人生、品味情感，从而影响甚至生成他们的世界观、人生观、历史观、政治观、道德观、法制观等价值观念，这对其成长、成才具有无法替代的作用。

第三，大众文化满足大学生自我实现的需要。英格尔斯认为，现代人应该具有 13 个主要的特征，其中就包括现代人准备和乐于接受他未经历的新的生活经验、新的思想观念、新的行为方式。马斯洛的人的需要层次理论中，第一层是生理需要，第二层是安全需要，第三层是爱的需要，第四层是尊重的需要，第五层是自我实现的需要。这说明，现代人是勇于接受新事物的，同时自我表现是最高层次的需要。大学生通过大众文化可以发现和发挥自己的优点，改正自己的缺点，更好地实现学习与社会的结合，发挥自己的聪明才智，实现自我价值。根据主体的不同来分，人生价值可分为自我价值和社会价值。人们通过工作、创造，对他人和社会做贡献，来获得社会价值的实现；人们通过对自我需要的满足，来获得自我价值的实现。大学生不仅在主流文化和精英文化中里得到自我实现，而且可以在大众文化中尽显自己的才华，极大地满足了其心理需要。大学生可以在地摊选购时装、化妆品，去追赶时尚；大学生也可以到 KTV 厅去唱卡拉 OK，在自我放松、自我娱乐、自我实现中体验做明星的感觉；大学生还可以自己刻录歌曲，自己照艺术照，得到自我欣赏与自我安慰；大学生还可以在网络上扮演不同个体，对某个事物发表言论，或通过博客来呈现自己的才华和思想，获得话语权，从而在精英与“草根”之间徘徊，使大学生不再觉得偶像高不可及，认识到一个人的成功是靠实力，从而获得自信、自爱与自尊。

四、大众文化对大学生心理健康影响的基本状况

任何一个年代的大学生都有其特点，都有其两面性，这是人性和时代的特点使然，也是大学生的年龄、思想、知识、经验和文化的影响使然。要研究大众文化对大学生心理健康的影响，必须深入到大学生的内心世界，了解他们的思想、行为、日常生活。为了研究大众文化对大学生心理健康的影响，我们特别采用了问卷调查法、观察法、访谈法等方法。问卷调查主要在华南师范大学、广东药学院、广东第二师范学院等三所高校进行了抽样调查。共发出问卷 1000 份，收回 993 份，回收率 99.3%；其中有效问卷 976 份，占回收率 98.3%。问卷内容围绕大众文化与大学生的学习、生活和心理问题而设计。考虑到本专题是研究大众文化对大学生心理健康的影响，在设计题目时，侧重因变量的调查。在问卷调查的基础上，在研究本专题的过程中，专题研究人员与约 50 名不同专业、年级的大学生进行过交谈、交流、座谈、网聊等，同时与 10 位教师就本专题研究的有关问题进行过交流；在问卷内容的设计与分析上，力求既独立分析又互有渗透，在获得第一手材料基础上，结合文献资料进行研究。

在信息化时代，伴随高科技、网络文化、信息文化的发展，世界各地的文化、潮流、新闻，在大学校园风起云涌，高科技产品、好莱坞大片、韩剧、港台娱乐产品、网络游戏、漫画、超女、超男、中国好声音、声动亚洲、舞林争霸、我们约会吧、非诚勿扰等大众文化伴随着大学生的日常生活，并深刻地影响着大学生的思想、行为和心理。

在调查问题的设计中，首先就大学生的大众文化消费情况进行了基本的了解，特别是目前大众消费的热潮，即手机、iPad、iPod 和计算机等产品及

其消费娱乐情况。手机和计算机是当代大学生的大众消费品，它既是信息文化的载体，也是大众文化的载体之一。在接受调查的大学生中，全都有手机和计算机。对问题“你使用手机的首要动机是什么?”，大学生回答“方便联系”的占84.9%，回答“学习生活的必需品”的占13.0%，回答“谈恋爱”的占2.0%。对于“你每日平均发短信数量大约多少条”，58.0%的大学生为“5条以下”，36.0%为5～10条。显然，手机和短信成为现代大学生日常生活的一部分。在与大学生的访谈中，不少大学生认为手机的品牌、质量、外观和功能都会对自己的心理造成一定的影响；大学生在手机的品牌和功能追求上引导时尚，有的大学生为了一款手机不惜代价。短信对大学生心理的影响，主要是指短信的内容。现实生活中，不少大学生因为短信（电话）而上当受骗，严重地影响其身心健康。

调查中，对于“你每天（通过计算机或手机等产品）上网时间多长?”，回答依次为：“少于1个小时”占26.0%，“1～2小时”、“2～3小时”各占24.0%，“3小时以上”占22.0%。对于“你有几个QQ号”，回答依次为：“1个”占58.5%，“2个”占29.8%，“3个以上”占6.9%，“没有”占4.8%。对于“你上网的首要目的?”，回答依次为：“查资料”占39.2%，“娱乐”占16.0%，“聊天”占12.2%，“看新闻”占10.5%，“消磨时间”占8.3%，“玩游戏”占1.7%，“收发邮件”占1.1%，“其他”占11.0%。对于“你在网上与人交往选择的主要方式是什么?”，回答依次为：“QQ聊天”占92.3%，“电子邮件”占5.5%，“BBS或聊天室”占1.6%，“博客”0.5%。由此可见，上网、聊天是大学生每天的“必修课”，已成为现代大学生的一种生存方式。在与大学生的访谈中，很多大学生认为，上网、聊天固然有它的好处，但也不是没有问题：有的人上网、聊天成瘾，沉迷于网络而不可自拔，造成严重的身心疾病。

在大学校园里，大学生的消费受到多种多样的限制，有自身的原因，也有外在的原因。这些内在、外在的原因都不同程度地影响着大学生的心理状态，极易引发大学生的社会消费认同焦虑。这种认同焦虑表现在大学生身上具体来说有五个方面，即学习消费焦虑、情感消费焦虑、生活消费焦虑、交际消费焦虑和休闲消费焦虑。①学习消费焦虑，即指大学生在学习过程中需要或不需要的用品没有得到满足而产生的焦虑。情感消费焦虑，即指大学生合适或不合适的恋爱而造成的合理或不合理的格外消费而引起的焦虑。生活消费焦虑，即指大学生超越正常生活或大众生活的生活消费而引起的消费焦

① 杨海：《试论大众文化的消费观念对大学生消费心理的影响及对策》，《求实》20012年第1期。

虑。交际消费焦虑，即指大学生对外交际而引发的消费开支却无法满足而引发的焦虑。休闲消费焦虑，即指大学生在闲暇时间品味享受社会休闲娱乐而引发的消费而难以承受产生的焦虑。

大学生在学校的消费，主要表现在伙食费、日常生活用品费、手机使用费、计算机使用费等。伙食费、手机使用费、计算机使用费是大学生在学校的三大消费。调查显示，大学生“每月的平均消费”400 元以下的占 17. %，400～700 元的占 63. 7%，700～1000 元的占 16. 2%，1000 元以上的占 3. 8%。其中，大学生“每月用于伙食的消费”200～300 元的占 36. 8%，300～400 元的占 46. 5%，400～500 元的占 14. 1%，500 元以上的占 2. 7%；在“手机、上网和其他娱乐的消费”方面，消费额在 100 元以下的占 64. 9%，100～200 元的占 24. 9%，200～300 元的占 7. 6%，300～400 元的占 1. 6%，400 元以上的占 1. 1%。调查显示，大学生的消费是理性的，没有过度消费的情况。但是，在与大学生的访谈中，不少大学生认为，大学校园中还是有极少数大学生存在过度消费和消费攀比的情况而引发自身心理焦虑。尽管是少数，但是他（她）们的行为影响广泛，对其他学生的心理和行为造成很大影响，不可忽视。

调查显示，大众文化由于其娱乐性、易接受性，受到大学生的青睐。大学生在日常生活的消费中，特别是娱乐方面有向通俗化、大众化发展的倾向。对于“你喜欢看哪里拍制的影视剧”，回答依次为：“无所谓地区”占 35. 8%，“喜欢看欧美剧”占 23. 5%，“喜欢看港台剧”占 22. 9%，“喜欢看日韩剧”占 12. 3%，“喜欢看国产剧”占 3. 3%，“其他”占 3. 4%。对于“你最喜欢看的影视剧类型”，回答依次为：“爱情片”占 27. 3%，“青春偶像剧”占 19. 3%，“谁导演、主演”占 18. 7%，“动作片”占 17. 1%，“历史剧”占 8%，“无厘头”占 6. 4%，“红色经典”占 2. 6%，还有大学生毫不忌讳地写出喜欢看色情片。对于“你喜欢听哪种类型的音乐”，回答依次为：“流行音乐”占 55. 6%，“古典音乐”占 14. 6%，“外文歌曲”占 11. 2%，“传统民歌”占 2. 8%，“红色经典”占 2. 2%，“其他”占 13. 5%。从调查的情况看，通俗化、大众化的东西在大学校园有一定的市场，高雅艺术进校园还有待提升，还有很大空间，校园文化建设前路漫漫。在与大学生的访谈中，不少学生谈到，大学生活总体来说是充实的；但有时也很空虚，有时也很无聊，有时也很寂寞，特别周末更是如此。

五、大众文化对大学生心理健康的积极影响

文化的功能是其本质的现实展开，是对人的影响效果。当代中国大众文化在其本质展开的过程中发挥了巨大的积极作用。随着经济体制的转型和经济全球化的深入，原有的秩序与平衡被打破，新的秩序与平衡又没有建立或没有完善，心态不平、情绪紧张、烦恼忧愁、躁动不安成为一种普遍的社会心态。通过大众文化的文化参与、文化接受和意义沟通，使人们能够宣泄情绪、安抚痛楚、消除忧虑、平衡心态、松驰紧张、缓解冲突、保持自我等，在这些方面大众文化起了积极的作用。在现代社会中，人们已经不满足于在一般的生存状态和物质消费中展示自己的主体创造性和独立发展，而是力图在诸多方面显示出自己的价值和才能，大众文化的发展为人们进行主体性展示、意义构建、主体间交流提供了新的空间和手段，为精神平衡起了重要作用。①

大众文化虽然有其局限，但它对于大学生的心理健康和生活的正面影响也不容小觑，对大学生更加有韧性地面对社会问题有其积极的意义。当前，高度发达的现代传媒推动着日趋繁荣的大众文化为大学生建造了一个前所未有的成长空间。大众文化是大学生学习生活中不可缺少的一部分，也是其社会化的一部分；大众文化既丰富了大学生的文化生活，又培养了他们开放的心态和民主意识，特别对于大学生心理的成熟方面有积极的影响。

一是大众文化丰富了大学生的文化生活，赋予大学生开放的思维空间和多样的生活色彩。由于大众文化数量巨大、日常生活化，给大学生的日常生活、娱乐提供了多方面的选择。从调查中可以看出，手机、网络生活、各种类型和题材的影视剧、各种中外音乐，构筑了大学生丰富多彩的大学生活。大众文化改变了过去只有主流文化、精英文化一统校园的格局，它以其丰富性、娱乐性、平等性给大学生带来了快乐，也易于为大学生所接受和效仿，打破了传统意义上的精英文化和大众文化的等级限制，任何人都可以通过大众传媒平等地消费文化成果，从而为大学生提供了更广阔的生活和思维空间；信息化生活已成为当代大学生所追求的时尚，特别是网络信息文化的出现，在更大程度上拓宽了大学生的信息获得渠道，使大学生开阔了视野，增长了见识。

二是大众文化培养了大学生开放的心态和民主意识，赋予大学生积极的

---

① 金民卿著：《大众文化论》，中共中央党校出版社 2002 年版，第 89 ～ 99 页。

主体意识和个性化精神。大众文化张扬个性、解放思想、平等民主等特征对于个性的培养具有重要的作用，有利于大学生追求个性解放、彰显自我，丰富和满足其精神文化需要。在全球化的背景下，大学生通过大众文化分享全世界不同的文化成果，逐步形成现代化的开放心态和民主意识。当代大学生是在一个自由、开放、宽松的社会环境中成长起来的；大众文化以消解神圣、张扬个性、强调自我的姿态为大学生所认可和接受，个体的自由与发展成为当代大学生的主要目标，“我就是我”成为这一代人的生活逻辑；大学生有自己的运动、时尚和娱乐，有自己的语言和表达方式；大学生的自我和个性得到前所未有的彰显，自主、自立、自信、自强成为大学生具有时代特色的理性精神。

三是大众文化有效地缓解了大学生的精神压力。大众文化以娱乐消遣为主要方式，极大地缓解了大学生由于学习、生活的竞争带来的各种压力。丹尼尔·贝尔曾引用麦克唐纳的话说：“大众文化的花招很简单——就是尽一切办法让大伙儿高兴。”①虽然人们对大众文化评价不一，且甚有批判之意，但对于大学生而言，还是能够感受到大众文化以其为大众所青睐的表现形式缓解着精神和心理上的压力。“大众文化，在新时代的今天，成为公众自娱自乐与自我教育的一种新方式，也是他们发挥个人智慧才干，展现自己激扬炫彩人生，宣泄蓬勃盎然精力和智力的一种最佳的方式……大众文化最主要的特点就是，它是公众自下而上自发的选择，没有人发号施令，没有人强制，一切都是自由的选择，都是自然而然的结果……我们认为，当代主流文化是大众文化，精英文化虽然内涵深刻，但由于远离一般公众的精神生活，所以只有新时代的大众文化，才是启迪公众智慧，陶冶公众情操的最有效途径。”②

四是大众文化对于大学生正确的世界观、价值观、人生观的形成有着积极的意义。大学生通过对大众文化与校园文化，特别是精英文化的对比、分析、判断，可以从中获得深刻的认识，从而加深对社会的了解以及对校园文化的理解，从而使自己对整个世界及人与世界关系的总的看法和根本观点发生变化。正确的、科学的世界观可以为大学生认识世界和改造世界的活动提供正确的方法，错误的世界观则会给大学生的实践活动带来方法上的失误。

对于大学生来讲，其世界观如何，直接反映了教育的成效，关系到社会

---

① 丹尼尔·贝尔：《资本主义文化矛盾》，赵一凡译，生活·读书·新知三联书店 1989 年版，第 91 页。

② 绍村：《追星逐光是何人——明星和明星崇拜》，中国人民大学出版社 1993 年版，第 74 页。

主义中国的未来。价值观是文化的核心层面，它的变化更能代表大学生文化的发展轨迹，也体现大众文化对大学生的影响。大学生正处于人生观趋向定型的时期，他们对命运的看法、对人生的态度、对待挫折的心态，反映了他们的人生观。人生观是关于人生目的、态度、价值和理想的根本观点，它主要回答什么是人生、人生的意义、怎样实现人生的价值等问题。无产阶级的人生观是革命的、科学的人生观，它与历史上一切剥削阶级的人生观根本对立。无产阶级人生观的特点是集体主义，一切为了无产阶级和人民群众的集体利益，把大公无私、舍己为人、全心全意为人民服务视为人生的根本意义和价值，把实现社会主义和共产主义理想视为人生最高的目标。调查显示：大学生就“如何看待挫折”问题，选择“只要努力了，不管结果怎样，对得起自己就行”的占 75.0%，选择“失败是成功之母，从头再来”的占 12.0%，认为“年轻没有失败”的占 6.0%，“害怕失败”的占 6.0%。从调查的数据来看，有 94.0% 的大学生可以坦然面对挫折和失败；但是在现实生活中，大学生由于家庭教育、学校教育、社会环境的影响，其实际的抗挫能力普遍较低，大学生在渴求成功的同时也害怕失败，而一旦失败了往往容易走极端。据“IT 世界网”网上调查显示，有 36.5% 的学生曾经在挫折中有过自杀的念头。①

调查显示，大学生对于人生观的看法，总体是好的，心态表现较好。调查中 60.9% 的大学生认为“人生靠自己掌握”，19.6% 的大学生认为“人生是‘说不清的东西’”，17.9% 的大学生认为“人生就是一种机遇”，而只有 1.6% 的大学生认为“人生是不以人的意志为转移的”。在与大学生的访谈中，不少学生认为，既然人生要靠自己把握，那就需要自己去奋斗；一份辛苦一份收获，只要自己付出了努力，就一定会有效果。这种心理状态对于大学生的健康成长有重要意义。对问题“你有自己的人生规划吗?”，回答“有”的占 70.0%，回答“没有”的占 14.0%，而认为“这个社会变数太大，规划了也没用”的占 15.0%。调查显示，绝大多数的大学生认为人生应该发扬艰苦奋斗的精神。对问题“你觉得现在人应发扬艰苦奋斗的精神吗?”，认为“应该发扬艰苦奋斗精神”的占 81.6%，认为应该“因个人实际处境来看”的占 17.3%，而认为“不需要”的仅仅占 1.1%。可见，大学生在学习动机、人生态度等方面是令人满意的。

---

① 小庄：《大学生抗挫能力堪忧》，http://www.it.com.cn/f/campus/0712/17/523318_3.htm。

六、大众文化对大学生心理健康的消极影响

由于大学生的年龄结构、知识结构、心理特点、活动状态以及大众文化的商业性、娱乐性，使大众文化迎合了人的趣味，尤其是迎合大学生的接受心理；其传播途径的多样性与复制性，使大众文化易于泛滥，使其影响力无限膨胀，从而给大学生的心理健康造成了不可忽视的负面影响。

大众文化对大学生心理健康的影响最突出地表现在两方面：剥夺与丧失。大众文化从外部对现代大学生心理行为进行剥夺，又造成了大学生从内部的自我丧失。①

大众文化对现代大学生的心理行为剥夺，表现在生理、心理和行为方面。①生理感觉剥夺，即感觉剥夺（sensory deprivation），是实验心理学的专业词汇。大众文化对现代人，尤其是大学生进行的感觉剥夺是以物的汹涌泛滥方式进行的。在大众文化的商品化推动下，物和物欲前所未有的泛滥，与物和物欲共谋的大众文化风流倜傥，纵横捭阖，指挥如意，将人的眼耳鼻舌身、五脏六腑调遣得晕头转向，摆布得舒心惬意。大众文化对大学生的生理感觉剥夺是温柔的、渐进的、易于接受的。而琳琅满目的商品目不暇接，令人眼花缭乱，头晕目眩，从而使大学生的感觉逐渐弱化、钝化，处于麻木和痴呆状态。②心理感觉剥夺，即大众文化在市场经济条件下不仅把人的生理感官调动到极致，同时也让人的审美世界乾坤颠倒。文化的娱乐性功能得以空前强化，满足大众精神需求的文化艺术品已经丧失了个性和特殊性，成为赚钱的商品。消费就是消费，为的是满足个体肉体的需要，引领大众去追求欲望满足的快感，精神需要何其珍稀。③行为方式剥夺，即个体行为不受自己控制的形态，由传统的需要决定消费转变到市场引导消费的写照。

大众媒体不断变换花样，推陈出新，吸引眼球，以主流时尚引领大众，尤其是大学生群体。大学生大众文化的消费主义观念解构了传统观念中的节俭思想，这对于满眼充斥诱惑而又很难依靠自身的收入来满足的大学生群体，在消费时尚的引导下心理开始体验丧失。大众文化传播中的负面影响容易给大学生带来“欲望陷阱”、“反省缺失”和“欢乐空洞”的状况。从某种意义上来说，“丧失”在心理层面比“郁闷”这个词更能真切地反映大学生的心理状况。现实的挫败感、难以言说的自卑不是转化为前进的动力，实

① 杨海：《论大众文化对当代大学生心理影响的两种方式》，《安徽理工大学学报》（社会科学版）2011 年第 2 期。

现自卑的超越，而是形成一种丧失的感觉。“郁闷”、“变态”、“去死吧”、“钱不是问题，问题是没钱”等大学生流行语，也折射出大学生内心的浮躁、烦躁、沮丧和无奈。一个突出的表现，就是校园流行语粗俗化，像“靠”、“傻逼”、“你爹的”。“它只要游戏，不要严肃；只追求感官刺激，不顾道德原则；只要个人的随心所欲，很少考虑其应承担的责任和使命。”①所有这些，使少数大学生失去了自己的本真，把不该丧失的丧失了。

在大学生快速的生理变化与外部压力（如父母期望、社会评价、学业负担）相交织的情况下，使得大学生内心面临剧烈的冲突、混乱、不安，这是一个充满风险的“汤姆利尔兹过程”②。而大众文化环境下日益个人化的娱乐方式、虚拟化的交往手段、功利化的人际关系严重阻碍了大学生青年期心理历程的展开，导致不同程度的“心理发育不全”，进而制约着个性心理的形成。

进入大学，大学生本可以在更大的活动空间和更多的人际交往中继续展开心理历程中那些至关重要的活动，构筑自己独特的心理平台；大众文化却以其虚拟化的巅峰体验（如网络游戏）、浅表化的人际交往（如在线聊天）、迎合性的情感宣泄（如低俗文学）等误导着大学生的心理历程，在某些人热衷于“装嫩”、“发嗲”、“炫酷”的表象之下，潜伏着因为心理历程的过度平顺而导致的情感抵抗能力下降、过度内倾封闭、挫折行为反应剧烈等心理隐患，成为大学生心理成熟发展的重要制约因素。同时，还有大学生仍然停留在应试教育之中，死记硬背，文学阅读少，心理体验较为肤浅。“优秀的文学作品是人类最可贵的人文精神的载体与结晶……使人的勇气、荣誉感、希望、尊严、同情心、怜悯心和牺牲精神得以生发，从而促进健康心理和完美人格的形成。”③ 大学生“快感阅读在某种程度上取代了心灵阅读，消费性、游戏性的阅读取代了审美阅读，而且所占份额过大”④。大学生由此远离了经典、原著，无法吸收文学作品中丰富的营养，与主流价值的社会教化和传统审美的精神主导拉开了距离，情感容易苍白，体验感觉肤浅。

大众文化作为一种“眼球经济”形态，面向大学生的市场争夺愈演愈烈，如“造神”、“造星”活动，“大众传媒一方面在赋予受众全方位的选择

---

① 杜卫：《挑战与对策：大众文化冲击下的高等教育》，《高等工程教育研究》1997 年第 3 期。

② 德国心理学家汤姆利尔兹（O. Tumlirz）认为：在青春期，由于内在性本能的发动，使注意力内向，进入所谓“内部获得时代”。青年们被一种无形的力量强拉过去，一下子落入暴力性的不安之中，这种不安以青年的反抗、横蛮、见异思迁、冷淡等形式表现出来。

③ 刘武和：《用文学作品促进心理健康》，《成都大学学报》（社科版）2007 年第 2 期。

④ 雷达：《当下阅读和写作中的分化与重组》，《文汇报》2010 年 7 月 1 日第 4 版。

权的同时，却又借口选择去诱导选择，使其成为不得已的选择，另一方面又出于以同一产品讨好更多受众的需要，以中庸的标准去‘过滤’事实，粗暴地践踏个人的体验，捣毁个人的情感和心灵空间”①。这种情况使大学生难以做到“自由超脱且关注社会、志存高远且脚踏实地”②。

同时，大众文化利用大学生具备多种文化文本阅读能力、拥有各类媒介资源、容易接受传播时尚、消费需求变化迅速等特点，在一系列标准化、批量化的生产平台上不断向大学校园输送着类型化的、同质化的文化产品。出于对效益最大化的追求，这些产品必然要消解个性、延伸营销链，虽然情节、造型、人物等许多元素在变，但产品的基调、风格、属性是稳定的。大众文化营造的肤浅、浮躁、虚假的环境氛围和整齐划一的精神生活成为大学生个性心理形成过程中一股强大的诱导力。大众文化“把每一样东西搅和在一起，其结果是文化被同质化了”③，产生了许多极具诱惑力的“惊险刺激、风流浪漫、名人传奇、离奇凶杀以及科幻怪异的所谓‘副文学’产品”④，严重地干扰了大学生主动的选择判断，使之对自身发展做出不成熟或很消极的“认定”，从而影响了大学生的个性质量，甚至容易导致一系列个性畸形问题。

七、大众文化对大学生心理健康不良影响的调适

大众文化必然的市场行为使大学生心理健康的形势日趋严峻，目前尚无主动、有效的应对之策。针对上述问题，必须通过系统、科学的研究，尽快建立适合大学人才培养目标需要的大学生心理问题防范、教育、引导机制，减少大众文化的负面影响，建设有利于大学生健康成长、全面发展的大学先进文化。⑤

大众文化对大学生心理健康的消极影响不能忽视。当前，虽然大众文化得到了社会的重新确认，经营性文化产业似乎全面介入了主流社会生活的构建，但“它仍然带有两个旧有的含义：低等次的作品，刻意炮制出来以博

① 汤宇华：《个性文化的构成要求与现实境遇刍议》，《毕节学院学报》2007 年第 2 期。

② 汤宇华：《我国文化战略与大学的责任》，《毕节学院学报》2008 年第 5 期。

③ 阿兰·斯威伍德：《大众文化的神话——大众社会理论》，冯建三译，生活·读书·新知三联书店 2003 年版，第 2 页。

④ 单世联：《现代性与文化工业》，广东人民出版社 2001 年版，第 391 页。

⑤ 汤宇华：《大众文化环境下大学生心理安全的三个关键点》，《毕节学院学报》2010 年第 12 期。

取欢心的作品"①，在对市场和利益的追逐中，它可以不考虑其他。近些年愈演愈烈的"三俗"之风，通过发达的现代传媒侵入大学校园，大学生在林林种种的大众文化产品消费中心理受到影响。当然，对于大众文化，将其视为洪水猛兽也是不必要的，它的存在是必然的，有其合理的因素。当大学生身处大众文化包围的态势之下，不受大众文化的影响是不可能的。大学生本身是大众的一员，由大学校园必然要走向社会，让大学生经受大众文化的影响，感受大众文化的氛围，身受大众文化的洗礼，站在大众文化的起点，超越大众文化的高度，开阔视野，增长见识，提高大学生的辨别能力和文化水平，对于大学生的心理健康无疑具有重要意义。大学，要为大学生的健康成长创造条件，努力消除不良大众文化对大学生心理的影响。

（一）培养大学生对大众文化的辨识能力

文化是一个民族的灵魂，是一个民族存在的根基。文化的意义远不止它在经济领域活动中的现时作用，更具有长久深远的"明天意义"。大众文化有其存在的合理性，它可以满足不同层次的个体的需要。大学生透过大众文化可以学到书本上学不到的东西，但也容易受到其影响，这就要求培养大学生对大众文化的分析辨别能力，更重要的是培养大学生分辨大众文化与其他文化之间的关系，对大众文化有一个客观的认识，懂得取舍，学会选择。只有大学生的人文素质和文化底蕴真正增强了，大学生才能在多元变幻的当代文化世界中保持自己的文化自觉和文化自信，而不是人云亦云，盲目从众，成为低俗文化甚至垃圾文化的俘虏。

培养大学生对大众文化的辨别能力是科学发展观的本质要求。科学发展观是坚持以人为本，全面、协调、可持续的发展观。其第一要义是发展，核心是以人为本，基本要求是全面协调可持续，根本方法是统筹兼顾。大学生是社会主义建设的接班人，大学生的素质如何关系到社会主义事业的发展。高校的根本任务是教育人、培养人、发展人，肩负着为全面建设小康社会和构建社会主义和谐社会提供有力的人才支持的历史使命。高校只有全面把握科学发展观的深刻内涵和精神实质，坚持用科学发展观提升人才培养理念，才能培养出更多符合社会发展需要的人才。中共中央、国务院发出的《关于深化文化体制改革的若干意见》指出，当今世界，文化与经济、政治相互交融，在综合国力竞争中的地位和作用越来越突出。在全面建设小康社

---

① 雷蒙·威廉斯：《关键词：文化和社会词汇表》，转引自陆扬：《大众文化理论》，复旦大学出版社 2008 年版，第 16 页。

会、实现中华民族伟大复兴的历史进程中，繁荣和发展社会主义先进文化具有全局性、战略性的地位和作用。从巩固马克思主义在意识形态领域指导地位的高度，从加强党的执政能力建设的高度，充分认识文化体制改革的重要性和紧迫性，增强责任感和使命感，抓住重要战略机遇期，深化改革，加快发展，为建设社会主义先进文化注入强大动力。

文化的作用和意义在于反映社会存在，并且对社会产生重大影响，这种影响形成了文化的社会功能。文化的功能除娱乐、消遣之外，更主要的是教育、审美和认识，它要求文化作品能够向大学生提供美学的意义和高尚的精神，给大学生以美的追求和健康发展。因此，大学在培养人的过程中，文化建设是一个极其重要的方面。大学生对文化的欣赏与辨别能力，是其成长的必然要求；大学生要懂得运用辩证唯物主义去分析文化问题，从而提高对文化分析、文化选择的能力。

（二）用先进校园文化引领大众文化

大学具有引领和提升大众文化发展的责任和功能。提升大众文化的社会责任感，要处理好经济效益和社会效益两者之间的关系，坚持做到“三贴近”，即贴近实际、贴近生活、贴近群众。“想人民群众之所想，急群众之所急，办群众之所盼，说群众想说的话，讲群众能懂的话，为群众提供想看爱看、健康向上的精神文化产品，更好地代表最广大人民群众的根本利益。”① 大学要把民族的科学的先进的文化向社会传播，引领大众文化的发展方向，使全体国民保持积极的健康的精神状态；同时，大学还要通过其校园文化来澄清、过滤、疏导大众文化对大学生心理的影响，引导大学生正确分析和评价大众文化。我们文化建设的根本是建设社会主义的核心价值体系，它由马克思主义、毛泽东思想、中国特色社会主义的共同理想，以爱国主义为核心的民族精神和以改革创新为特征的时代精神，以“八荣八耻”为主要内容的社会主义荣辱观等内容组成。这是中国特色社会主义先进文化的核心。大学就是要用先进文化引领和提升大众文化的发展。教育部、共青团中央《关于加强和改进高等学校校园文化建设的意见》（教社政〔2004〕16 号）指出：“高等学校校园文化是社会主义先进文化的重要组成部分。加强校园文化建设对于推进高等教育改革发展、加强和改进大学生思想政治教育、全面提高大学生综合素质，具有十分重要的意义。”文件强调，要重视和加强校风建设，培育良好的教风和学风，形成对教职工具有凝聚作用、对

---

① 柳斌杰：《“三贴近”的理论与实践》，人民出版社 2005 年版，第 4 页。

学生具有陶冶作用、对社会具有示范作用的优良校风。积极开展校园文化活动，把德育与智育、体育、美育有机结合起来，寓教育于文化活动之中，促进大学生思想道德素质、科学文化素质和健康素质协调发展。

当代大众文化不仅花样繁杂，而且传播广泛，无处不在。大众文化本身美丑杂陈、良莠不齐，既有阳春白雪的高雅艺术，也有下里巴人喜闻乐见的文化桥段。其中的鲜活内容和新颖风格对充满青春朝气、求新求变求美求乐心理很强的当代大学生有着很强的吸引力。大众文化在大学校园有一定的生命力。大学为了最大限度地降低大众文化中消极因素对大学生心理的影响，必须通过先进的校园文化进行引导，以政治理论培养思辨能力，以校园文化陶冶欣赏能力，以人文素质提高审美品位。

在当代中国，发展先进文化，就是发展具有中国特色的社会主义文化，就是建设社会主义的精神文明。校园文化建设要按照“三个代表”重要思想中“始终代表中国先进文化的前进方向”的要求，坚持以马克思主义、科学发展观为指导，继承中华民族优秀文化传统，突出学校历史积淀和校园精神，建设先进的校园文化，引导大众文化的发展方向。大众文化顺应历史潮流、面向未来的发展，就是要坚持社会主义，走出具有中国特色的社会主义文化之路，只有这样，才有中国大众文化的未来。

（三）提高大学生的文化品位

所谓文化品位就是指文化的层次、文化的档次、文化的格调，它是在长期的历史发展中慢慢孕育而成，是整个人类社会优秀文化的积淀和凝聚，是人类文化生活的内在魂灵，是人之所以为人的精神本质要求，是一切文化存在的根本。我们的教育，就是要培养大学生成为有理想、有道德、有文化、有纪律的德智体美劳全面发展的社会主义事业建设者和接班人。人的全面发展，是一个人素质和能力的全方位发展。一个人的文化品位，是一个人素质的重要方面，也是一个人能力的表现。

大学就是要培养大学生的文化品位，提升大学生的文化修养，使之自觉抵制不良文化的影响，保持积极健康的文化心态，最终成为合格的社会主义接班人。大学要积极倡导文学经典阅读。因为，文学经典“以其‘深刻的直觉’洞察了人性的内在需求与现实的功利物欲之间的冲突，从而为人类精神的全面发展、为人类个体生命的健康成长、为人与自然的和谐共生普降雨露、灌注生机”①。它可以使人从生命与学习的起点上就占据一个精神的制

① 鲁枢元：《文学，一种恢弘的弱效应》，《文学教育》2005 年第 6 期。

高点。欣赏文学作品，实际上是在与智慧之人对话，是在精神家园进行心灵的旅行，是在真、善、美中的升华。同时，文学经典作为启迪读者心灵的一个因子，它可以在读者心里建立起导向标尺，且一旦被学生领悟和把握便会对其起砥砺作用。因此，文学经典阅读可以有效地提高大学生的审美素养。[①]美作为一种受人的主观审视、评价、欣赏的客观存在，它是人们创造生活、改造世界的能动活动及其在现实中的实现或对象化。作为一个客观的对象，美是一个感性具体的存在：它一方面是一个合规律的存在，体现着自然和社会发展的规律；另一方面又是人的能动创造的结果。所以美是包含或体现社会生活的本质、规律，能够引起人们特定情感反映的具体形象（包括社会形象、自然形象和艺术形象）。

马克思主义哲学，即辩证唯物主义与历史唯物主义给大学生的文化品位提供了科学的理论基础。马克思在《1844年经济学—哲学手稿》中，提出了人化的自然和自然的人化的思想，指出了“劳动创造了美”和“人也按照美学的规律来建造”[②]的辩证关系，为大学生正确地认识和把握美的本质提供了理论基础，为大学生的文化品味指明了方向。

当代中国社会正处于转型期。在这个转型期中，各种各样的新生事物纷至沓来，大学生由于社会阅历不深，而使他们在纷繁复杂的社会面前，很容易导致价值界定与审美的迷茫。因而，培养大学生的文化品味，必须引导大学生掌握科学的审美方法，提高对自然美、社会美、艺术美等的审视能力和欣赏能力，提高他们的审美修养，使他们用审美的眼光去解读、抵制低俗文化、认识大众文化，让美伴随大学生的人生而引导其健康成长。

提高大学生的文化品味，必须汲取中国传统思想文化的精髓。以文化来化解文化带来的心理问题是一种有效的选择。中国传统文化博大精深，其中的许多文化思想对于人的心理及其健康具有不可忽视的积极作用。同时，要借鉴西方文化思想中的精华。“只有确切地了解人类全部发展过程所创造的文化，只有对这种文化加以改造，才能建设无产阶级文化。”[③]邓小平针对中国文化的发展也指出：“社会主义要赢得与资本主义相比较的优势，就必须大胆地吸收和借鉴人类社会创造的一切文明成果。”[④]江泽民明确指出：“我国文化的发展，不能离开人类文明的共同成果。”[⑤]文化大师张岱年曾经

① 李洪义：《消解大众文化的负面影响》，《图书与情报》2011年第3期。

② 《马克思恩格斯全集》第42卷，人民出版社1979年版，第93～97页。

③ 《列宁选集》第4卷，人民出版社1995年版，第348页。

④ 《邓小平选集》第3卷，人民出版社1993年版，第373页。

⑤ 《中国共产党第十五次全国代表大会文件汇编》，人民出版社1997年版，第38页。

说过："文化的进步需要开放的态度，自我封闭是没有前途的。"① 俗话说：海纳百川，有容乃大，面对世界文化的多样性，我们应该以全球的视角、兼容并蓄的气魄和求同存异的胸怀和智慧来从容面对。

高校教师不仅要扮演传道授业解惑的角色，也义不容辞地担负着大学生精神成长的导师的重任，有责任在大学生闲暇之余，有意识、有组织、有计划地引导大学生走进自然、走进科学、走进生活、走进社会，让大学生在大自然中领略优美的田园风光，在科学的奇境里去探索与发现，在生活的万花筒中去体验和感悟人生的酸甜苦辣，在对文化的品味中提升自己。正如文坛泰斗巴金在他的《文学生活五十年（代序）》中所言："想的只是一个问题，怎样让人生活得更美好。"面对大众文化，大学要做的也是引导、提高和规范，从而使大学生学习生活得更好。

参考文献：

1　赵勇. 透视大众文化［M］. 北京：中国文史出版社，2004.

2　陈立旭. 市场逻辑与文化发展［M］. 杭州：浙江人民出版社，1999.

3　黄涛. 流行语与社会时尚文化［M］. 上海：上海辞书出版社，2004.

4　约翰·费克斯. 理解大众文化［M］. 王晓珏，宋伟杰，译. 北京：中央编译出版社，2001.

5　贾明. 现代性语境中的大众文化［M］. 上海：上海人民出版社，2007.

6　徐海波. 意识形态与大众文化［M］. 北京：人民出版社，2009.

7　邹广文. 当代中国大众文化论［M］. 沈阳：辽宁大学出版社，2000.

8　金民卿. 大众文化论［M］. 北京：中共中央党校出版社，2002.

① 《张岱年全集》第6卷，河北人民出版社1996年版，第262页。

第九章　解决文化心理问题的文化路径

当代文化给大学生心理健康造成的消极影响必须尽快疏导。这是一件意义重大的事情，无论是对于大学生本人，还是对国家、社会、学校、家庭，都非常重要，是这个时代提出的现实问题，当然也是一个理论问题。当前，教育界对文化给大学生政治思想影响的研究非常关注，但是对于文化给大学生心理健康影响的研究还没有引起足够的重视。其实，心理问题是其他问题的根源。只有解决了心理问题，其他问题才能迎刃而解。但是，解决心理问题的路径非常之多，既然心理问题是由文化问题引起的，那么最好的解决办法就是从文化入手，寻求文化心理咨询和治疗的方法，即我们传统意义上所说的“心病还需心药医”，在这里就是文化之“病”通过文化来解决。这里，主要还是通过文化疏导或调整由于网络文化、信息文化、竞争文化、传媒文化、休闲文化和大众文化等给大学生心理造成的消极影响。通过文化路径解决大学生心理健康问题，当然需要用先进文化去迎击消极文化，阻断消极文化的影响；同时，需要用先进文化高频率地去影响大学生，直接或间接或潜移默化地让大学生受到先进文化的影响，并慢慢地认同先进文化，接受先进文化，进而将不良文化的影响掩盖、磨平或消除。这就要求除了用先进文化去占领文化传播的主渠道、主阵地外，还要用先进文化、高雅文化去引领大学生的休闲活动、业余文化生活，等等。

一、营造良好的文化环境

人是环境的产物。文化环境对人的心理健康有着重要的影响。由于我们时时刻刻生活在一定的文化环境中，既包括大的文化环境，也包括小文化环境、微文化环境，这些文化环境单方面或多方面从不同角度影响人的心理健康。当今时代文化转型，曾经依赖的文化样态发生了根本性的变革，而新的可以信赖的或可以依靠的文化样态尚未形成；在现代网络信息技术的冲击中，在各种新旧媒体的推波助澜下，文化环境变动不定，而让人难以把握。营造一个良好的文化环境或局部良好的文化环境，对于人的心理健康意义重大。大学是一个相对封闭的文化环境，但时至今日，也不能独善其身，大学也或多或少地受到大环境的影响且这种影响不可忽视。尽管如此，大学这个相对封闭的文化环境，对于营造或改善文化环境的状况还是有条件的，这关系到民族国家的兴旺而意义深远。

历史上“孟母三迁”的故事告诉我们，环境对人的发展尽管没有决定作用，但是对人的发展有重要影响。因此，为了大学生身心健康的有序发展，就必须给大学生营造良好的文化环境，使大学生在良好的文化环境中健康成长，使大学生在学习、生活等方面获得更多乐趣。当前，文化环境的涉及面实在太广，有网络环境、信息环境、传媒环境等，所有这些环境的营造应该说是一个系统工程，需要全方位的设计。而现实中，我们打开计算机，浏览门户网站，可以看到许许多多的问题；打开电视机，报道的也有许许多多的灾难……改革开放以来，我们从国外引进和翻译了不少外国学者的优秀著作；但是也引进和翻译了一批垃圾作品，而且这些垃圾作品的垃圾程度无法想象。人们不禁要问：这些作品又是如何出版发行的呢？难道就没有出版审查？难道就可以听之任之？实在不可思议。因此，面对当前的情况，营造良好的文化环境，就不能不分主次，而应该把好关口，从文化立法和管理上确保文化环境得到净化，确保人民群众精神食粮的健康。

文化立法，就是对文化管理的制度建设。营造良好的文化环境，必须有法律保障。过去，人们喜欢拍大脑、意识流，对于文化问题想管也可以管，不管也可以过；今天，文化问题多多，想管又觉得无能为力，想管又觉得没有依据。在网络信息社会，在民主法制的今天，没有健全的法律体系，管理寸步难行，治理纸上谈兵。因此，从文化的角度，站在先进文化的高度进行文化立法，意义重大。而这其中，特别是对网络文化立法、信息文化立法、大众文化立法、传媒文化立法等任务紧迫而艰巨。

随着互联网的普及程度越来越高，网络文化对大学生的负面影响也越来越多，尤其是大学生浏览网络信息而受到影响的程度越来越大，对于大学生的政治思想、心理健康造成了不良影响，特别是大学生网络犯罪的现象也时有发生。因此，在这种情况下，加快网络信息立法势在必行。网络文化的发展不能违背相关的法律法规，要和国家的经济发展、政治发展、社会发展和文化发展协调一致，政府要出台制定相关的法律法规来规范网络文化环境。我国已先后制定了《计算机信息网络国际联网管理暂行规定》、《中国公用计算机互联网国际联网管理办法》、《中华人民共和国计算机信息网络国际联网管理暂行办法》、《计算机信息安全保护条例》、《全国人大常委会关于维护互联网安全的决定》、《中华人民共和国电信条例》、《互联网信息服务管理办法》等一系列法律法规，在一定程度上遏止了网络犯罪，维护了网络信息在网络环境中的有序传播。随着信息技术的不断更新，互联网发展的速度突飞猛进，我国互联网普及率已达到相当程度，而且增长速度非常快，互联网用户及其群体越来越多；但相应的法律法规建设却还是滞后，给一些不法分子提供了乘虚而入的机会，尤其是给正在成长的大学生提供了更多的诱惑和陷阱，给社会、国家、人民带来重大的损失。同时，互联网管理多头运行、责任不明的问题亟需解决，制定适应本地区网络发展与管理的地区法规及相关文件也势在必行。因此，只有大力加强网络文化立法的力度，提高政府及其工作人员的执法能力，才能使网络文化在发展过程中做到有法可依、有法必依、执法必严、违法必究，从而给网络文化的发展提供法律保证。

由于网络文化信息量大，变化快，鱼龙混杂，因此有必要建立网络阅评制度，定期对重点网站开展阅评，通过对网站舆论导向、编辑技巧、网页质量等进行点评，改进网站报道质量，把握正确舆论导向；逐步实行论坛版主实名制，重点版块发帖先审后发制度，针对网上消极、错误的思想及不健康的内容，及时采取防范措施，运用数据加密、安全认证、网络监控等技术手段，对信息系统的数据与程序进行鉴别、监控和过滤，果断清除有关色情、暴力、反动、欺诈等不良信息，维护网络社会的秩序和安全，同时加强同国际性组织的交流与合作，制定相关政策，严把信息"海关"，构筑国际网络安全的"防火墙"。社会各有关部门要紧密配合，齐抓共管，形成合力，取缔不法网站和网吧，加大对网上信息的监控管理力度，严厉制裁不法分子，从信息源头封堵黄、赌、毒等垃圾信息的传播。健全舆论民情收集、研究判断和处置制度，收集判断涉及意识形态安全、社会稳定以及不利于青少年成长的网上舆论民情，并及时处置；落实有害信息处置制度，各部门通力合作加强信息沟通，规范查处流程，发挥整体效能，及时封堵删除各类有害信息，净化网络环境。

2009 年 1 月 5 日，国家七部委联合开展整治互联网低俗之风专项行动，声势浩大、行动快捷，迅速曝光 10 批网站名单，同时曝光的还有互联网接入服务单位，关闭严重违法违规网站 1911 家、淫秽色情博客 269 个，删除低俗信息数百万条。[①] 据国家新闻出版总署公布的数据，2009 年 6 月以来，71 款网络游戏被责令关闭或查处，27 家网络游戏企业被警告并限期整改，10 家网络游戏企业责任人被诫勉谈话。[②] 这些行动说明了国家管理和改善网络文化环境的决心。但是，这种做法应有法律依据并坚持不懈，而不是一阵

① 孙猛建：《建设主流网络文化势在必行》，《中国文化报》2009 年 8 月 11 日。

② 朱磊：《网游市场掀整出风暴》，《法制日报》2009 年 9 月 7 日。

风的整治。这几年，网络信息问题日趋严重，就是与我们的管理跟不上密切相关，头痛医头，脚痛医脚，缺乏整体观念和时代意识。

改革开放以来，我国传媒业呈现出蓬勃发展的势头。无论纸质媒介、声像媒介还是网络媒介，都得到空前的发展。从县乡有限电视网到中央的电视广播传媒，大大小小的电台、电视台竞相涌现。根据国家新闻出版署的统计，我国有各级各类报纸2000多家，过于分散，不可避免地存在无序传媒的混乱现象。我国传媒业有三个突出特征，即滥、散、小。传媒领域鱼龙混杂，杂音相混，良莠互生。一些传媒为了博取受众眼球，获得自己小团体的利益而不惜损害国家利益；有的传媒甚至打着新闻公平公正的幌子，进行不实报道，引起社会骚动；有些不良的信息或事件甚至错误的价值观被传媒放大，传播迅速，在社会上引起不良影响社会。有鉴于此，自20世纪80年代后期开始，我国先后对新闻舆论界展开了四次大的整顿，采用关、停、并、转等方式，将一些格调低下、没有具体管辖部门的报纸、杂志砍掉了一批；对一些尚有潜力，但管理不明确的则加以整顿，并挂靠到具体管理部门。这些措施在一定程度上改善了传媒文化混乱的局面。① 尽管如此，目前传媒问题还是很多，有时还真不知道这些传媒在干什么、宣传什么、传播什么、良知如何、责任感如何。所有这些问题，很值得我们思考。

2003年5月，中共中央政治局常委李长春同志根据胡锦涛总书记的指示精神，就我国宣传战线的现状发表了题为《坚持“三贴近”解决五个问题》的文章，围绕着“贴近实际、贴近生活、贴近群众”的主题思想，着重阐述了“三贴近”的内涵及其在新闻宣传工作中的重大意义。这是对在市场经济中的传媒提出的及时而重要的忠告。传媒是重要的舆论阵地，是党的路线、方针、政策得以贯彻的渠道。传媒文化不能偏离人民群众，不能忘记自身的责任。

在过去的计划经济时代，不存在真正意义上的文化市场。改革开放以来，随着我国文化体制的改革和文化产业的兴起，文化市场才逐渐发展起来。文化市场的形成为文化发展提供了动力。不过，我们也看到当前文化市场还不成熟，存在着市场行为不规范等问题。这些问题的解决需要采取法制手段和行政手段相结合，通过对文化市场行为进行规范，使其健康有序地发展。而利用法制手段和行政手段相结合的方式对文化市场进行规范，最关键的是要加强法制建设，加大监督、管理文化市场力度。我国已先后出台了管理文化市场的一些法规，但总的来说，文化市场的立法建设还存在一些薄弱

---

① 廖梦君：《现代传媒的价值取向》，湖南人民出版社2005年版，第87页。

环节。针对文化日新月异的发展，各地应因地制宜，出台尽可能周全、详尽的地方法规，以求有法可依。当然，最重要的是有法必依、执法必严。各级文化管理机构应依法行政、常抓常管，坚决打击文化市场中的违法犯罪行为，坚决清除文化市场中的假丑恶现象。要建立文化生产、流通及监管体系，既从源头上控制文化产品的生产质量，形成以预防为主的纠错机制，又能有效地监督各级文化管理机构及其工作人员恪尽职守、秉公执法，从而收到有错必查、违法必纠的惩戒效应。同时，还可以借助社会力量予以监督、管理。例如，可以组成社会各界代表参与的文化市场评估团，定期或不定期地对文化商品予以科学、客观的评估，确定其是否可以继续流通，以建立一种能进能出的市场调节制度。另外，还可以奖励群众举报违法犯罪行为，形成“人人管文化，文化为人人”的良好格局，确保文化的健康发展。

制定正确的文化政策和文化发展战略，为文化发展提供必要的经济支持和良好的政治环境。在这方面，我们也需要借鉴其他国家有益的经验，以提高我们的文化管理水平。这在当今世界文化交流日益增多、文化思潮瞬息万变的情况下尤其重要。近些年，我国加大了对文化管理的力度，使其发展基本上得到控制；同时，反映社会主义现代化建设的主旋律文化得到较大发展，呈现出大众文化与主旋律文化齐头并进的局面。① 这是广大人民群众希望看到的现象，对于广大人民群众身心健康具有划时代意义。

二、着力打造有实力的文化品牌

中华文化博大精深，文化资源丰富多彩，但是我们的开发利用却实在有限。虽然这些年我们的文化产业发展迅速，但是“叫得响”的文化品牌却少得可怜。2013 年春节前后一部《乡村爱情变奏曲》红遍大江南北，这部电影受到各个电视台的热捧，也获得许多观众的欢迎，但其背后透视出当前我国影视业发展的种种困境。《春天里》、《北京、北京》等流行歌曲，尽管受到广大音乐爱好者的好评，但是无论你听完或唱完，都无法令你热血沸腾，有的只是伤感，只是无奈。中央电视台可谓频道繁多，但是能够吸引观众眼球的节目屈指可数。除了《新闻联播》、《星光大道》外，还不知道有什么节目。一部《开心辞典》都翻乱了，最后没有办法的办法是把《墙来了》这类节目搬上荧屏，还占据中央电视台主要频道的黄金时段。实在令人悲哀。

---

① 杨青：《试析大众文化的特点、负面效应及其对策》，《唐都学刊》2001 年第 4 期。

现在的人们热衷于投资开发石油、煤炭，却对开发文化产业冷冷淡淡。这些年，虽然国家投资文化产业的资金庞大，也生产了一批大众化文化产品，看似锣鼓喧天，热热闹闹，但鲜有能够走出国门的，更谈不上品牌辐射、品牌聚集下的产业链。近年来，传媒业的商业化程度越来越高，人们越来越愿意把精力和资金投入到娱乐性质和商业气味浓厚的项目中。各个电视频道竞相播放外来电视剧，美剧、日剧、韩剧竟吸引了老中青三代观众。一部《功夫熊猫》（Ⅰ、Ⅱ）风靡全国，引无数国人笑逐颜开。我们不讨论《功夫熊猫》的文化篡改或文化掠夺，但“功夫”、“熊猫”的中国文化元素却是我们视而不见的。《花木兰》也是如此。林林总总，不可逐一言明。中国现在很多地方热衷于“申遗”，这是好事。但是，花费巨大，“生”下来了，却又不会抚养，更谈不上善加利用，仅仅搞搞形象工程、政绩工程、数字工程，却是很值得我们深思。

在电影方面，人们喜欢翻拍一些名著，在无限的海选中造足声势，在制片中却不求质量；流行音乐也逐步走向世俗化，一首《爱情买卖》传唱大街小巷；各大网站、报纸为博人眼球，将一些不堪入目的新闻如丑闻、潜规则等放在头版。目前，缺乏有实力的文化品牌是我国文化产业的硬伤，直接导致我国在激烈的国际文化竞争中处于下风。

特别是与西方发达国家的传媒业相比，中国传媒无论在行业规模、核心企业还是运作流程、经营机制等方面都存在相当的差距，中国传媒业必须正面应对国际、国内的传媒。我们是被动地接受外来传媒文化对本土传媒的强烈冲击，还是主动地吸收外来先进传媒文化以增强我国传媒产品的竞争实力？显然，答案应当是后者。政府应当鼓励并支持一些有实力的传媒集团强强联手，打造有实力的传媒品牌，一方面可以与国外的发达传媒集团相抗衡，不至于在这场无硝烟的文化传媒战中处于下风；另一方面，可以依托本土资源，创造出体现中国特色社会主义文化的传媒产品。① 例如，可以学习日本、美国等西方发达国家影视、电视节目制作，发掘本土资源，制作出受大学生欢迎的国产剧集，多多出产像《亮剑》、《士兵突击》这样的优秀国产剧，占领传媒领地，为大学生提供优秀的精神食粮。

同时，要建设自己高质量的门户网站。目前我国互联网网站非常多，但是真正能代表中国形象的高质量网站非常少，导致我们的互联网使用者面对这么多琳琅满目的网站不知如何选择，无法得知真实可靠的信息。因此，营造良好的网络文化环境，就必须建设高质量的门户网站，打造自己的有实力

① 庞春燕：《文化视野中的中国传媒业发展探析》，郑州大学硕士学位论文，2003 年。

的网站品牌。这样的网站应该是中国先进文化的代表，符合中国网民的兴趣、利益和爱好，具有社会主义文化特色的门户网站。人们可以通过及时浏览这类网站知道国家政治、经济、文化、军事等方面的新变化，随时在网上获取丰富的先进思想和教育资料，接受生动形象的社会主义文化教育。这就要求互联网经营者要强化社会责任意识，加强行业自律，坚持文明办网，让广大网民不仅有自己喜爱的、符合自己身心健康发展要求的网站。同时，政府要集中资源和优势，做大做强网站，加强重点新闻网站和社会知名网站建设，要把重点新闻网站打造成具有广泛影响力的思想文化平台，为广大人民群众提供良好的网络文化。目前我国有几家影响力较大的网站，如腾讯网、新浪网、搜狐网等，这些网站有一定的实力，也是目前少有的几个网站品牌，但是这些网站还有很大的发展空间，且这些网站之间的不良竞争影响了它们的良性发展。因此，建设高质量的门户网站，大力发展教育、科学、文化、艺术等网站，积极引导各类商业网站主动参与网络文化建设，为中国特色网络文化的繁荣发展发挥建设性作用，满足人民群众的精神文化需要。同时，开展文明网站、文明频道、文明版主等网络文明创建活动，使网络文化成为传播先进文化、弘扬社会正气、正确引导舆论的重要阵地，给大学生绿色上网、文明上网和理性上网提供良好的文化环境，有利于大学生良好网络道德的养成。

因此，网络文化建设必须旗帜鲜明，用马克思主义的立场、观点和方法，建立思想政治教育和心理健康教育网站，在网站上各高校还要开辟诸如《党课风采》、《支部建设》、《优秀论文》、《求是专栏》、《业余党校》、《革命歌曲》、《网上爱国主义影视》等栏目，坚持用正确的舆论、健康的文化占领网络空间，引导大学生关注社会热点问题，通过 QQ、BBS、邮件、QQ 群、微信、微博等途径和大学生进行平等而个性化的交流，帮助大学生解决具体问题，尤其在大学生面临价值观选择和理想信念模糊的情况下提供建议和及时帮助，从而使大学生树立正确的世界观、人生观和价值观。

三、用高雅文化引领大学生的休闲活动

由于受到环境、观念等因素的影响，休闲文化也有高雅与低俗之分。休闲文化隐含在休闲过程之中，会在潜移默化中影响人们的思想、观念和行为方式。毋庸置疑，文明健康的休闲文化将对大学生的心理健康起到良好的促进作用，低俗消极的休闲文化则会对学生的健康成长带来不良影响。因此，提升休闲文化层次，用文明健康的休闲文化来启发大学生、教育大学生有着

至关重要的意义和作用。

目前，从大学生休闲文化的现状可以看出，大学生的休闲类型主要集中在玩乐和消磨时间的较低层次，其中还不乏一些酗酒、赌博、色情等放纵或反社会的休闲行为；在漫无目的地虚度时光的同时，其内心的空虚和彷徨也日益蔓延。消极的休闲方式不但会影响大学生的学业，有甚者还会带来心理疾病和心理障碍，在高校心理咨询中此类案例屡见不鲜。

因此，必须用积极的休闲观念影响大学生。一方面，要加大高雅文化的宣传力度，开展丰富多彩的校园文化娱乐及体育活动，营造积极健康的休闲文化氛围。另一方面，要注重对大学生的休闲技能培训，培养大学生的审美能力和鉴赏能力，使大学生能够利用常规的娱乐渠道，如艺术、文学、体育等，培养出多种业余爱好，从而产生对休闲活动的兴趣；同时，要在日常生活中加强大学生的休闲教育，通过正反两方面的事例，启发和引导大学生选择积极的休闲方式，对一些不良的休闲行为要避而远之。只有培育出积极向上的休闲文化，并让大学生通过对高雅休闲文化的耳濡目染，远离那些低俗的、消极的思想和行为方式，真正提升大学生的精神境界，才能够有效地对其心理健康起到促进作用。

社会生产的目的就是要最大限度地满足人民群众日益增长的物质和文化生活的需要。当今中国，随着社会经济的不断发展和人民生活水平的显著提高，休闲文化已成为现实生活的必要内容，特别是高雅的休闲文化，对于引导人们科学、文明、健康的休闲起着重要的作用。具体来说，就是在大学里要注重提升休闲文化的层次，用高雅的休闲文化来满足大学生高层次的精神享受，让大学生在高雅的休闲文化氛围中自由驰骋，从而充分发挥高雅休闲文化对心理、情感、精神的良好促进作用。

其实，休闲之事古已有之，休闲活动在人类的生活中始终存在，并且在人类文明演进的历程中，始终具有重要的文化价值。由于中国与西方社会的历史差异性，使得中西方的休闲也有着不同的发展历程。因此，在不同休闲历史之中形成的休闲文化也必然存在着不同程度的差别。要提升休闲文化层次，不仅需要从传统的休闲文化中寻找根基，更应该放眼世界，开发利用休闲文化，提高人民的文化生活水平。

在休闲活动状态上，西方人偏重于动态的休闲，而中国人偏重于静态的休闲。西方人喜爱足球、攀岩、骑射、探险、蹦极等，这些均为刺激、惊险的休闲活动。中国流行的休闲项目主要是看影视、听音乐、养鱼、种花、看书等，即使是外出旅游，也是体验“行到山穷处，坐看云起时”的悠然况味，意在与大自然共享一份安闲之乐，因而在休闲活动类型上通常表现出静态的特征。在休闲价值观上，中西方也存在一定差别。就传统的休闲观念分析，西方休闲注重外在表现，其功用重在张扬个性，追求感官刺激；中国的休闲文化重在寻求精神自由、人格独立和自我提升，其功用重在驱逐精神的劳顿，追求心灵的慰藉。中国人向往“采菊东篱下，悠然见南山”的意境，而西方人或许认为要去高空跳伞、去海上冲浪才能获得心旷神怡的快意。但是，尽管中西方休闲文化存在着诸多方面的差别，但是它们却有异曲同工之妙，即启发人们的灵感，探索生命的价值与真谛。

在对大学生休闲生活状况的调查中可以发现，大学生主要的休闲活动类型是上网、看影视、玩游戏等，内容相对单一而且层次较低。然而，现代社会激烈的竞争状况已经给大学生心理和生理带来了前所未有的重荷，如果仍然采用传统而又单一的休闲方式，将很难适应大学生成长成才的要求。因此，非常有必要在继承我国传统先进的休闲文化的基础上，借鉴国外先进合理的休闲文化内容，整合国内外先进的休闲文化，并在此基础上培育出符合当代中国人发展需求的休闲文化，特别是有利于大学生成长成才和心理健康的休闲文化。只有这样，才能从根本上提升休闲文化的层次，提升休闲品质和休闲素质，才能让大学生在这种文化氛围的熏陶和感染下形成积极健康的休闲观念，在此基础上进行的休闲活动才能真正发挥休闲的作用，才能对大学生心理健康起促进作用。

“休闲的形式、解释和取向是在文化中学会的。传播这一文化的一般手段是通过社会建制、大众传媒、经济市场以及渗透于整个社会制度内的基本常识来行使的。”① 目前，大学生平均每天休闲的时间多达 4 小时左右，而周末与节假日更甚，这在客观上对影视、书籍等精神文化产品的数量和质量都提出了较高要求。如何满足大学生日益增长的精神文化需求，加大精神文化产品的有效供给，成为休闲文化发展过程中的一个急需解决的难题。因此，提高休闲文化产品的数量和质量、加大休闲文化产品的自主创新力度成为我国休闲文化建设的必然要求。随着经济社会的发展，人类已经进入了一个普遍有闲的社会，为满足人们休闲消费的需求，势必形成一个庞大的休闲产业。“据美国有关部门统计，美国人有 1/3 的时间用于休闲，有 1/3 的收入用于休闲，有 1/3 的土地面积用于休闲。早在 2001 年，美国狭义的休闲产业即旅游业、大型节庆、娱憩业、体育产业等的产值已超过 4000 亿美

① 约翰·凯利：《走向自由——休闲社会学新论》，赵冉译，云南人民出版社 2000 年版，第 272 页。

元。”[①] 2007年，美国仅旅游业生产总值就达到6227亿美元；据美国旅游协会报道，2011年美国旅游业总收入达到8152亿美元。[②] 要提高休闲文化层次，营造良好的休闲环境，也要求我国休闲产业的加速发展，即大力培育那些能够体现人文关怀、人文底蕴的产业项目，推动休闲服务业的发展。只有通过整个国家休闲产业的发展和进步，才能带动大学校园休闲文化的提升，才能从整体上提高大学校园的休闲文化层次，让在校大学生真正体验到高层次休闲文化的感染力和吸引力。

如果将培育积极健康的休闲文化比作与大学生心理健康相伴的洪流，那么加强休闲过程中的心理指导则无异于这鲜活水体的源头。大学生在休闲过程中由于受到主观或客观因素的影响，难免会产生消极的心理状态。只有加强对休闲过程中的心理健康教育和心理引导，才能为加强大学生的心理健康提供基本依托，才能为大学生的全面发展打下坚实的基础。

一是构建大学生休闲心理健康教育新模式，开设心理健康教育课程。随着时代的变迁，休闲已经成为人类生活的重要组成部分，有的专家甚至认为休闲将越来越成为决定个人幸福的核心因素。因此，消减休闲过程中的不良心理状况，提高休闲质量，需要有针对性地构建大学生休闲心理健康教育新模式，开设专门的心理健康教育课程。无论是什么类型的休闲文化活动，都会给大学生的心理状况带来影响，这种影响有积极与消极之分，而真正健康的休闲是一种可以使人获得“畅爽”心境的休闲，是一种能够关照人的身心全面发展的活动方式。要有针对性地开设休闲心理健康教育课程，就需要构建大学生心理健康教育的新模式，即在心理健康教育中应体现以休闲为载体和研究对象的教育模式。具体来说，这种休闲心理健康教育模式的内容应该包括以下几个方面：在教育目标上应具有层次性，即从缓解大学生的身心压力到促进人际交往，再到全面提升个人素质，必须分层次、逐步地进行引导和教育，以促进大学生的全面发展；在教育原则上应遵循方向性、渗透性与主体性，即休闲心理健康教育必须把促进大学生的心理健康和自由全面发展作为最终目标，通过感染教育和渗透式教育对大学生进行有效的引导，避免对大学生进行形式单一的灌输教育，最终通过发挥学生的主观能动性，使学生自觉地实现教育目标；在教育内容上应当把休闲观念、休闲心理适应、休闲技能培养等作为重点，为引导大学生树立正确的休闲观念，选择健康的休闲活动方式，参与积极的休闲文化活动，增进身心健康、促进全面发展而打

---

① 章海荣、东方起：《休闲学概论》，云南大学出版社2005年版，第105页。

② 唐湘辉：《美国休闲产业发展及管理评价》，《湖南商学院学报》2010年第2期。

下良好的基础；在教育方法上应主要采用心理咨询法、激励教育法和思想转化法这几种教育形式来对大学生进行有效的心理健康教育。开设专门的心理健康教育课程对促进大学生心理健康有着重要的作用。大学生心理健康教育应该系统地向大学生讲解心理学知识，解决大学生在学习、生活、人际交往、工作就业等方面的心理矛盾和困惑，及时解决新出现的问题；要注重对大学生进行启发和引导，使大学生能够把学到的心理知识转化为心理能力，增强大学生的自我教育和自我调节能力，以达到预防心理危机和提高心理素质的目的。同时，把心理健康教育的内容渗透到休闲教育中，使大学生在休闲体验的过程中提高挫折承受能力和社会适应能力，在提升休闲能力的同时也培养出良好的心理素质。具体来说，高校应多成立一些兴趣型、文娱性的学生社团吸引大学生参加，并时常开展丰富多彩的文体活动，从而在具体的休闲娱乐过程中，通过对大学生进行心理健康知识的普及，帮助有不良休闲行为的学生端正休闲动机，树立正确的休闲观念，养成良好的休闲习惯。把休闲教育与心理健康教育二者结合起来，不但有利于在各类社会实践活动中锻炼和增强大学生的心理素质，还可以通过学生之间的相互沟通和交往来培养良好的人际关系，在放松身心、开阔视野、体验友谊的同时促进学生素质的全面提升。

二是利用休闲服务组织，为大学生参与休闲活动提供心理指导。在人类历史的进程中，不断衍生的社会文化以及各种文明的价值观一直推动着休闲服务的发展。正是在这种不断变化发展的情况下，休闲服务的理念应运而生。所谓休闲服务就是用科学健康的休闲价值观引导人们进行休闲，并且合理利用、保护和维持资源，从而以一种特殊的品质和技巧传递休闲的内在精神。其中，设立休闲服务组织的一个重要意义就是通过对人们进行观念指导和技能培训，而促进休闲活动的有效开展。休闲服务需要坚持合理规划，因为成功的休闲规划是科学休闲所必需的；漫无目的、毫无时间规划的休闲最终将会导致大学生的空虚、沉迷，不利于大学生的身心健康。休闲活动需要不断改进，我们知道提高休闲品质的最佳途径是树立科学的休闲观念和改进休闲活动有关的过程，因此只有通过寻求不断改进休闲活动和服务的方法，才能帮助大学生更多地从事有益的休闲活动，从而促进大学生的身心健康发展；休闲活动需要持续教育，即对大学生的休闲知识和技能的不断发展对于休闲质量的提升和消减休闲给大学生带来的不良影响至关重要，需要持续不断的教育和引导才能获得最好的效果。休闲服务组织可以通过提高大学生的休闲生活质量来促进大学生的心理健康，从而有效消减休闲过程中给其心理健康带来的不良影响。休闲服务组织并不一定要非常正式，其重点在于为学生的休闲提供相关的信息、咨询和指导。休闲服务组织的作用可以通过以下几个途径发挥出来：其一，为培养大学生广泛的兴趣爱好而举办相关的休闲活动。例如，举办各种比赛，成立各种协会、俱乐部，开培训班以及开展其他特别活动等，这些活动通常能够帮助人们获得新知识、新技能或者能够营造培养兴趣、享受友谊的氛围环境，从而使大学生在休闲中既能丰富思想，又能陶冶情操。其二，向大学生提供与休闲相关的咨询服务，为引导大学生参与文明健康的休闲活动提供一个有力的支撑平台。休闲的方式有文明与低俗之分，在高校成立休闲服务组织的一个重要目的就是向学生提供多样化的、内容健康的休闲信息与咨询，给在休闲过程中遇到困惑的学生指明方向，充分体现出休闲所具有的人文关怀特质。其三，重视对大学生在休闲过程中的休闲技能培训和心理指导，帮助大学生掌握相关的休闲知识和技巧，提高大学生的审美能力和鉴赏能力，对于大学生在休闲过程中遇到的迷茫和困惑及时给予指导，使大学生不至于在休闲活动中无所适从而找不到适合自己的休闲方式，也能够通过休闲活动有效地促进大学生的心理健康。因此，成立大学生休闲服务组织，不但能够有效地帮助和指导大学生参与休闲活动，还能够推进大学生的身心健康发展。通过各种积极的休闲活动，不但能够使大学生用自己的行动来谋求与他人、与社会的融合，增强大学生的环境适应能力和心理承受能力，也能够帮助大学生建立良好的人际交往环境，从而通过运用智慧、付出爱心去塑造健康的人格，领悟生命的意义，最终获得自我价值的提升。

三是加强校园文化建设，为促进大学生心理健康提供良好的氛围。“高校校园休闲文化，就是指在高校校园特有的环境下，大学生在完成日常学习、工作之余从事的带有一定精神内涵的休闲行为所构筑的文化氛围，其实质是大学生现实的生活方式和生存状态，它反映出大学生的人生观、世界观和价值观。”① 校园文化是学生共有的行为、思想、情感、理念在交流和传递过程中产生的一种特定的文化形态，在校园文化形成之后，它也会不断地创造文化氛围和构筑文化意境。休闲文化作为高校校园文化的一个重要组成部分，不可避免地会受到原有校园文化的影响。因此，加强校园文化的建设，是创造良好休闲文化氛围和构筑积极的休闲心理环境的重要途径。

文化是休闲的环境，也是休闲的基础与材料，无论人们选择什么场景，想要尝试什么样的行为，都离不开文化的支撑。校园的文化精神氛围对大学生具有很强的吸引力和感染力，对大学生的心理健康具有不可忽视的作用。

① 王岩：《论高校校园休闲文化的内涵与认同路向》，《兰州学刊》2008 年第 12 期。

因此，开展丰富多彩的校园文化活动，培育积极向上的学校精神风貌，让大学生在广阔的生命空间里尽情地翱翔，自由地发挥主观能动性和创造性，奋发图强、积极进取，在与他人的沟通和交流中建立良好的人际关系，对培养大学生健全的人格和健康的心理有着重大的意义。当代大学生的特点是精力旺盛、充满活力，对新鲜事物充满好奇，富有进取心和责任感。因此，要在把握大学生思想行为特点的基础上建设校园休闲文化，用科学的价值观念引导人、用高尚的精神文化鼓舞人、用良好的精神氛围感染人，就能够有效地培养大学生健全的人格和健康的心理，从而提高大学生的整体素质，为大学生的成长、成才打下坚实的基础。

大学校园是学生学习和生活的主要场所，校园文化为学生的成长、成才提供了一种精神价值意义上的支撑，文明高尚的校园文化对促进大学生心理健康有着不可替代的作用。因此，要建设积极健康的校园休闲文化，促进大学生的全面发展，必须以加强校园文化建设为基础。校园休闲文化的建设离不开校园精神氛围的影响，一个学校的精神风貌对大学生具有很强的号召力和感染力，所以大学休闲文化建设与发展必须紧紧依靠高校校园文化这个阵地，依靠大学生这个特殊的群体来进行。培养积极健康的休闲文化，要求大学生的休闲生活方式既要体现传统的道德文化，又要彰显时代的精神，要让大学生在休闲的过程中树立健康文明的休闲观念。通过休闲，丰富大学生的内心世界，激发大学生的情感，提升大学生的精神境界，从而激发大学生的主动性、积极性和创造性，达到促进大学生身心健康和全面发展的终极目的。

四、弘扬中华民族优秀的传统文化

伟大的民族总是善于从文化传统中寻找智慧和力量。中国传统文化，特指在历史上积淀下来成为传统，并且已经具有稳定形态的中国文化，包括思想观念、礼仪制度、思维方式、价值取向、道德情操、生活方式、风俗习惯、宗教信仰、文学艺术、科学技术等不同层面的丰富内容。[①] 传统文化是每个国家和民族的生命体现，否定传统文化就是否定自己的生命，任何国家和民族都是凭着它的独特的文化和这种文化在国民之中产生的号召力和凝聚力而立身于世界民族之林的。建设中国特色的传媒文化，就要对中国传统文化进行批判和继承。

继承和弘扬优秀传统文化，目的是保持我国传媒文化的个性和独立。正

---

① 赵吉惠：《中国传统文化导论》，陕西人民教育出版社 1994 年版，第 20 页。

如文艺理论家钱中文所认为的：文化的个性和独立，是一个民族、一个国家的立身之本，消泯了一种文化的特性与形态，就丧失了这个文化群体在人类社会中的存在地位和价值。① 中国传统文化是中华民族的珍贵遗产，同时也是全人类的宝贵财富。我国的传统文化既包括丰富的古代文化传统，又包括中国共产党领导人民进行革命和建设而形成的优良传统，即革命传统。我国传媒有责任大力弘扬优秀的传统文化，使得传统文化古为今用，为社会主义现代化建设服务。在继承和弘扬中国传统文化中，要注意以下几点：其一，要对中国传统文化进行批判性的继承。传统文化存在精华与糟粕两个部分，要认真区分哪些是精华，需要发扬，哪些是糟粕，应该摒弃。例如，传统文化中封建的、腐朽的部分要坚决剔除。其二，继承和弘扬优秀的传统文化要立足于创新。在对传统文化去粗取精、去伪存真的基础上，顺应时代发展的趋势，吸纳现实生活提供的丰富材料，创造新的文化。例如，周杰伦的流行音乐与方文山的古典诗词的结合，使得许多年轻人对古典诗词萌发了浓厚的兴趣。传媒要与时俱进，用更新颖的方式继承传统，推陈出新，满足人民日益增长的物质文化需求。其三，在继承和弘扬优秀传统文化的同时要注意学习、吸收世界优秀文化。21 世纪是全球化的时代，经济全球化浪潮中文化的交流程度达到空前的高度。季羡林先生认为，文化交流是推动人类社会前进的主要动力之一。今天，任何一个民族都必须将自己的文化纳入世界文明的发展轨道，任何力量也阻挡不住世界范围内文化交流的大势。传媒如果不注重在交流中提升自己，只会在全球文化交流中处于弱势。我们应该主动地融入国际文化交流中，与不同文化之间相互吸收和相互交融，把世界优秀文化拿来为我所用，不让自己陷入被动的局面。

当前，由于网络文化的开放性、虚拟性等特点，使一些别有用心的西方国家借助于先进的科技手段对我国实行文化霸权掠夺和篡改，从而想西化和分化社会主义中国。因此，为了打破这种图谋，抵制文化霸权主义，我国必须在网络文化建设中弘扬社会主义先进文化和中华民族优秀的传统文化，把符合现代文明发展的优秀传统文化发扬光大，通过网络传播有中国特色的社会主义先进文化，让世界上更多的人认同中国文化、喜欢中国文化并慢慢接受中国文化，努力打造一批具有中国特色、体现时代精神和品位高雅的中国特色社会主义网络文化品牌。中国是有五千多年历史的文明古国，中华文化源远流长，博大精深。因此，我们要充分利用互联网的物质技术基础和文化

---

① 花建等主编：《软权力之争：全球化视野中的文化潮流》，上海社会科学出版社 2001 年版，第 252 页。

平台，充分运用现代高科技手段，引导人们尤其是大学生传承和弘扬中华民族优秀传统文化，开发利用中华民族独有的文化资源，推广传统文化精华，为世界提供更多具有中国文化元素的网络文化精品，提高中华民族优秀文化在网络文化发展中的分量。这就要求我们要积极鼓励人民群众原创的、健康向上的网络文化产品的创作和研发，开发具有自主知识产权的网络文化精品，不断提高网络文化产品和服务的供给能力；要让博大精深的中华文化成为网络文化创作的源泉，创作出更多让人民群众所喜闻乐见的网络文化产品，满足人民群众日益增长的物质文化的需要，丰富人民的精神世界，从而在全社会掀起一股弘扬中华民族优秀传统文化的浪潮。

如此同时，还要帮助大学生学会文化选择。尽管文化丰富多彩，五花八门，但是不同的个体所受到的影响却是不同的，这就是一个选择问题。改革开放30多年来，社会物质财富急剧增长，大学生享受着愈来愈丰富的物质产品。同时，身处社会转型期，面临多元文化并存的局面，大学生在思想文化上同样也面临着多样性选择。在这样的大社会背景下，一部分受过或正在接受大学教育的年轻人在开放的传媒文化的影响下，非常容易受到外来文化的影响。在社会转型期，大学生如何才能做出正确的有利于自身成长的文化选择呢？我们知道，文化选择牵涉到人的思想、观念、意志和心理，关系到人的价值观和精神世界的塑造，表现出非同一般的复杂性。当前我国社会上出现的多元文化，容易导致思想尚未成熟、“三观”尚未确立的大学生进行选择时的迷茫和不安。若不加以引导，涉世未深的大学生很容易选择错误，这不仅关系到大学生个人的发展，更关系到整个国家、整个民族的未来。引导大学生做出正确的文化选择，要从两方面入手。一方面要使大学生对中华民族的优秀文化产生认同。文化的认同是一个对话的过程，最便捷的方式是把自己要传达的东西包装成接受方能理解的东西。借助传媒文化，让大学生了解本民族的优秀文化，任重而道远。首先要把优秀文化凝练为一个个为大学生能够辨识和乐于接受的符号。在传统文化的表现形式上创新，在各种传媒文化产品中展现。大学生对影视艺术和流行音乐关注度颇高，可以在这两个领域多下工夫，成效可能颇大。例如在武侠电影中，中国功夫可以体现出中华文化精髓的“和谐、气韵、意境”；在影视剧中，既体现时代的进步又反映社会主义主流价值观；鼓励流行歌曲与中国传统文化的结合；媒体不能仅顾商业利润，要大力塑造和宣传青年的文化偶像；等等。另一方面要帮助大学生正确认识外来文化，分辨不同文化的优缺点。外来文化中先进的、积极的一面，我们要予以吸收，为我所用；外来文化中腐朽的、落后的一面，我们要毫不留情地指出来，坚决抛弃。

加强大学生理想信念教育，对于保持大学生心理健康也具有重要意义。传媒文化是否会对大学生心理健康产生消极影响，很大程度上取决于大学生的理想信念够不够坚定。理想信念作为人们对未来的向往和追求，是一个人、一个民族、一个国家的精神支柱。理想，是人生奋斗的目标和精神支柱。一个人如果没有精神追求，将会颓废，终日浑浑噩噩；一个民族如果没有精神依托，社会就动荡，时代就会发生精神危机。对于社会主义中国来说，要强调和树立的是社会主义、共产主义理想信念。这种建立在科学基础上的理想和信念，是我们的精神支柱和力量源泉。现今我们不仅身处在一个大众传媒时代，同时也正处在社会转型期。旧的价值体系被打破，新的价值体系尚未建立。大学生的理想信念出现了断层、错位，信仰也出现了危机，其具体表现是理想选择的日趋多样化。随着传媒文化的开放化发展，网络信息化、经济全球化的时代已经到来，各种西方的文化思潮和价值观念冲击着大学生的思想观念，大学生的理想选择日趋多样化，影响着大学生树立科学的理想信念；传媒文化的商业化和整个社会消费主义的蔓延，使大学生的理想追求日益物质功利化。针对传媒文化对大学生世界观、人生观、价值观的挑战，我们应该加强大学生理想信念教育，把理想信念教育内容融入传媒的各种信息中，用生动活泼、大学生喜闻乐见的方式进行理想信念教育，增强理想信念教育的辐射力、吸引力和感染力。只有树立了正确的理想信念，大学生才能在多元的传媒文化环境中坚持正确的文化选择。另外，还要增强大学生的政治敏锐性和政治鉴别力，以提高其抵御错误思潮和腐朽生活方式的能力。

参考文献：

1　王正平. 信息网络与文化传播 [M]. 上海：上海三联书店，2011.

2　叶虎. 大众文化与媒介传播 [M]. 上海：学林出版社，2008.

3　周宪. 中国当代审美文化研究 [M]. 北京：北京大学出版社，1997.

4　倪亚红，杨雪花. 大学生心理健康教程 [M]. 南京：东南大学出版社，2006.

5　胡剑峰，钟志宏，等. 大学生心理健康教程 [M]. 武汉：武汉大学出版社，2008.

6　黄希庭，郑涌. 大学生心理健康与咨询 [M]. 北京：高等教育出版社，2000.

7　王书荃. 学校心理健康教育概论 [M]. 北京：华夏出版社，2005.

8　胡永萍. 学校心理健康教育 [M]. 广州：中山大学出版社，2005.

后　记

这本著作是教育部人文社会科学研究项目“当代文化视野中的大学生心理健康教育”的最终成果。这个项目从申请到今年已经有四个年头了，其间的研究反反复复，再加上一些其他因素，故拖到今天才得以完成，个中滋味实在是难以言表。

项目申请和真正的研究显然不是同一个概念。人们常言：说起来容易，做起来难。确实如此。从文化的角度去研究心理问题，研究心理健康教育问题，目前可供参考的资料的确不多。特别是研究当代文化，即竞争文化、网络文化、信息文化、传媒文化、休闲文化、大众文化等对大学生心理健康的影响，并尝试探讨当代文化影响大学生心理健康的特点及其根源问题，希望能够找到调整的路径，帮助大学生走出心理困扰，这项研究的难度就更大。

虽有难度，但这项研究的意义重大，也不得不努力向前！

要了解当代文化对大学生心理健康的影响，我们必须先进行相关的调查，这是研究的起点。本研究在面上调查了中山大学、华南理工大学、广东财经大学（原广东商学院）、广州大学、广州美术学院、海军广州舰艇学院、广东顺德职业技术学院、上海师范大学、武汉大学和湖北大学等 10 所大学的在校大学生共计 4000 人，回收问卷 3908 份。调查对象涉及本（专）科学生、硕士研究生和博士研究生。为了弥补面上调查的不足，在专题研究中又进行了有针对性的调查，同时也进行了相关访谈。我们在文化对心理健康影响的理论研究层面也进行了初步探讨，试图在文化心理咨询的层面进行探索，但没有能够提出系统的方法。

所以，研究还不敢说很完满。其中需要研究的东西实在太多，这只能算是走了第一步。余下的路，我们将与其他同行一起努力！

因水平所限，书中难免存有疏漏，敬请专家、学者和读者批评指正！

书中借鉴和引用了一些学者的研究成果，在此诚致敬意和感谢！

本项目主持人是王仕民教授，所有研究提纲由其拟定，并对全书进行了修改和统稿定稿。参加课题研究和书稿撰写的人员有：王仕民（中山大学），撰写导论；罗希明（中山大学），撰写第一章、第二章；潘芳（广州市番禺区洛溪新城中学），撰写第三章；刘春寒（广东财经大学）、吴蕾蕾

（温州医学院）、黄颖珊（佛山科技学院），撰写第四章；黄元章（广东农工商职业技术学院）、王奥（广东农工商职业技术学院），撰写第五章；刘婉君（江西师范大学附属中学），撰写第六章；杨婧（广东财经大学），撰写第七章；郭树斌（广东第二师范学院），撰写第八章；王仕民、王新宏（广州美术学院）、唐晓燕（广东女子职业技术学院），撰写第九章。

本研究得到大量学者的支持，在这里要特别感谢古南永副教授（中山大学）、欧阳永忠副教授（中山大学）、付春光副教授（中山大学）、刘燕副教授（中山大学）、刘社欣教授（华南理工大学）、金筱萍教授（武汉大学）、周芳教授（湖北大学）、罗明星教授（广州大学）、石书臣教授（上海师范大学）等。

感谢中山大学人文社会科学出版基金对本书出版的资助！

王仕民

2013 年 8 月 8 日于中山大学康乐园